普通高校“十四五”规划教材

制导与控制原理

杨 博　樊子辰　于 贺　主编

北京航空航天大学出版社

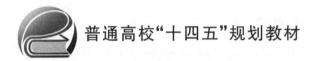

内 容 简 介

本书详细介绍航天飞行器控制系统原理，包括飞行器运动描述的基础知识、飞行器动力学模型、飞行器弹道模型、导航原理、制导原理、姿态控制原理和控制系统硬件。全书从基本的坐标系转换和动力学原理出发，由浅入深地、有针对性地对基础原理进行详细推导，并结合实际工程应用背景对近年出现的新技术进行介绍，帮助学生顺利地从已经掌握的理论力学和自动控制原理等基础课过渡到专业课的学习中。

本书可作为于航天导航制导与控制专业及相关专业的本科生教材，也可作为跨专业研究生了解航天器控制系统的入门教材。

图书在版编目(CIP)数据

制导与控制原理 / 杨博，樊子辰，于贺主编. - - 北京：北京航空航天大学出版社，2021.2

ISBN 978-7-5124-3443-1

Ⅰ. ①制… Ⅱ. ①杨… ②樊… ③于… Ⅲ. ①航天器—制导—高等学校—教材②航天器—飞行控制—高等学校—教材 Ⅳ. ①V448.2

中国版本图书馆 CIP 数据核字(2021)第 020356 号

制导与控制原理

杨 博　樊子辰　于 贺　主编

策划编辑　蔡　喆　　责任编辑　张冀青　苏永芝

*

北京航空航天大学出版社出版发行

北京市海淀区学院路 37 号(邮编 100191)　http://www.buaapress.com.cn

发行部电话：(010)82317024　传真：(010)82328026

读者信箱：goodtextbook@126.com　　邮购电话：(010)82316936

涿州市新华印刷有限公司印装　各地书店经销

*

开本：787×1 092　1/16　印张：12.75　字数：326 千字

2021 年 2 月第 1 版　2021 年 2 月第 1 次印刷　印数：2 000 册

ISBN 978-7-5124-3443-1　定价：45.00 元

前　　言

制导与控制系统是航天飞行器的重要组成部分，其设计在很大程度上决定着航天器完成预定任务的能力。制导、导航和控制一起构成飞行控制的核心，制导系统在导航系统提供的飞行器状态参数的基础上，根据一定的制导律计算质心运动控制信号，该制导信号交由姿态控制系统控制飞行器的姿态执行机构（空气舵、发动机的偏摆角和开关机等），确保飞行器在外干扰条件下能够以一定的精度到达设计的目标点。

在北京航空航天大学宇航学院航天制导导航与控制系，作者多年来一直从事飞行器 GNC 系统的教学和科研，发现目前国内缺少适合于本科阶段学生使用的系统介绍航天飞行器 GNC 原理和设计方法的教材。在教学过程中，作者曾多年使用徐延万编著的《弹道导弹、运载火箭控制系统设计与分析》一书，在借鉴该书理论编排的基础上，参考了近些年出版的弹/箭制导和控制的相关教材和专著，并结合作者教授探测制导与控制专业高年级本科生课程的教学实践经验，编写了本书。本书可作为航天 GNC 专业本科生学习航天飞行控制系统设计的教材，也可作为跨专业研究生了解本专业的入门教材。全书从基本的坐标系转换和动力学原理出发，由浅入深地进行讲解，有针对性地对基础原理进行详细推导，同时结合实际工程应用背景对近年来出现的新技术进行了介绍，帮助学生顺利地从已经掌握的理论力学和自动控制原理等基础课过渡到专业课的学习中，并激发学习过程中的兴趣。

全书共分 7 章：第 1 章介绍航天飞行控制系统的基本概念和发展历程；第 2 章介绍飞行器姿态和质心运动的数学和力学基础；第 3 章介绍飞行器弹道学的基础；第 4～6 章分别展开介绍导航、制导和姿态控制系统的设计方法，其中制导系统设计部分包含对主动段、自由段、再入段和末段的介绍，便于读者了解航天飞行器完整飞行过程中控制系统的设计方法；第 7 章介绍飞行控制系统的硬件组成。

本书由杨博、樊子辰、于贺共同编写。各章编写分工为：第 1 章、第 4～6 章由杨博编写；第 2～3 章由樊子辰编写；第 7 章由于贺编写。在本书的编写过程中，硕士研究生朱一川、窦婧文、杨航和吴一凡参加了第 2～7 章部分仿真验证、绘图和校对工作，在此一并表示感谢。

由于书中内容涉及面广，作者水平有限，难免存在错误、疏漏或不妥之处，敬请读者批评指正，并将修改意见反馈给我们。作者邮箱：yangbo@buaa.edu.cn。

作　者

2020 年 5 月

前言

符号表

$O_{\mathrm{e}}X_{\mathrm{e}}Y_{\mathrm{e}}Z_{\mathrm{e}}$	地心赤道坐标系
$O_{\mathrm{g}}X_{\mathrm{g}}Y_{\mathrm{g}}Z_{\mathrm{g}}$	发射点坐标系
$O_{\mathrm{e}}X_{\mathrm{I}}Y_{\mathrm{I}}Z_{\mathrm{I}}$	地心惯性坐标系
$O_{\mathrm{i}}X_{\mathrm{i}}Y_{\mathrm{i}}Z_{\mathrm{i}}$	发射点惯性系
$O_1X_{\mathrm{b}}Y_{\mathrm{b}}Z_{\mathrm{b}}$	本体系(也称飞行器坐标系)
$O_1X_{\mathrm{c}}Y_{\mathrm{c}}Z_{\mathrm{c}}$	速度坐标系
$O_1X_{\mathrm{k}}Y_{\mathrm{k}}Z_{\mathrm{k}}$	弹道坐标系
ϕ_0	发射点的地心纬度
ν_0	地心方位角
B_0	发射点的地理纬度
A_0	射击方位角
λ_0	发射点的经度
φ	俯仰角
ψ	偏航角
γ	滚动角
α、α_{w}	攻角、附加攻角
β、β_{w}	侧滑角、附加侧滑角
θ	弹道倾角(也称速度倾角)
σ	弹道偏角(也称航向角)
μ	倾侧角
$\boldsymbol{T}_a^b$	坐标系 a 到坐标系 b 的坐标变换矩阵
$\boldsymbol{\omega}$	两个坐标系之间相对旋转的角速度矢量
$(\boldsymbol{\omega}_{ab})_a$	坐标系 a 相对坐标系 b 的旋转角速度矢量在坐标系 a 中的投影
ω_{e}	地球自转角速度
m	质量

ρ	飞行器上某一质点到飞行器质心的距离
$\boldsymbol{J}$	飞行器的转动惯量矩阵
$\dot{\boldsymbol{W}}$	视加速度矢量
$\boldsymbol{F}$、$\boldsymbol{M}$	作用在飞行器上的合外力、合外力矩
$\boldsymbol{P}$	发动机推力矢量
$\boldsymbol{R}$	作用在飞行器上的总气动力矢量
$\boldsymbol{g}$	重力加速度矢量
δ_φ、δ_ψ、δ_γ	产生俯仰、偏航和滚动控制力的发动机综合摆角
e	椭圆轨道偏心率
β_γ	主动段射程角
β_c	被动段射程角
L	射程
下标 k	与关机点有关的状态量
$\boldsymbol{v}_g$	增益速度
$\boldsymbol{v}_r$	需要速度

注:表中列出的是本书中各章节通用的符号含义,其余符号在具体使用时给出其定义。

目　　录

第1章 绪 论

1.1 控制系统功能与特点

1.1.1 弹道飞行器组成结构

弹道导弹、航天运载器(运载火箭)是依靠液体推进剂或固体推进剂的火箭发动机产生推进力,在制导和控制的作用下,把有效载荷送至规定目标、轨道的飞行器。导弹的有效载荷是弹头,航天运载器的有效载荷是卫星或其他空间装置。

弹道式飞行器由有效载荷、动力装置、弹体结构、控制系统、遥测系统等组成。为了保证导弹发射和可靠使用,还需要有地面设备(测试、监控及发射控制设备)支持,如图1-1所示,本书重点论述弹(箭)上的控制系统。

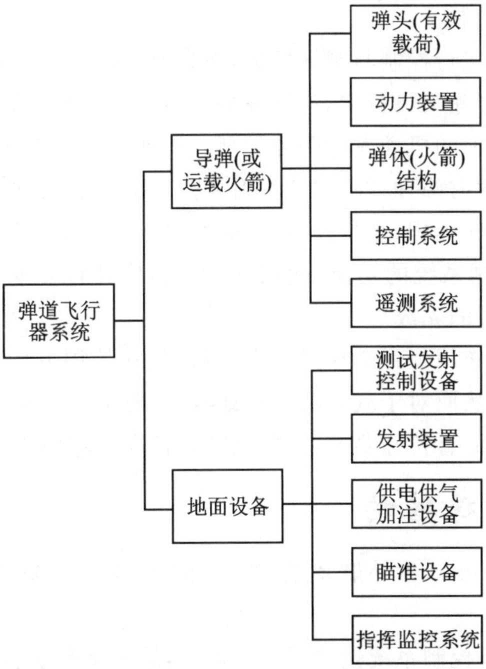

图1-1 弹道飞行器系统组成

弹道式飞行器的特点是动力装置(发动机)工作阶段结束即主推进力终止后,飞行器(或有效载荷)沿着自由抛物体轨道飞行。飞行轨道位于以主动段终点、目标点及地球中心三点构成的平面内。对于导弹,主动段终点的飞行参数决定了弹头按自由飞行弹道飞至目标的路线;对于运载火箭,主动段终点的飞行参数则决定了与运载火箭分离后的有效载荷进入空间的飞行轨道。因此,主动段的飞行性能对于保证有效载荷任务的实现起着主导的作用。

控制系统的主要任务是：①控制飞行器的有效载荷投掷精度，保证弹头落点密集度或空间有效载荷入轨精度符合要求；②对飞行器实施姿态控制，保证在各种条件下的飞行稳定性；③在发射前对飞行器进行可靠、准确地检测并操纵发射。

飞行器在主动段的飞行时间一般较短（战略导弹的飞行时间为 2～6 min，运载火箭为 5～20 min），但是却经受着内外干扰、多种环境条件的恶劣影响，因而飞行器往往会偏离预定轨道和预定飞行状态。控制系统的作用就是消除或减小这些干扰和影响的后果，控制飞行器准确、可靠地完成飞行动作，最后飞到目标。为了保证飞行器接近预定轨道飞行并能准确交会目标（运载火箭有效载荷的交会目标可视为有效载荷进入空间轨道的入轨点），控制系统必须对飞行器进行轨道调节、姿态保持和控制、动作的有序控制，并提供符合预先规定的主动段终点飞行状态参数，使得当这些参数的组合值与预先规定值相等时，控制发动机关机或抛射有效载荷。

飞行器控制功能的实现涉及导航、姿态控制、制导和电子综合等方面，它们构成了飞行控制系统的软、硬件内容。实现飞行控制系统功能可以采用自主式或组合式。自主式控制系统是敏感（测量）器件、控制装置在飞行器上，不需要飞行器以外的设备或测量参照信息主动配合，而依靠飞行控制系统自身来实现导航、制导和姿态控制等功能。惯性制导是一种自主式制导。组合式控制系统是利用飞行器上的惯性器件与无线电测量装置或星光跟踪器等组合获取导航信息，以实现制导和控制。

控制系统不仅要完成飞行控制与制导任务，而且要执行对飞行器测试和发射控制的任务。所以，控制系统具有的功能除与飞行状态、任务要求有关外，还与飞行器发射方式有关。弹道导弹的发射方式有固定发射和机动发射两种类型。机动发射又有陆基（汽车或火车）机动发射和海基（潜艇、舰船）机动发射两种。不同的发射方式有不同的测试发射控制要求，如固定发射方式的测试发射控制设备在体积、重量、环境适应性等方面与车载机动方式相比，条件较优越、限制因素较少。因此，控制系统的功能、使用性必须适应几种发射方式中某一种或几种的需要，保证测试发射控制任务的完成。

运载火箭控制系统的作用与弹道导弹基本相似，但在使用方面也有不同点，如贮存期、固定发射方式环境条件等。然而对于载人航天运载器，除要求控制系统应具备的一般功能之外，还在保障乘员飞行安全方面有特殊要求，主要是应具备高可靠性和高安全性。

1.1.2 控制器系统结构

飞行控制系统按功能可分为导航系统、制导系统、姿态控制系统和电子综合系统四个子系统。

根据器件的不同，飞行控制系统包含了三类器件：第一类是敏感器件，如惯性器件、速率陀螺、导航接收设备等；第二类是传输计算器件，包括箭上计算机、通信线路等；第三类是执行器件，如伺服机构、控制发动机开关的电磁阀等。

飞行控制系统通过导航敏感器件及导航算法解算获得弹（箭）的实时飞行状态参数，根据当前状态参数与目标轨道参数的对比计算，得到飞行中每一时刻的推力矢量方向，并控制弹（箭）姿态使其达到期望的推力矢量方向，并在满足终端约束时控制关闭发动机，以及发出相关的分离、点火等时序指令。飞行控制系统的功能组成如图 1-2 所示。

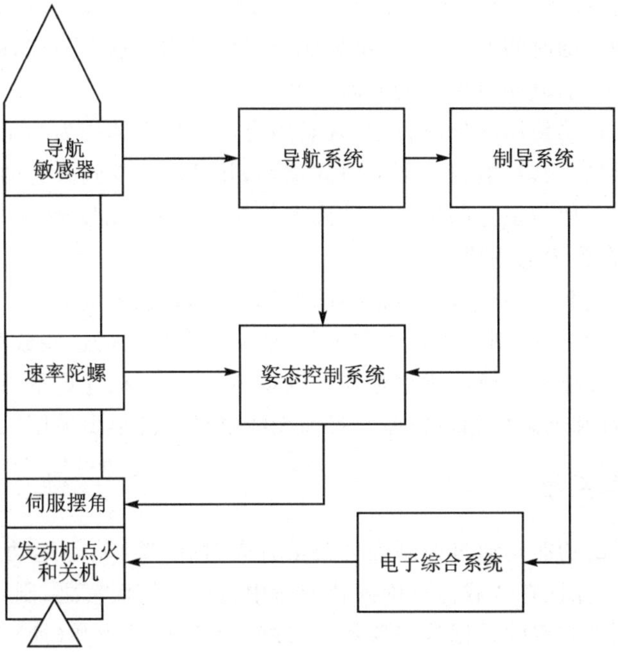

图 1－2　控制系统功能框图

1.1.2.1　导航系统

导航是一个广义通用的概念，是指能实时提供载体的速度、位置、姿态等状态信息的系统。

弹（箭）的导航系统提供了制导系统和姿态控制系统所需的输入信息，主要包括惯性导航、卫星导航、无线电导航和星光导航。

惯性导航一般为使用惯性器件的导航系统的统称。惯性器件是指采用了根据力学中惯性原理所构成的仪表而组成的惯性测量装置。惯性仪表主要包括陀螺仪和加速度计，惯性器件一般称为惯性测量组合，可分为平台式惯性测量组合和捷联式惯性测量组合两类。

平台式惯性测量组合由平台台体、陀螺仪和加速度计、框架系统和伺服稳定回路组成，陀螺仪和加速度计安装在惯性空间保持不变的台体上，框架系统和伺服稳定回路保证了平台台体的稳定性。加速度计的输出为载体相对于惯性坐标系的视加速度（除引力外其他力作用下的加速度之和），导航计算机再加入引力加速度并进行积分可得到速度量和位置量。

捷联式惯性测量组合取消了平台的框架系统和伺服稳定回路，因而更加可靠，其惯性空间依靠导航计算机根据陀螺的输出实时计算得到。得到弹（箭）的姿态后，再将加速度计的输出转换到惯性坐标系，就可以得到与平台惯导相同的参数。

惯性器件早在 1942 年德国发射的 V－2 导弹上就开始应用，其后不断发展，目前成为运载火箭几乎必备的导航设备之一，精度也达到了较高水平，陀螺的精度都在 0.01 (°)/h 以上，较高时能达到 0.001 (°)/h。随着陀螺精度的提高和弹上计算机的发展，捷联惯导的精度已与平台惯导不相上下。由于其使用方便等原因，目前正全面取代平台惯导成为运载火箭惯性导航的主流。

卫星导航是随着 20 世纪八九十年代卫星导航系统的发展而逐渐应用的。最为著名的是美国的全球定位系统(GPS),俄罗斯相应建设了GLONASS,目前我国的北斗系统也已经建成。由于惯性导航精度随时间变差,而卫星导航恰好可以弥补这个缺点,因此目前常将这两类导航进行组合,互相补充,以获得更好的导航特性。

星光导航是人类最早使用的导航方式,其利用自然恒星天体作为测量信标,近来从航海领域推广到航空航天领域。其导航精度不随时间漂移,并且不易受到人为的电磁干扰,可以作为惯导的辅助校正方式。但是星光的传输易受到大气扰动,测量精度则易受到载体自身动态的影响,因此目前多用在弹道的中段。

无线电导航是早期和中期运载火箭常用的导航方式,地面雷达根据弹上应答机发送的无线电信号,测出弹(箭)每一时刻的距离和方位角,地面计算机根据这些数据计算出弹(箭)的实时位置和速度矢量。无线电导航的优点是弹上设备简单,计算机计算量很小;缺点是需要依赖地面测控站,且实时性和动态性相对较差。目前无线电导航已很少采用。

1.1.2.2 制导系统

弹(箭)制导系统的功能是通过控制推力矢量方向对弹(箭)质心运动进行控制,并控制主发动机的点火和关机,保证有效载荷精确入轨或命中目标。简而言之,制导系统根据导航系统给出的当前状态和预先装定的目标状态参数,通过分析计算,给出弹(箭)当前应该怎么飞以及主发动机什么时候点火和关机的指令。

弹(箭)怎么飞,最终是通过控制推力矢量方向实现的,推力矢量方向一般通过姿态角表示,因此制导系统输入的是导航系统的参数,输出的控制需要通过姿态控制系统控制姿态角实现。如果将火箭比作一个人,那么导航系统是眼睛和耳朵,制导系统是大脑,姿态控制系统是四肢,而时序系统是神经传输。

弹(箭)的制导方法可分为摄动制导和全量式制导两大类。在实现方式上,目前一般由弹上计算机实时计算得到,而早期则采用无线电制导,即地面完成制导计算后通过无线电发给弹(箭)。

摄动制导是20世纪50年代应用较多的一种制导方法,也称为δ偏差制导。摄动制导基于飞行弹道的小扰动摄动假设,将制导弹道在理论弹道上展开成自变量增量的泰勒级数,取一阶量,并以关机点的参数为主要制导参数,将实际弹道控制在理论弹道附近。摄动制导对弹(箭)上计算机要求很低,在大干扰下制导精度差,且依赖标准弹道设计,任务适应性也差。

与摄动制导方案不同,全量式制导方案是以某些参数,例如理论弹道关机点的弹道参数或卫星入轨点参数等作为制导的终端条件,控制弹(箭)的运动,使之满足给定的条件,这样可以保证偏差最小。因而在入轨精度、任务适应性方面均有较大优势,缺点是弹上计算机计算量较大,弹上软件相对复杂。

1.1.2.3 姿态控制系统

姿态控制系统的功能是控制弹(箭)的姿态运动,实现制导系统提出的姿态导引要求,并克服各种干扰,保证弹(箭)姿态角和姿态角速率误差在允许范围内。

制导系统控制的是质心运动,姿态控制系统控制的是绕质心运动。一般将弹(箭)的质心运动称为长周期运动,绕质心运动称为短周期运动。相比制导系统,姿态控制系统要求有更高的实时性和动态特性。

绕质心运动是由力矩控制的，运载火箭姿态控制的力矩主要来自发动机。目前，产生控制力矩一般有两种形式：一种是主推力发动机通过伺服机构驱动产生控制力矩；另一种方式是由姿控发动机通过开关的方式产生控制力矩。

现代弹道飞行器的姿态控制均为数字式的离散控制系统，需要有 A/D 转换和 D/A 转换控制，如图 1-3 所示。控制方法上，同样有基于经典控制理论的比例、积分、微分(PID)控制方法和基于现代控制理论的各类先进控制方法(如最优控制、变结构控制、自适应控制等)。

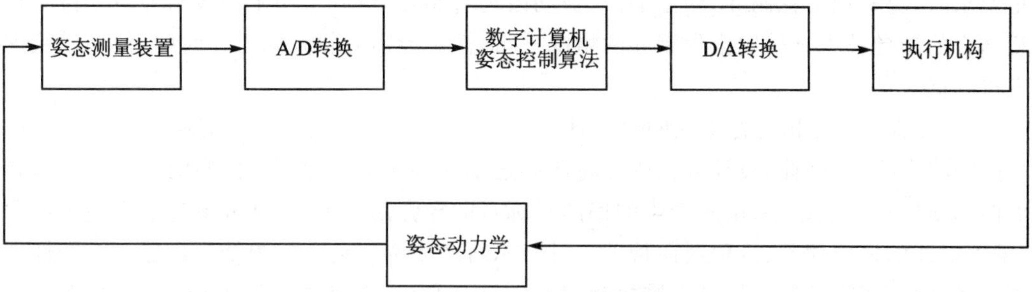

图 1-3　数字式姿态控制系统框图

1.1.2.4　电子综合系统

弹(箭)电子综合系统的功能(主要是其中的时序系统)是根据指令需求，按照严格的时间顺序和时间间隔发出有序的控制指令给各执行系统。指令需求一般来源于弹上计算机或预先装订的特定时间点，当收到这一特定指令后，自动完成相应的扩展指令(接通和断开相应电路)。如发动机关机对于弹上计算机来说是一条指令，但对于动力系统或者整个飞行器，将有大量的动作会随着关机指令的到来而相继执行，如发动机的关机需要大量的阀门打开和关闭，随后是伺服机构的归零、级间分离时序、正反推火箭点火和下一级发动机的点火指令等。目前弹(箭)上的时序基准主要是起飞信号和制导系统发出的各级关机信号，电子综合系统(组成包括控制器和执行器件)在这些特征时间点的基础上，完成相关时序指令，主要实现定时、分配、开关输出等功能。

1.1.3　控制系统特点

控制系统特点来自飞行器动力学特性、飞行性能及任务要求。

弹道式飞行器在主动段作弹道程序飞行。液体推进剂导弹、运载火箭多为垂直发射，垂直飞行时间一般为 8～12 s，然后按俯仰程序角或俯仰—偏航程序角作程序倾斜飞行，并且通过制导与控制将其约束在接近预定轨道面内。主动段飞行时间取决于射(航)程、动力装置类型及火箭结构形式，中程导弹一般是 2～4 min，远程及洲际导弹一般是 3～6 min，运载火箭一般是 5～20 min。固体导弹多采取筒式弹射发射，出筒后按弹道程序飞行，其飞行时间比液体推进剂导弹短。虽然主动段飞行时间均较短，但是飞行环境恶劣，存在多种飞行状态和干扰。飞行控制系统在复杂环境及干扰作用下须完成多种功能及任务要求，因而控制系统具有以下特点：

① 导弹与运载火箭均是一次性使用的产品，要求有较高的可靠性。控制系统由于组成部件多，功能复杂，对其可靠性要求更高，因而控制装置和元器件必须具有低失效率。地面测试

发射控制设备虽为可修复的系统，但飞行器发射过程中必须确保高可靠性，而导弹的测试—发控设备多为装车机动使用，所以测试发射控制系统、设备及元器件也必须高可靠性。

② 导弹，特别是地面机动发射的导弹，其运载能力一般较小，运载火箭为了增大运送有效载荷、航程能力，均要求减少弹（箭）“死重”。因此，弹（箭）上控制装置的体积、质量受到严格限制，必须轻小型化。

③ 交会目标点的精度是飞行器的重要性能指标。为了保证导弹落点精度，当主动段不能满足要求时，应采用全程制导，即主动段、被动段均有制导，或者采用主动段与弹道末段—再入段相结合的制导技术。采用全程制导的情况下，惯性制导需有较长的工作时间，但对其精度要求则可降低。

④ 飞行器一般是相对各主轴的对称体，在飞行中有六自由度运动，实际运动状态偏离预计（标准）状态不大，因此，设计分析中可将质心运动轨迹分解为弹道平面内的运动和垂直弹道平面内的横向运动的结果，由此产生的偏离目标点的导弹落点失准，则分解为射面内的射程偏差、偏离射面的横向偏差（或称射向偏差）。同理，将绕质心运动分解为绕飞行器三个惯性主轴的角运动，因而姿态控制系统是三维控制，与之对应的有三个基本控制通道，分别对飞行器的俯仰轴、偏航轴、滚动轴进行控制和稳定。

⑤ 飞行器结构不可能完全刚性，飞行运动中存在壳体弹性变形，对于液体推进剂的大型弹（箭）还存在推进剂晃动。所以，飞行器是具有刚体、弹性体和晃动（对于液体推进剂的弹、箭）运动的动力学特性，姿态运动是刚体运动、弹性振动和晃动的综合结果。姿态控制的对象须视为进行刚体运动、弹性振动和晃动（液体推进剂的弹、箭）相互组合的飞行器，姿态控制系统保证飞行器在干扰运动下的稳定。干扰运动是实际运动与标准运动之间广义坐标差别的运动。标准运动是飞行器壳体不变形，且其纵轴在每一时刻处于给定程序角相应的姿态位置。飞行器运动的频谱很密，姿态控制系统的控制作用频段必须考虑飞行器动态特性来选取，满足飞行器运动的稳定性需求。

1.2 弹道飞行器控制系统发展概况

1.2.1 国外弹（箭）飞行控制系统发展历程

弹（箭）控制系统的研究，开始于20世纪30年代。控制技术实际用于飞行控制，最早是在1935年美国人戈达德（R. H. Goddard）将陀螺仪用于火箭的姿态控制，利用陀螺仪作为测量元件，操纵燃气舵控制火箭飞行转弯。第二次世界大战期间，德国的V-2火箭是第一个有完整控制系统的弹道导弹。由敏感（测量）元件、中间装置和执行机构组成的控制系统不但控制导弹的飞行姿态，也控制导弹的射程，并且追求控制落点的精度。从此火箭的控制系统被正式确定为火箭的主要系统，并得到了进一步发展。

控制导弹落点精度曾采用过无线电雷达制导、惯性制导、惯性与无线电复合制导等方式。由于无线电技术和惯性制导技术的飞速发展，惯性测量元件同无线电制导装置在很长时间内进行竞争，出现过多种形式的制导方案。因为惯性制导是自主式的，不易受干扰，而无线电系统则易被干扰，对天线场地要求严格且使用不方便，所以惯性制导一致受到人们的重视和偏爱，得到了积极发展。

第二次世界大战后，一大批德国科学家和工程师移居美国，为美国陆军的红石导弹从事元件和系统方面的研制工作。其中在惯性器件方面的一个技术突破是采用气浮支承技术，研制出气浮陀螺，精度比V-2的陀螺仪高一个数量级。美国利用V-2火箭做了67次飞行试验。通过试验和研究，突破了陀螺空气轴承、液浮轴承等关键技术，沿着三轴陀螺稳定平台方案发展制导系统。

美国在研发较高精度惯性器件的同时，研究设计了更高精度的制导方法。用类似V-2导弹的制导指令，将导弹约束在它的标准弹道上（后来取名为δ最小制导方案，即摄动制导方法）。对于横向制导，设计成一个致零系统，用横向速度和横向位移信息作为偏航控制通道的附加输入信号，即通过偏航控制改变导弹质心运动的轨迹，将导弹导引至射面内。

随着电子计算机的发展，箭上计算机具备较高的导航和制导计算能力，因此全量式制导方法也被研究和应用，美国在20世纪60年代研制的土星运载火箭就采用了全量式制导方案中的迭代制导方法。

苏联的导弹制导系统，开始时使用捷联式制导方案，后面逐渐采用了三轴陀螺稳定平台制导方案。

早期弹道导弹的动力学特性比较简单，受控火箭是气动静稳定的，且可将火箭视为刚体。因此采用单回路控制方式能够完成火箭姿态控制功能，利用陀螺仪、中间装置和舵机-燃气舵组成连续式单回路姿态控制系统。

到1940年，为了控制回路稳定，火箭的姿态控制系统都采用舵的位置反馈，并要求由一个速率陀螺提供姿态角变化率。为了获得姿态稳定所需要的角速度，曾经利用机械装置来稳定舵的速度回路，但都没有成功。速率陀螺易引起大的振荡，曾出现过一些问题。为此，利用对陀螺姿态角信号进行微分的无源电气网络得到与角速度和角加速度成比例的信号，从而使这些问题得以解决，并取消了速率陀螺的应用。之后，在较长一段时间内，连续式单回路姿态控制系统成为近程导弹的主要控制形式。两个二自由度陀螺仪测量导弹绕三个惯性主轴转动的姿态角并给出角运动信号，信号送入中间装置，经连续式校正网络形成控制律信号，然后变换成作动控制指令，控制舵机带动燃气舵偏转，从而产生控制力矩。

后来，美国陆军的导弹飞行试验失败。通过分析飞行数据得知，是控制用的加速度计敏感了导弹的振动。因为没有将控制信号中的振动频率滤掉，所以使控制回路饱和而导致失控，弹体推进剂晃动造成了丘比特导弹试验失败。由于晃动没有受到充分抑制，引起晃动激励力作用而难以稳定控制。这两种影响控制稳定性的因素，都要求对控制回路的频率与振动、晃动及弯曲振型间的可能相互作用进行全面研究，并设计有可能抑制掉不希望的控制输入信号的滤波器。

采用微分网络来保证火箭刚体运动、晃动和弹性振动的控制稳定性，实际上存在一定困难，所以又在土星运载火箭和其他较大型导弹上应用了速率陀螺。其重要原因之一是弯曲振型的峰值点可能在陀螺稳定平台的安装位置上或附近，使弯曲振型的频率信息在经过微分网络时得到放大。因此将校正网络的主要微分作用由速率陀螺代替，以保证获得纯净的姿态速率信号。

随着运载火箭规模的增大，其动力学特性变得越来越复杂。因而采用姿态角、姿态角速率和其他姿态运动测量信息作为控制回路输入量，形成多回路姿态控制系统。同时，由于增大控制力的需要，燃气舵已不能适应要求，所以研制了喷管可摆动的发动机及相应的伺服机构，用于实现推力矢量的控制。

数字计算机的发展及其在姿态控制系统中的应用,使姿态控制系统更加灵活,硬件组成更加简单。因此,数字式姿态控制系统的应用日益普遍,弹载计算机逐渐代替了模拟式变换放大器。

弹(箭)控制系统的发展,在载人运载器特别是航天飞机上达到了一个顶峰。航天飞机的控制系统是迄今含有导航、制导和姿态控制系统的飞行器中最完善的,它在组成、完成功能和采用新技术方面,远比导弹、运载火箭更为庞大、繁多、性能高,图 1-4 中的航天飞机姿态控制系统是多输入量、多输出量的多回路人机混合数字控制系统。航天飞机控制系统研制的重点是可靠性、准确性和适应性。因此,系统采取惯性、天文和无线电组成组合导航系统,满足航天飞机的上升段、在轨段和返回再入段及机场着陆的导航要求。制导系统依靠导航系统提供的

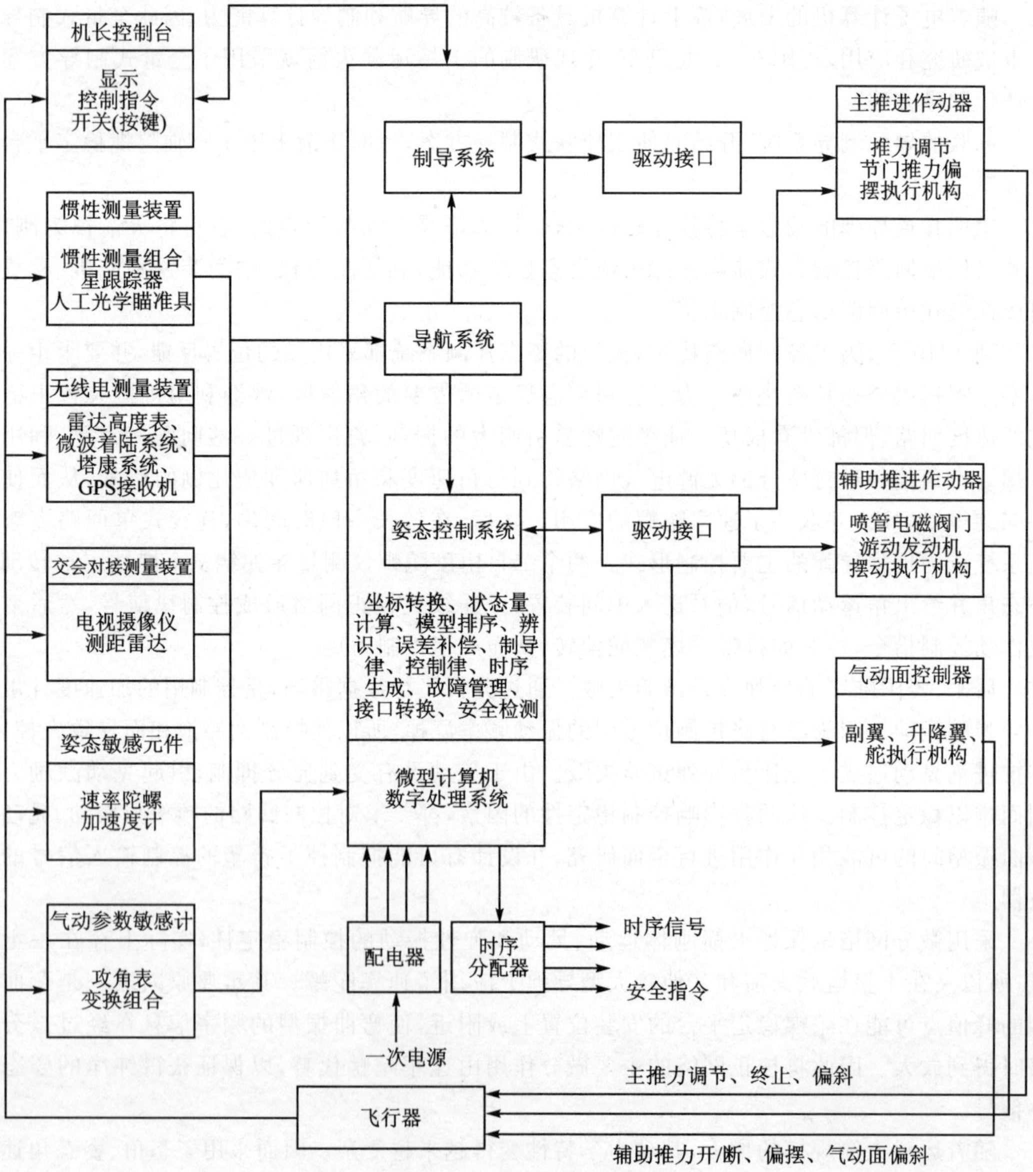

图 1-4　航天飞机控制系统组成框图

飞行状态量、时间序列信息，利用计算机生成制导律，实现推力矢量调节、推力终止控制，完成飞行轨道机动、轨道状态保持，准确交会空间站和安全飞行返场着陆。姿态控制系统对飞行器飞行中的变参数、多模态及各种控制功能要求，采用自动模式和自动-手动混合模式进行姿态控制和姿态保持。

航天飞机由于其复杂度和高成本，已退出历史舞台，一次性运载火箭仍然是今后一段时间内航天运输系统的主流。主流一次性运载火箭追求高可靠、低成本和强任务适应性。导航方面，目前普遍采用冗余捷联惯性导航为主、卫星导航为辅的组合导航方案，提高导航精度和可靠性；制导方面，基于路径自适应的最优迭代制导广泛使用，有较好的制导精度和任务适应性；姿态控制方面，依然是经典的 PID 控制为主，但动力学模型由于捆绑、大型贮箱等变得更加复杂，而数字式控制系统也成为主流。

1.2.2　我国弹(箭)飞行控制系统发展历程

1.2.2.1　早期的控制系统

我国的运载火箭从战略导弹发展而来，在导弹上沿弹体纵轴固联安装一只摆式加速度计，在飞行中敏感导弹纵向视加速度，经电解积分仪对视加速度积分后得到视速度。当实际飞行的导弹视速度值与预先按预定射程计算并装订的视速度值相等时，发出关闭发动机的指令，可以达到控制射程的目的，其结构如图 1-5 所示。

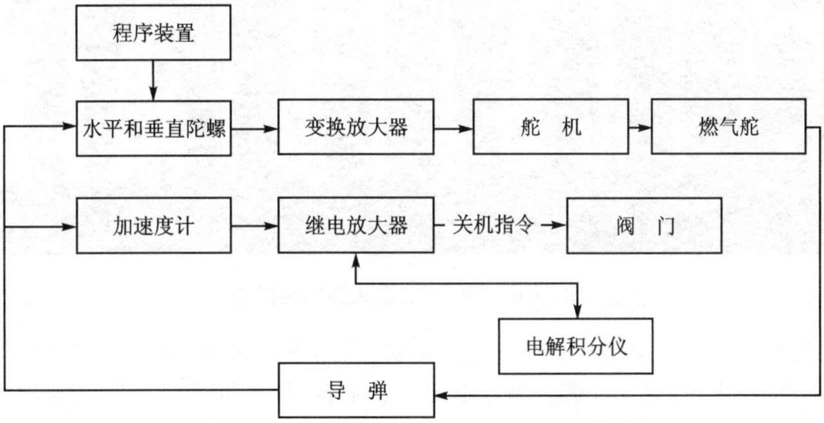

图 1-5　射程控制、导弹姿态控制的系统框图

控制发动机关机仅能控制射程，完成纵向制导，对于保证落点精度是不够的，因而需要加横偏控制，当时采用无线电横偏校正系统与姿态控制相结合的方式实现导弹横向偏差的控制。

1.2.2.2　中期的控制系统

后续研制的导弹型号在控制系统上有了较大提高，在制导系统方面进一步发展补偿式制导方案，利用“变参数线性系统外干扰完全补偿”理论，研制了更为完善的捷联补偿制导方案。这种补偿方案采用陀螺仪作为测速器件并完成补偿量综合，时变系数由解算装置生成，整套制导装置实现制导关机量控制，提高了制导精度。

横向控制仍然采用导弹横向速度作为闭路导引信号，但是获取横向加速度的方式由装在垂直陀螺仪上的横向加速度计完成，因此不需要坐标转换的解算，系统变得简单可靠。在姿态控制系统方面，为适应弹体长细比增大产生弹性振动对姿态控制稳定性的影响，首次采用了速率陀螺信号参与控制的双回路姿态控制系统。

为适应两级火箭对制导、姿态控制及测试发射控制的要求，飞行控制系统进一步改进、完善方案和采取新的技术途径，扩大了控制系统功能，提高了性能。两级火箭的长细比更大，弹性振动及液体推进剂晃动的影响必须综合考虑，同时飞行时间长，干扰量增多，因而控制系统设计难度加大。补偿式制导方案进一步完善，采用捷联式全补偿，并引入横向导引和法向导引的制导系统，从而使制导方法误差更小。惯性器件采用静压气浮陀螺仪和积分陀螺加速度计，由此致使制导工具误差减小。制导系统的关机方程、导引方程、制导过程量的存取及补偿量变系数的设置均由箭载计算装置实现，并发出制导指令，控制射程和横向偏差。

姿态控制系统针对两级火箭的刚体运动、弹性振动、晃动及一、二级分离干扰对二级起控稳定性等影响，采取角位置陀螺、速度陀螺并在校正网络中运用相位稳定、幅值稳定及变参数方法实现姿态控制的静、动态特性，满足了姿态控制性能要求。

采用这种控制系统的长征一号运载火箭于 1970 年 4 月成功发射了中国的首颗人造地球卫星。到目前为止，我国已发展的运载火箭谱系如图 1-6 所示。

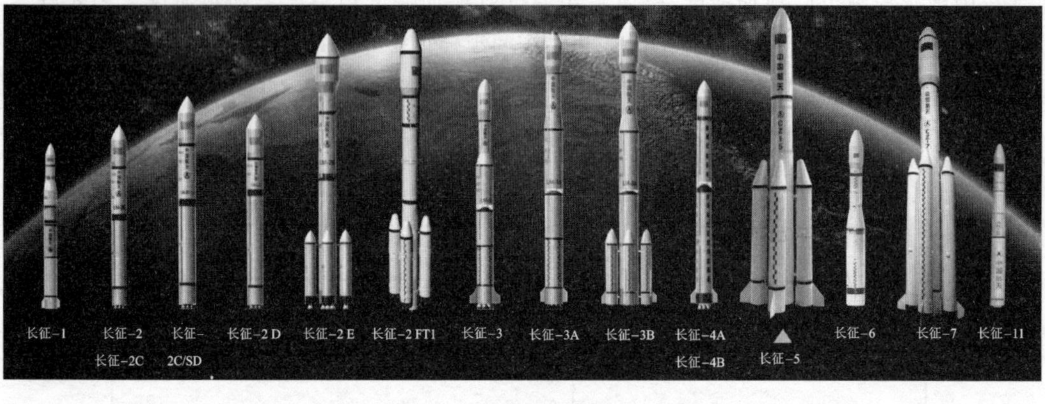

图 1-6 “长征”运载火箭系列图谱

为满足导弹射程及大型运载火箭发展的需要，控制系统在以前成果基础上作了大的改进并采取一些新的技术，提高了性能。制导系统采用平台-计算机惯性制导方案，它能直接建立惯性坐标系基准，不需要导航状态量坐标转换，可以减轻对箭载计算机的要求；在制导方程中不出现姿态角，因而不需要高精度姿态角传感器。陀螺稳定平台能改善加速度计和陀螺仪的动态环境，隔离箭体振动、摇摆的影响，有利于提高惯性器件使用精度。

为配合当时箭载计算机的研制水平，制导律采取常系数积分型的关机方程和导引方程，并在关机方程中引入了时间补偿项，消除关机时间变化对射程控制的影响，同时引入了反映弹道倾角偏差的法向导引和反映横向偏差的横向导引。采用这些方法后，用一个中等速度、小容量数字增量型的专用弹载计算机就能完成制导高精度复杂运算。

陀螺稳定平台是以气浮技术为基础的三轴静压气浮平台。平台台体上的三个加速度计测量量为制导提供信息，平台框架三个轴端各安装一个测量姿态的传感器，将传感器信号处理后分别输出俯仰角、偏航角和滚动角偏差，送至姿态控制系统。

姿态控制系统面对动力学特性复杂的被控对象，在沿用连续式控制体制下，采取了多回路姿态控制方案。控制回路中的变换放大器电路先后采用微膜组件、薄膜组件和集成运算放大器、无源校正网络和有源校正网络。执行机构为推力矢量控制和姿控游动发动机，分别由功率不同的伺服机构摆动主发动机推力室和游动发动机，以产生较大控制力。

1.2.2.3　后期的控制系统

随着信息技术的发展和计算机的扩大应用，控制系统研制的重点在于飞行控制系统数字化，机动、快速和小型化的测试发射控制，并致力于提高控制系统可靠性、精度和飞行控制装置轻小型化。

研制了新型的平台-计算机制导系统，静压液浮陀螺稳定平台直接输出数字脉冲的加速度、姿态角信号，在计算机中实时计算出飞行状态量并提供给制导和姿态控制。采用显式制导和高精度陀螺稳定平台，使制导方法误差和工具误差减小，提高了制导精度。

姿态控制系统采用数字控制技术，计算机作为中间装置，实施多回路控制信号综合和校正网络计算，按姿态控制律生成的控制指令经 D/A 转换、分配送至推力矢量控制系统及姿态控制喷管组，完成多种飞行姿态的控制和稳定。

后续的改进，主要集中在导航系统的冗余、迭代制导的应用和总线的应用三个方面。导航系统在硬件方面由原来的液浮和气浮陀螺惯性平台发展为挠性陀螺平台，同时激光陀螺和光纤陀螺捷联惯组日益成熟，逐渐形成平台加捷联的冗余导航系统或多捷联的冗余导航系统。另一方面，卫星导航技术逐步进入运载火箭控制系统，与惯性导航通过滤波器形成组合导航系统。制导系统主要是以迭代制导为代表的最优制导的工程应用，提高了制导精度和任务适应性。姿态控制一方面为适应捷联惯组和迭代制导的应用，开展了通道耦合及复杂模态的全量建模；另一方面进行了解耦控制和姿态自适应控制，以适应全向发射及其他大角度调姿等要求。在实现上，单一数字化总线取代了分散的串行通信线路，单机实现智能化，简化了系统的测试，提高了控制系统的效率。基于上述特点的新型控制系统也是我国未来运载火箭控制系统的主要特点和方向。

1.3　弹(箭)的发展趋势及对飞行控制系统的需求

1.3.1　发展趋势

1. 通用化、模块化的中型火箭成为主流

中型火箭并没有一个明确的定义，而国际上也没有大型火箭的说法，中型火箭之后就是重型火箭，因此广义上的中型火箭有一个很宽的能力范围。一般来说，近地轨道运载能力范围在 5～15 t，同步转移轨道运载能力在 8 t 以内都可以算作中型火箭。此类火箭的应用范围最宽，包括近地载荷如向空间站补给，中低轨道的侦察卫星、遥感卫星，中高轨道的导航卫星及同步轨道的通信卫星等，均在其能力范围内，因此是各国火箭发展的重点。

正因为中型火箭的能力范围宽的特点，一个特定型号火箭无法满足所有需求，因此一般发展成一个中型系列，而要快速、有效和低成本实现一个火箭系列，通用化和模块化是必不可少的设计过程。如美国宇宙神 5 火箭系列，主要包括一个通用芯一级模块、一个通用固体助推器模块、两个通用半人马座二子级模块，即可构成总共 14 种构型，同步转移轨道的运载能力覆盖从 5 t 到 13 t。

通用化、模块化还可以将设计与生产制造分离，火箭的生产制造不必与具体任务联系，只需要改变软件模块和参数即可适应不同任务，可有效提高生产效率，减少状态变化，提高可靠性。

2. 小型和重型火箭各有需求

在主流的中型火箭之外，小型火箭和重型火箭也各有需求。小型火箭的特点是低成本、简易和快速，这类火箭有很大一部分都是从退役的战略导弹改装而成的，如俄罗斯的隆声号、第聂伯、起跑号和美国的金牛座、米诺陶等火箭。小型运载火箭既可以满足小型载荷的发射需求，还能满足各国军方的快速部署要求，另外还可以从事相关的演示验证试验项目，因此在各国的火箭型谱中占有一席之地。

重型火箭的定义同样不明确，通常所指的是如土星 5、N－1、能源号这类近地轨道运载能力 100 t 左右的超大型火箭，重型火箭的出现往往体现了一个时代的政治、经济和科技等综合因素，而长远来看这部分需求依然存在。

3. 重复使用依然是探索方向

2011 年 7 月 21 日，航天飞机完成了谢幕之旅，意味着 30 年的航天飞机时代的结束，可重复使用飞行器的发展让位于一次性运载火箭。然而人类对于进入太空的目标和要求始终如一，那就是可靠、廉价和便捷，重复使用飞行器在理论上仍然具有优势。不论是垂直起降、滑翔返回还是降落伞可控回收，都在积极研究，其中 SpaceX 公司在近几年已经实现了火箭的垂直返回并已经用于发射任务（见图 1－7），极大地降低了发射成本。随着科学技术的不断进步，重复使用飞行器的研制步伐也会越来越快。

图 1－7　SpaceX 公司的火箭回收

1.3.2　飞行控制系统的发展方向

弹（箭）飞行控制系统的发展与火箭的整体发展密不可分，同时控制系统的发展也影响着火箭技术的发展。

控制系统是保障运载火箭任务完成和系统性能的重要组成部分，其发展水平应与弹（箭）

的发展水平相适应，而随着人类探索和应用太空的步伐加快，火箭的改进、研制和更新换代也在加速。现代控制系统是高度集成的，包括了电气、机械、液压、光学等多学科的综合性系统，系统集成有较大难度，而系统也有一定的优化空间。另外飞行控制系统虽是一套独立的弹上系统，但其研制离不开地面的设计、仿真和试验系统，所有相关系统和领域都会随控制系统的进步而发展。

1. 适应高精度的需求

一方面，提高导航制导精度可以提高有效载荷的入轨精度，从而节省有效载荷为此预留的变轨推进剂，提高有效载荷质量。另一方面，较高的制导精度，意味着较为先进的最优控制方法和较强的任务适应性，也可以降低火箭自身为克服干扰而预留的弹道余量，从而提高火箭的运载能力。

弹（箭）导航精度的提高主要依赖于惯性器件精度的提高，目前捷联系统正逐步取代平台惯导系统。如果捷联惯组的精度有较大提高，可以取消地面辅助瞄准系统，简化设备和流程，提高快速性。同时以卫星导航等为辅助的组合滤波算法也较为成熟，是提高入轨精度的一个重要手段。目前国内外主要惯组精度对比如表1-1所列，可以看出，在加速度计方面国内外精度相当，但陀螺精度有明显差距。

表1-1　国内外主要惯性器件精度对比

产　品	国内主流惯组	H-2A惯组	德尔它4惯组	宇宙神5惯组
陀螺稳定性/[(°)·h^{-1}]	约0.15	≤0.09	≤0.08	≤0.015
加速度计稳定性/μg	约120	≤130	≤120	≤120

制导精度主要体现在制导算法上，随着箭载计算机计算能力的提高，复杂的优化算法可以得到实现，在提高制导精度的同时，更加关注大干扰的适应性、动力冗余策略等问题。

2. 适应通用化、模块化设计需求

火箭的模块化主要指模块化的结构单元，而导航制导系统的模块化则侧重系统的硬件组成及对应的软件功能模块。运载火箭正朝着多用途上面级、重复使用等方向发展，一个系列的火箭要适应所有的任务可能需要一套庞大的导航制导系统，但并非所有的系统模块在每项特定的任务中都有作用。因此导航制导系统的通用化、模块化需求即为可按功能需求进行系统的增减，而不需要进行重新设计。

3. 适应高集成化需求

片上系统（SoC）技术的迅猛发展，同时总线技术的广泛使用，减少了设备的接口数量和规模，因此设备的小型化和集成化也是后续对导航制导系统的主要需求。例如德尔它4的12表冗余惯性飞行控制组件就是一个高集成的冗余的现代制导系统，拥有6个加速度计、6个激光陀螺和3个CPU，实现自动化的发射操作、提供多重冗余的导航信息、进行冗余的数据处理、进行制导和姿态控制计算。其软件由标准飞行程序软件和飞行任务数据库构成，通过调整装订不同的数据库文件，可满足不同飞行任务要求。

4. 适应重复使用需求

以往一次性运载火箭，导航制导系统只需要工作到星箭分离或末级离轨结束，而重复使用飞行器则要求导航制导系统工作到其安全返回，工作模式等有着很大的差别。同集成化需求一样，导航制导的重复使用需求也是对相关领域提出了更高的要求——交叉融合，而且会随着不同的返回方式有所不同。

5. 适应高轨及深空使用需求

高轨与深空任务最大的问题是飞行时间长，卫星导航系统不可用。这一方面对导航系统的精度和可靠性提出了更高的要求，另一方面也要求制导系统有较强的误差或故障适应能力。

提高导航系统的精度，主要在于提高惯组的精度，同时，也可以考虑引入天文导航等其他导航方法，或打破传统模式引入地面回路的测控，这项措施在制导上同样值得考虑。由于导航精度误差积累或需要进行多次变轨，全自主的制导系统往往到后面需要应付的轨道误差会很大，除了改进制导方法、提高自主在线规划能力外，地面的控制也是一种可行的选择。

6. 冗余设计

冗余设计的核心目标是提高系统的可靠性，冗余只是其中重要而有效的手段，综合考虑全箭的可靠性指标要求、运载能力、经济性指标后，再根据实际需要进行导航制导系统的冗余设计。对于导航系统的冗余设计，有多套惯组和单套惯组多表两种方案，各有优缺点，应根据火箭的特点和具体需求论证确定，同时也依赖惯组单机的实现程度。导航制导系统是全箭的控制核心，其可靠性设计应置于重要地位考虑。

目前国际上冗余惯组最有代表性的是德尔它 4 火箭的冗余惯性飞行控制组件（RIFCA）和宇宙神 5 的容错惯性导航装置（FTINU）。前者由 L－3 通信公司研制，共有 6 个激光陀螺和 6 个加速度计保证三度的故障冗余，即 12 个惯性器件中任何 3 个失效都不会对任务有影响。FTINU 由霍尼韦尔公司研制，各有 5 个激光陀螺和 5 个加速度计共 10 表设计，最多两度冗余。

7. 自主化与智能化

目前国外先进火箭，如猎鹰 9 和在研的太空发射系统（SLS），均设计有全箭级的信息综合管理系统，具有应对非灾难故障的应急制导模式及策略，具有在线调整增益的自适应控制方法，具有动力冗余及推进剂管理技术，提升了火箭对飞行中全箭级故障的自主适应能力，具有较高的飞行可靠性。今后控制系统的设计将站在全箭的高度，整体规划控制系统的方法和策略，建立全箭信息综合管理系统，对全箭的故障进行诊断、隔离及重构。在具有一定约束和能力的条件下，让制导系统进行离线或在线轨道规划和时序规划。在姿态发散或姿态偏差较大的情况下，用最短路径控制火箭，使火箭具有姿控自适应功能，将姿控燃料消耗减到最少。

近年来快速发展的人工智能技术用于弹（箭）的控制系统参数在线辨识将有效提高系统的测量和控制精度。此外，用强化学习技术直接产生弹（箭）控制指令也是一个重要的智能化发展方向。

思考题

1. 说明控制系统的主要功能及各组成结构，并以方框图示意这些功能之间的关系。
2. 弹道飞行器的控制特点是什么？可用图表示。

第2章 弹(箭)飞行动力学及运动方程

2.1 坐标系及其相互关系

2.1.1 常用坐标系

在飞行动力学中,常用的坐标系是右手直角坐标系、圆柱坐标系和球面坐标系。合理地选择坐标系能简化对飞行器飞行特性和轨道计算的研究、分析。

坐标系有两类:相对坐标系和惯性坐标系。相对坐标系随运动体运动,相对于空间不动的坐标系有平移或旋转。惯性坐标系可视为其坐标轴在惯性空间指向不变的坐标系。

在弹道式飞行器中,坐标系的原点通常取在三处:地球中心、发射点和飞行器质心。由此可以分成几种惯性坐标系和相对坐标系。

以下介绍本书中用到的两种坐标原点在地球上的相对坐标系,其特点是其坐标原点或3个坐标轴均随地球的自转而移动和旋转。

1. 地心赤道坐标系 $O_eX_eY_eZ_e$

地心赤道坐标系 $O_eX_eY_eZ_e$ 的坐标原点 O_e 在地心处,O_eX_e 轴在赤道平面内,指向本初子午线(0°经线);O_eZ_e 轴垂直于赤道面,与地球自转轴重合,指向北极;O_eY_e 轴按右手系规则确定。地心赤道坐标系如图2-1所示。

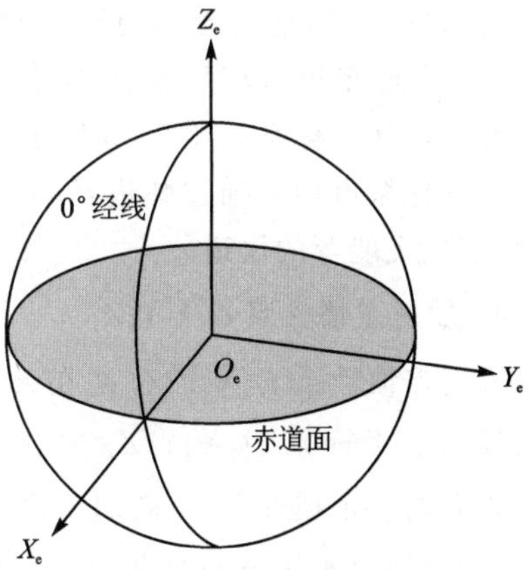

图2-1 地心赤道坐标系

该坐标系随地球一起旋转,可用来描述飞行器相对地球表面的位置。

2. 发射点坐标系 $O_gX_gY_gZ_g$

发射点坐标系 $O_gX_gY_gZ_g$ 的坐标原点 O_g 在发射点处,O_gY_g 轴沿发射点水平面垂线指向地表外;O_gX_g 轴在发射点水平面内与 O_gY_g 轴垂直,指向发射方向;O_gZ_g 轴按右手系规则确定。

① 当将地球视为球体时,如图2-2(a)所示,O_gY_g 轴与过 O_g 点的球体半径重合,O_gY_g 轴与赤道面的夹角 ϕ_0 称为发射点的地心纬度;在发射点水平面(过发射点的球体切平面)内,O_gX_g 轴与子午圈切线正北向的夹角 ν_0 称为地心方位角,O_gX_g 轴指向东向为正。

② 当将地球视为椭球体时,如图2-2(b)所示,O_gY_g 轴与过 O_g 点的椭球面法线重合,O_gY_g 轴与赤道面的夹角 B_0 称为发射点的地理纬度;在发射点水平面(过发射点的椭球体切平面)内,O_gX_g 轴与子午圈切线正北向的夹角 A_0 称为射击方位角,东向射击为正。

该坐标系随地球一起旋转,可用来描述火箭发射后相对发射点的运动。

以下介绍本书中用到的两种坐标原点在地球上的惯性坐标系,特点是坐标系的原点在地

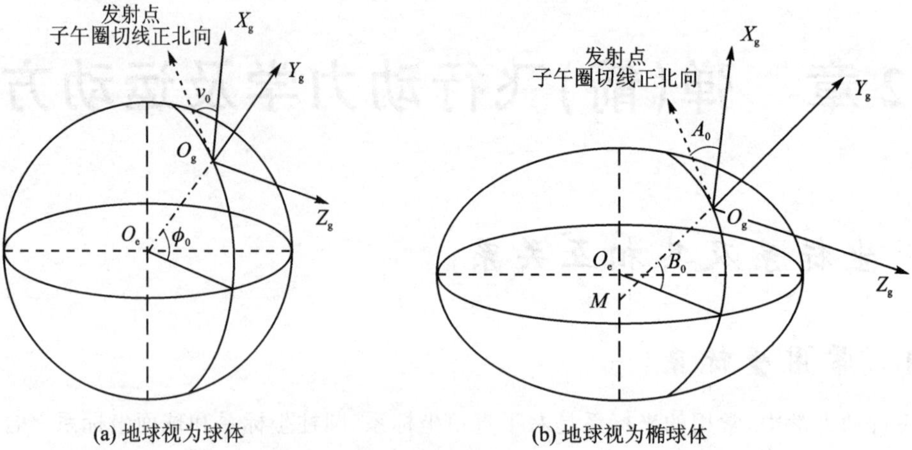

(a) 地球视为球体　　(b) 地球视为椭球体

图 2-2　发射点坐标系

球上随地球公转，而各坐标轴不随地球自转，这样定义的空间称为惯性空间。

3. 地心惯性坐标系 $O_eX_IY_IZ_I$

地心惯性坐标系 $O_eX_IY_IZ_I$ 的坐标原点 O_e 在地心处，O_eX_I 轴在赤道平面内指向 J2000 时刻的春分点（2000 年 1 月 1.5 日的平春分点）；O_eZ_I 轴垂直于赤道面，与地球自转轴重合，指向北极；O_eY_I 轴按右手系规则确定。地心惯性坐标系如图 2-3 所示。

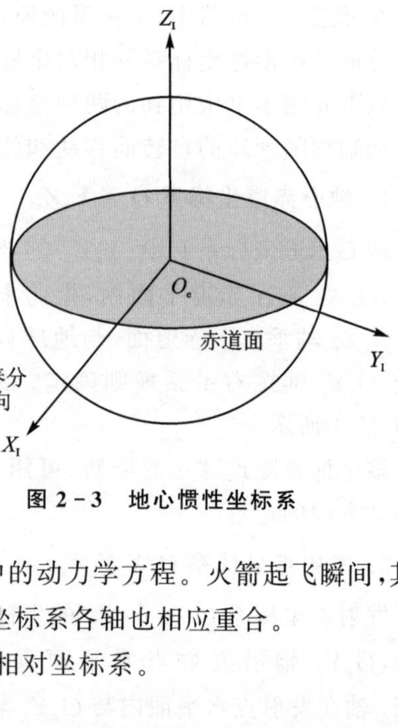

图 2-3　地心惯性坐标系

该坐标系可用来描述弹道导弹、运载火箭以及卫星、飞船等的轨道。

4. 发射点惯性系 $O_iX_iY_iZ_i$

发射点惯性系 $O_iX_iY_iZ_i$ 是在火箭起飞时刻将发射点坐标系 $O_gX_gY_gZ_g$ 固化在惯性空间后得到的一个惯性系，一般用于建立火箭在惯性空间中的动力学方程。火箭起飞瞬间，其原点 O_i 与发射点坐标系的原点 O_g 重合，各坐标轴与发射坐标系各轴也相应重合。

以下介绍本书中用到的三种坐标原点在飞行器上的相对坐标系。

5. 本体系（飞行器坐标系）$O_1X_bY_bZ_b$

本体系（飞行器坐标系）$O_1X_bY_bZ_b$ 的坐标原点 O_1 在飞行器质心处，O_1X_b 轴为飞行器纵轴，在纵向对称面内指向头部；O_1Y_b 轴在纵向对称面内垂直于 O_1X_b 轴指向上；O_1Z_b 轴按右手系规则确定（指向右侧），构成 3 轴“前-上-右”的指向，见图 2-4。该坐标系随飞行器一起平移和旋转，用来描述飞行器的姿态。

6. 速度坐标系 $O_1X_cY_cZ_c$

速度坐标系 $O_1X_cY_cZ_c$ 的坐标原点 O_1 在飞行器质心处，O_1X_c 轴正向为飞行器速度矢量 V 方向，O_1Y_c 轴在飞行器纵向对称面内垂直于 O_1X_c 轴，O_1Z_c 轴按右手系规则确定，见图 2-5。

该坐标系用来描述飞行器相对气流的运动方向，随飞行器质心一起平移，随飞行器速度方向的改变而旋转。

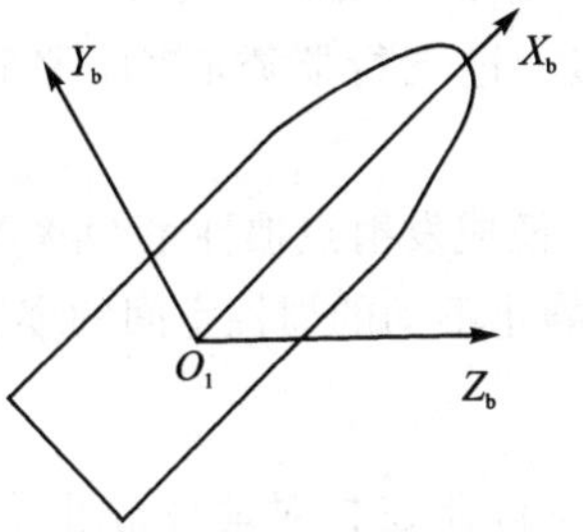

图 2-4　本体系

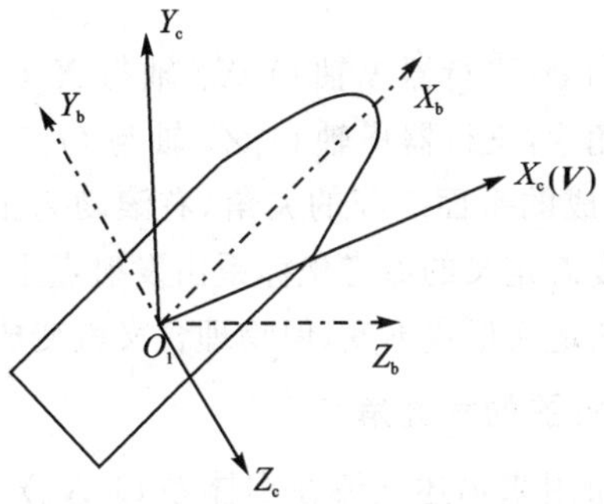

图 2-5　速度坐标系

7. 弹道坐标系 $O_1X_kY_kZ_k$

弹道坐标系 $O_1X_kY_kZ_k$ 的坐标原点 O_1 在飞行器质心处，O_1X_k 轴为飞行器速度方向；O_{Yk} 轴在通过速度矢量的铅垂面内，垂直于速度矢量指向上；O_1Z_k 轴按右手系规则确定，见图 2-6。

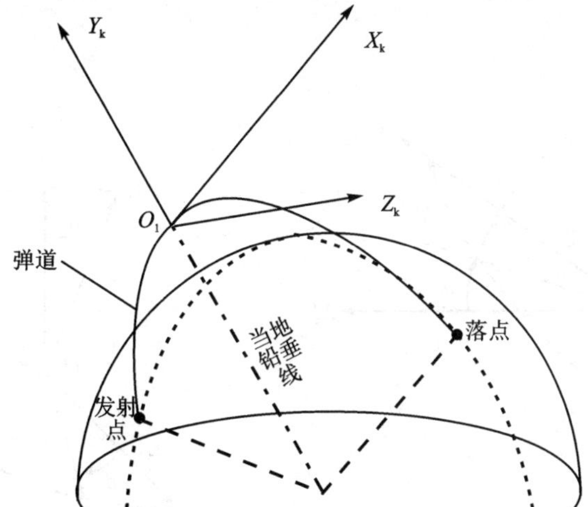

图 2-6　弹道坐标系

该坐标系随速度方向的改变而旋转，用来表示飞行器的速度矢量相对于当地水平面的方向，即飞行弹道。

2.1.2　飞行器姿态的表示

1. 飞行器的姿态角

飞行器的姿态指的是本体系 $O_1X_bY_bZ_b$ 相对参考坐标系的旋转关系，随参考坐标系的选取不同，飞行器姿态的物理含义也随之变化。本书在描述弹道飞行器的姿态时采用发射点坐标系 $O_gX_gY_gZ_g$ 作为参考坐标系，用欧拉角 φ、ψ 和 γ 表示本体系 $O_1X_bY_bZ_b$ 相对地球上的发射点的姿态，如图 2-7 所示，图中将两个坐标系原点重合。

俯仰角 φ：飞行器纵轴 O_1X_b 轴在 $X_gO_gY_g$ 平面内的投影与 O_gX_g 轴之间的夹角，抬头为正。

偏航角 ψ：飞行器纵轴 O_1X_b 轴与 $X_gO_gY_g$ 平面之间的夹角，左偏航为正。

滚动角 γ：飞行器横轴 O_1Z_b 轴与 O_1X_b 和 O_1Z_g（O_1Z_g 过飞行器质心 O_1 平行于 O_gZ_g 轴）两轴构成的平面之间的夹角，右滚动为正。

当把姿态定义的参考坐标系由发射点坐标系 $O_gX_gY_gZ_g$ 换成发射点惯性系 $O_iX_iY_iZ_i$ 时，上述姿态角的定义形式不变，但物理含义就变成了飞行器相对静止不动的惯性空间的姿态。

2. 飞行器的气流角

气流角用来描述气流在本体系 $O_1X_bY_bZ_b$ 的方向，当飞行器在相对地球静止不动的大气中飞行时，气流相对飞行器的方向与飞行器的速度方向平行，此时速度坐标系 $O_1X_cY_cZ_c$ 相对本体系 $O_1X_bY_bZ_b$ 的旋转角度定义（见图 2-8）如下：

攻角 α：O_1X_c 轴（速度矢量方向）在 $X_bO_1Y_b$ 平面内的投影与 O_1X_b 轴之间的夹角，速度指向 O_1X_b 轴下方为正。

侧滑角 β：O_1X_c 轴（速度矢量方向）与 $X_bO_1Y_b$ 平面之间的夹角，速度指向 $X_bO_1Y_b$ 平面右侧为正。

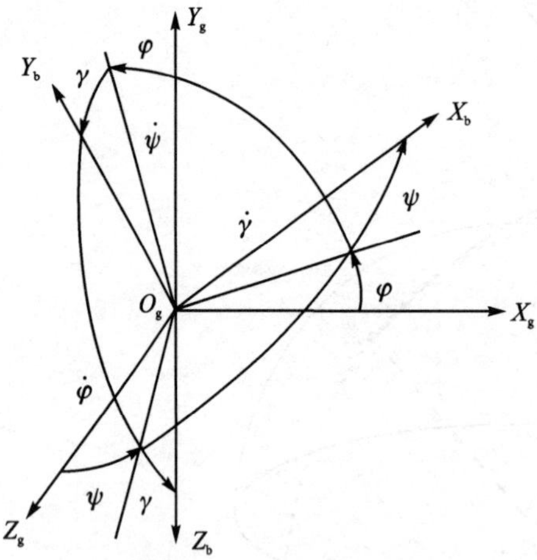

图 2-7 姿态角定义

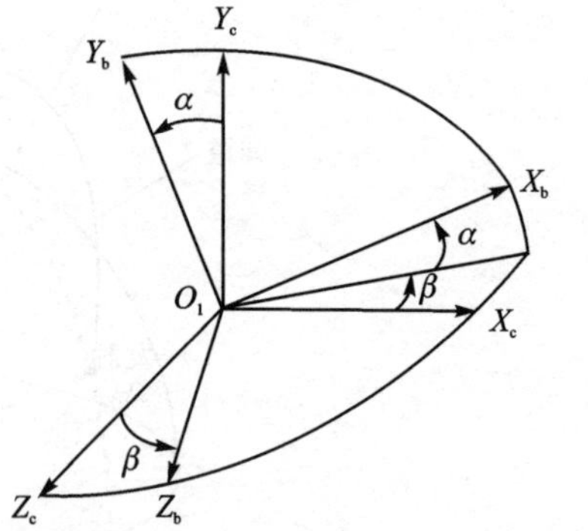

图 2-8 无风时的气流角定义

当有风时，大气相对地球运动，来流方向相对本体系存在附加攻角 α_w 和附加侧滑角 β_w，其中 α_w 和 β_w 是在飞行器速度为 0 时气流相对本体系的攻角和侧滑角。有风情况下可用总攻角（$\alpha+\alpha_w$）和总侧滑角（$\beta+\beta_w$）代替 α 和 β 来描述速度系和本体系之间的关系。

3. 飞行器的弹道角

弹道角描述的是弹道坐标系和参考坐标系之间的旋转关系，参考坐标系是描述弹道形状的基准，可以采用惯性系、发射点坐标系或者当地的地理系，本书中统一采用发射点坐标系 $O_gX_gY_gZ_g$ 来定义弹道角。为了方便角度描述，将发射点坐标系原点 O_g 平移至弹道坐标系原点 O_1 处，如图 2-9 所示。

弹道倾角/速度倾角 θ：速度矢量 $\mathbf{V}$ 在 $X_gO_gY_g$ 平面内的投影与 O_gX_g 轴之间的夹角，$\mathbf{V}$ 指

向水平面上方为正。

弹道偏角/航向角 σ：速度矢量 **V** 与 $X_gO_gY_g$ 平面之间的夹角，左偏为正。

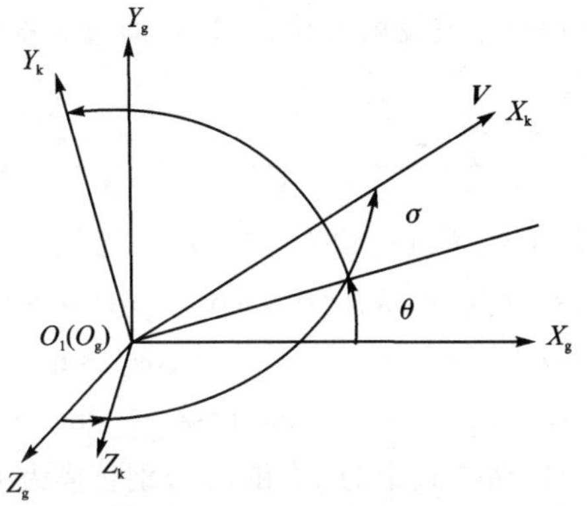

图 2-9 弹道角定义

2.1.3 坐标系之间的转换

记任意坐标系 $O_1X_1Y_1Z_1$ 到 $O_2X_2Y_2Z_2$ 的方向余弦阵为 $\boldsymbol{T}_1^2$，绕 $X/Y/Z$ 轴旋转任意角度 η 的方向余弦阵记为 $\boldsymbol{L}_{x/y/z}(\eta)$，形式如下：

$$\boldsymbol{L}_x(\eta)=\begin{bmatrix}1 & 0 & 0\\ 0 & \cos\eta & \sin\eta\\ 0 & -\sin\eta & \cos\eta\end{bmatrix}$$

$$\boldsymbol{L}_y(\eta)=\begin{bmatrix}\cos\eta & 0 & -\sin\eta\\ 0 & 1 & 0\\ \sin\eta & 0 & \cos\eta\end{bmatrix}$$

$$\boldsymbol{L}_z(\eta)=\begin{bmatrix}\cos\eta & \sin\eta & 0\\ -\sin\eta & \cos\eta & 0\\ 0 & 0 & 1\end{bmatrix}$$

一般两个坐标系之间的变换，必须知道第一个坐标系的原点相对于第二个坐标系的位置及坐标系之间的角度。本书主要涉及的是坐标系的角度变换，因此将原点不重合的坐标系平移，使两个坐标系原点重合后就可以采用角度变换。下面介绍几种本书中用到的坐标系之间的变换。

1. 地心惯性坐标系 $\boldsymbol{O_eX_1Y_1Z_1}$ 与地心赤道坐标系 $\boldsymbol{O_eX_eY_eZ_e}$

这两个坐标系的原点和 Z 轴是重合的，通过绕 Z 轴旋转一次就可以使两个坐标系完全重合，根据坐标系的定义，这个转角是 J2000 时刻的 O_eX_1 轴转到所讨论时刻的 O_eX_e 轴的角度，可由天文年历查表计算得到，记为 Ω_G。不难写出这两个坐标系的转换关系为

$$O_eX_1Y_1Z_1 \xrightarrow[Z]{\Omega_G} O_eX_eY_eZ_e$$

$$\boldsymbol{T}_1^e=\boldsymbol{L}_z(\Omega_G)=\begin{bmatrix}\cos\Omega_G & \sin\Omega_G & 0\\ -\sin\Omega_G & \cos\Omega_G & 0\\ 0 & 0 & 1\end{bmatrix}$$

2. 地心赤道坐标系 $O_eX_eY_eZ_e$ 与发射点坐标系 $O_gX_gY_gZ_g$

这两个坐标系之间存在 3 个欧拉角，分别是发射点的经度 λ_0、纬度（地心纬度 ϕ_0 或地理纬度 B_0）和方位角（地心方位角 ν_0 或发射方位角 A_0），通过 3 次旋转后两坐标系平行。以球体地球模型为例，转换关系为

$$O_eX_eY_eZ_e \xrightarrow[Z]{-(90^\circ-\lambda_0)} \xrightarrow[X]{\phi_0} \xrightarrow[Y]{-(90^\circ+\nu_0)} O_gX_gY_gZ_g$$

$$\begin{aligned}\boldsymbol{T}_e^g &= \boldsymbol{L}_y(-(90^\circ+\nu_0))\boldsymbol{L}_x(\varphi_0)\boldsymbol{L}_z(-(90^\circ-\lambda_0)) \\ &= \begin{bmatrix} -\sin\nu_0\sin\lambda_0-\cos\nu_0\sin\varphi_0\cos\lambda_0 & \sin\nu_0\cos\lambda_0-\cos\nu_0\sin\phi_0\sin\lambda_0 & \cos\nu_0\cos\phi_0 \\ \cos\phi_0\cos\lambda_0 & \cos\phi_0\sin\lambda_0 & \sin\phi_0 \\ -\cos\nu_0\sin\lambda_0+\sin\nu_0\sin\phi_0\cos\lambda_0 & \cos\nu_0\cos\lambda_0+\sin\nu_0\sin\phi_0\sin\lambda_0 & -\sin\nu_0\cos\phi_0 \end{bmatrix}\end{aligned}$$

采用椭球地球模型时，只需将上式中的 ϕ_0 和 ν_0 分别替换为 B_0 和 A_0 即可。

3. 发射点坐标系 $O_gX_gY_gZ_g$ 与本体系 $O_1X_bY_bZ_b$

这两个坐标系之间的关系用以反映飞行器相对发射坐标系的姿态，用 3 个姿态欧拉角来联系，根据 2.1.2 小节对 3 个姿态角的定义，这两个坐标系的转换关系为

$$O_gX_gY_gZ_g \xrightarrow[Z]{\varphi} \xrightarrow[Y]{\psi} \xrightarrow[X]{\gamma} O_1X_bY_bZ_b$$

$$\begin{aligned}\boldsymbol{T}_g^b &= \boldsymbol{L}_x(\gamma)\boldsymbol{L}_y(\psi)\boldsymbol{L}_z(\varphi) \\ &= \begin{bmatrix} \cos\psi\cos\varphi & \cos\psi\sin\varphi & -\sin\psi \\ -\cos\gamma\sin\varphi+\sin\gamma\sin\psi\cos\varphi & \cos\gamma\cos\varphi+\sin\gamma\sin\psi\sin\varphi & \sin\gamma\cos\psi \\ \sin\gamma\sin\varphi+\cos\gamma\sin\psi\cos\varphi & -\sin\gamma\cos\varphi+\cos\gamma\sin\psi\sin\varphi & \cos\gamma\cos\psi \end{bmatrix}\end{aligned} \tag{2-1}$$

4. 发射点坐标系 $O_gX_gY_gZ_g$ 与弹道坐标系 $O_1X_kY_kZ_k$

根据 2.1.2 小节对 2 个弹道角的定义，这两个坐标系的转换关系为

$$O_gX_gY_gZ_g \xrightarrow[Z]{\theta} \xrightarrow[Y]{\sigma} O_1X_kY_kZ_k$$

$$\begin{aligned}\boldsymbol{T}_g^k = \boldsymbol{L}_y(\sigma)\boldsymbol{L}_z(\theta) &= \begin{bmatrix} \cos\sigma & 0 & -\sin\sigma \\ 0 & 1 & 0 \\ \sin\sigma & 0 & \cos\sigma \end{bmatrix}\begin{bmatrix} \cos\theta & \sin\theta & 0 \\ -\sin\theta & \cos\theta & 0 \\ 0 & 0 & 1 \end{bmatrix} \\ &= \begin{bmatrix} \cos\theta\cos\sigma & \sin\theta\cos\sigma & -\sin\sigma \\ -\sin\theta & \cos\theta & 0 \\ \cos\theta\sin\sigma & \sin\theta\sin\sigma & \cos\sigma \end{bmatrix}\end{aligned} \tag{2-2}$$

5. 弹道坐标系 $O_1X_kY_kZ_k$ 与速度坐标系 $O_1X_cY_cZ_c$

弹道坐标系绕速度矢量方向（O_1X_c 轴正向）旋转一个角度 μ 就可以与速度坐标系重合，μ 定义为倾侧角，规定右滚动为正。两坐标系转换关系为

$$O_1X_kY_kZ_k \xrightarrow[X]{\mu} O_1X_cY_cZ_c$$

$$\boldsymbol{T}_k^c = \boldsymbol{L}_x(\mu) = \begin{bmatrix} 1 & 0 & 0 \\ 0 & \cos\mu & \sin\mu \\ 0 & -\sin\mu & \cos\mu \end{bmatrix} \tag{2-3}$$

倾侧角 μ 的物理含义是飞行器的主升力方向与当地铅垂面之间的夹角。对于面对称式的升力体飞行器(如飞机),横侧向速度方向的改变主要依靠主升力面产生的升力,这种情况下倾侧角表示的就是升力用于横侧向机动的分量大小;对于轴对称式的旋成体飞行器(如火箭、弹头),由于过弹体纵轴的各个截面面积相同,在横侧向机动时无需调整滚动姿态将升力进行横侧向投影,这种情况下一般保持弹体滚动稳定,不考虑倾侧角,即 $\mu=0$。

6. 速度坐标系 $O_1X_cY_cZ_c$ 与飞行器本体坐标系 $O_1X_bY_bZ_b$

根据 2.1.2 小节对 2 个气流角的定义,两个坐标系的转换关系为

$$O_1X_cY_cZ_c \xrightarrow[Y]{\beta} \quad \xrightarrow[Z]{\alpha} O_1X_bY_bZ_b$$

$$\boldsymbol{T}_c^b=\boldsymbol{L}_z(\alpha)\boldsymbol{L}_y(\beta)=\begin{bmatrix}\cos\alpha\cos\beta & \sin\alpha & -\cos\alpha\sin\beta\\ -\sin\alpha\cos\beta & \cos\alpha & \sin\alpha\sin\beta\\ \sin\beta & 0 & \cos\beta\end{bmatrix} \tag{2-4}$$

在有风的情况下,用总攻角 $(\alpha+\alpha_w)$ 和总侧滑角 $(\beta+\beta_w)$ 分别替换上式中的 α 和 β 即可。

为方便记忆,用图 2-10 表示以上介绍的 4 个主要的坐标系之间的转换关系。

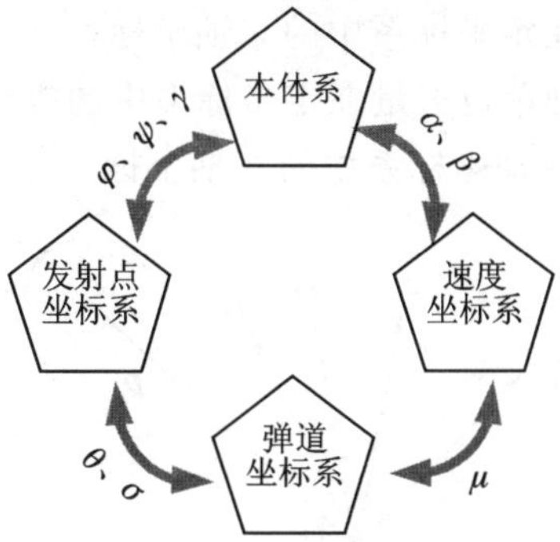

图 2-10　坐标系之间的转换关系

2.1.4　欧拉角速度与三轴角速度之间的关系

坐标系转换时,绕旋转轴转动的角度 η 称为欧拉角,绕旋转轴转动的角速度 $\dot{\eta}$ 称为欧拉角速度,其方向为旋转轴的正向。与欧拉角速度容易混淆的概念是两个坐标系之间相对旋转的角速度 $\boldsymbol{\omega}=[\omega_x \quad \omega_y \quad \omega_z]^{\mathrm{T}}$,二者之间最显著的区别是:$\boldsymbol{\omega}$ 的 3 个分量之间是正交的,而欧拉角速度的分量之间不一定正交。

设坐标系 a 相对坐标系 b 具有旋转角速度 $\boldsymbol{\omega}_{ab}$,且二者之间通过 3 个欧拉角相联系,其转换关系为

$$O_bX_bY_bZ_b \xrightarrow[Z]{\eta_1} \quad \xrightarrow[Y]{\eta_2} \quad \xrightarrow[X]{\eta_3} O_aX_aY_aZ_a$$

则旋转角速度在坐标系 a 中的投影 $(\boldsymbol{\omega}_{ab})_a$ 与欧拉角速度 $\dot{\eta}_1$、$\dot{\eta}_2$、$\dot{\eta}_3$ 之间的关系为

$$(\boldsymbol{\omega}_{ab})_a=\boldsymbol{L}_x(\eta_3)\boldsymbol{L}_y(\eta_2)\boldsymbol{L}_z(\eta_1)\begin{bmatrix}0\\0\\\dot{\eta}_1\end{bmatrix}+\boldsymbol{L}_x(\eta_3)\boldsymbol{L}_y(\eta_2)\begin{bmatrix}0\\\dot{\eta}_2\\0\end{bmatrix}+\boldsymbol{L}_x(\eta_3)\begin{bmatrix}\dot{\eta}_3\\0\\0\end{bmatrix}$$

$$=\boldsymbol{L}_x(\eta_3)\boldsymbol{L}_y(\eta_2)\begin{bmatrix}0\\0\\\dot{\eta}_1\end{bmatrix}+\boldsymbol{L}_x(\eta_3)\begin{bmatrix}0\\\dot{\eta}_2\\0\end{bmatrix}+\begin{bmatrix}\dot{\eta}_3\\0\\0\end{bmatrix} \tag{2-5}$$

2.2 弹(箭)运动方程

2.2.1 坐标系间矢量导数的关系

图 2-11 中的 $\boldsymbol{\rho}_j$ 是由坐标系原点 O_1 指向质点 m_j 的矢量，即质点 m_j 的位置矢量。现有两个坐标系：定坐标系为地心惯性坐标系 $O_eX_1Y_1Z_1$，旋转坐标系（动坐标系）为本体系 $O_1X_bY_bZ_b$，将二者坐标原点重合。$\boldsymbol{\rho}_j$ 可用定坐标系和动坐标系两种坐标来表示

$$\boldsymbol{\rho}_j=x\boldsymbol{i}+y\boldsymbol{j}+z\boldsymbol{k}=\bar{x}\bar{\boldsymbol{i}}+\bar{y}\bar{\boldsymbol{j}}+\bar{z}\bar{\boldsymbol{k}} \tag{2-6}$$

式中，$\boldsymbol{i}$、$\boldsymbol{j}$、$\boldsymbol{k}$——定坐标系的 3 轴单位矢量，$\boldsymbol{i}=[1\quad 0\quad 0]^{\mathrm{T}}$，$\boldsymbol{j}=[0\quad 1\quad 0]^{\mathrm{T}}$，$\boldsymbol{k}=[0\quad 0\quad 1]^{\mathrm{T}}$；

x、y、z——质点位置矢量在定坐标系中的 3 轴坐标；

$\bar{\boldsymbol{i}}$、$\bar{\boldsymbol{j}}$、$\bar{\boldsymbol{k}}$——动坐标系的 3 轴单位矢量在定坐标系中的投影；

$\bar{x}$、$\bar{y}$、$\bar{z}$——质点位置矢量在动坐标系中的 3 轴坐标。

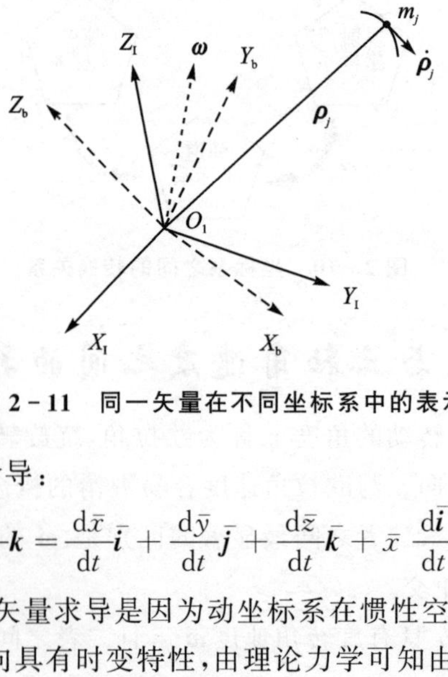

图 2-11 同一矢量在不同坐标系中的表示

式(2-6)对时间 t 求一阶导：

$$\frac{\mathrm{d}x}{\mathrm{d}t}\boldsymbol{i}+\frac{\mathrm{d}y}{\mathrm{d}t}\boldsymbol{j}+\frac{\mathrm{d}z}{\mathrm{d}t}\boldsymbol{k}=\frac{\mathrm{d}\bar{x}}{\mathrm{d}t}\bar{\boldsymbol{i}}+\frac{\mathrm{d}\bar{y}}{\mathrm{d}t}\bar{\boldsymbol{j}}+\frac{\mathrm{d}\bar{z}}{\mathrm{d}t}\bar{\boldsymbol{k}}+\bar{x}\frac{\mathrm{d}\bar{\boldsymbol{i}}}{\mathrm{d}t}+\bar{y}\frac{\mathrm{d}\bar{\boldsymbol{j}}}{\mathrm{d}t}+\bar{z}\frac{\mathrm{d}\bar{\boldsymbol{k}}}{\mathrm{d}t} \tag{2-7}$$

式中，对动坐标系三轴的单位矢量求导是因为动坐标系在惯性空间中具有角速度为 $\boldsymbol{\omega}$ 的旋转运动（见图 2-11），其三轴指向具有时变特性，由理论力学可知由旋转角速度 $\boldsymbol{\omega}$ 造成的速度为

$$\frac{\mathrm{d}\bar{\boldsymbol{i}}}{\mathrm{d}t}=\boldsymbol{\omega}\times\bar{\boldsymbol{i}},\quad \frac{\mathrm{d}\bar{\boldsymbol{j}}}{\mathrm{d}t}=\boldsymbol{\omega}\times\bar{\boldsymbol{j}},\quad \frac{\mathrm{d}\bar{\boldsymbol{k}}}{\mathrm{d}t}=\boldsymbol{\omega}\times\bar{\boldsymbol{k}} \tag{2-8}$$

将式(2-8)代入式(2-7)，得

$$\dot{\boldsymbol{\rho}}_j=\frac{\partial\boldsymbol{\rho}_j}{\partial t}+\boldsymbol{\omega}\times\boldsymbol{\rho}_j \tag{2-9}$$

式中，$\dfrac{\partial\boldsymbol{\rho}_j}{\partial t}=\dfrac{\mathrm{d}\bar{x}}{\mathrm{d}t}\bar{\boldsymbol{i}}+\dfrac{\mathrm{d}\bar{y}}{\mathrm{d}t}\bar{\boldsymbol{j}}+\dfrac{\mathrm{d}\bar{z}}{\mathrm{d}t}\bar{\boldsymbol{k}}$——称为在动坐标系中的“局部矢导数”（或“相对矢导数”）；

$\dot{\boldsymbol{\rho}}_j=\dfrac{\mathrm{d}x}{\mathrm{d}t}\boldsymbol{i}+\dfrac{\mathrm{d}y}{\mathrm{d}t}\boldsymbol{j}+\dfrac{\mathrm{d}z}{\mathrm{d}t}\boldsymbol{k}$——称为“绝对矢导数”，相当于站在定坐标系中的观测者所看到的矢量 $\boldsymbol{\rho}_j$ 的变化率。

需要注意的是，在式(2-7)～式(2-9)的推导中并未用到惯性坐标系的特殊性质，因此，对于任意两个有相对转动的坐标系(如后文将提及的发射点惯性系与本体系、发射点坐标系)，式(2-9)的关系是普遍成立的。

2.2.2　质点系的质心运动方程

如图 2-12 所示，对于质点系 $\sum\limits_j m_j$ 中的质点 m_j，由地心惯性坐标系 $O_eX_IY_IZ_I$ 的原点 O_e 指向质点 m_j 的矢量(即 m_j 在地心惯性坐标系中的位置矢量)为 $\boldsymbol{R}_j=\boldsymbol{R}_0+\boldsymbol{\rho}_j$，其中 $\boldsymbol{R}_0$ 是由地心 O_e 指向本体系 $O_1X_bY_bZ_b$ 原点 O_1 的矢量(即 O_1 在地心惯性坐标系中的位置矢量)，$\boldsymbol{\rho}_j$ 是由 O_1 指向质点 m_j 的矢量(即 m_j 在本体系中的位置矢量)。质点 m_j 相对地心惯性坐标系的速度可表示为

$$\dot{\boldsymbol{R}}_j=\dot{\boldsymbol{R}}_0+\dot{\boldsymbol{\rho}}_j$$

根据式(2-9)的矢量微分运算法则，质点 m_j 相对地心惯性坐标系的速度可用相对矢导数表示

$$\dot{\boldsymbol{R}}_j=\dot{\boldsymbol{R}}_0+\dot{\boldsymbol{\rho}}_j=\dot{\boldsymbol{R}}_0+\frac{\partial\boldsymbol{\rho}_j}{\partial t}+\boldsymbol{\omega}\times\boldsymbol{\rho}_j \tag{2-10}$$

式中，$\dot{\boldsymbol{R}}_0$——地心惯性坐标系中观察到的本体系原点 O_1 的速度矢量；

$\dfrac{\partial\boldsymbol{\rho}_j}{\partial t}$——本体系中观察到的质点 m_j 的速度矢量；

$\boldsymbol{\omega}$——本体系相对地心惯性坐标系的旋转角速度矢量。

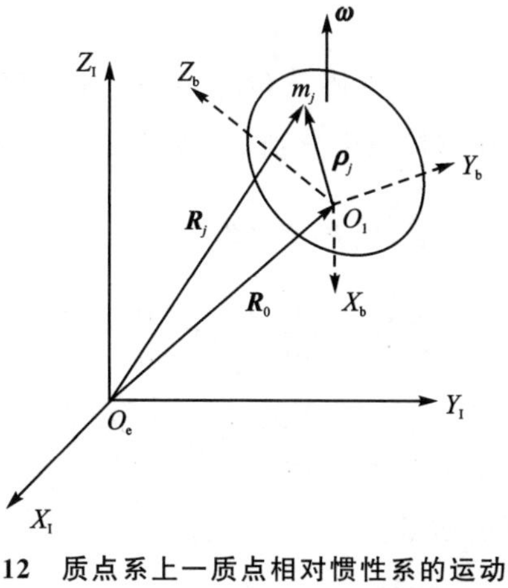

图 2-12　质点系上一质点相对惯性系的运动关系

按照矢量微分运算法则对式(2-10)两端再求一次导，得到质点 m_j 相对地心惯性坐标系的加速度表达式为

$$\ddot{\boldsymbol{R}}_j=\frac{\mathrm{d}\dot{\boldsymbol{R}}_0}{\mathrm{d}t}+\frac{\mathrm{d}\dfrac{\partial\boldsymbol{\rho}_j}{\partial t}}{\mathrm{d}t}+\frac{\mathrm{d}(\boldsymbol{\omega}\times\boldsymbol{\rho}_j)}{\mathrm{d}t}$$

$$=\ddot{\boldsymbol{R}}_0+\left(\frac{\partial^2\boldsymbol{\rho}_j}{\partial t^2}+\boldsymbol{\omega}\times\frac{\partial\boldsymbol{\rho}_j}{\partial t}\right)+\left[\frac{\partial\boldsymbol{\omega}}{\partial t}\times\boldsymbol{\rho}_j+\boldsymbol{\omega}\times\frac{\partial\boldsymbol{\rho}_j}{\partial t}+\boldsymbol{\omega}\times(\boldsymbol{\omega}\times\boldsymbol{\rho}_j)\right]$$

$$=\ddot{\boldsymbol{R}}_0+\frac{\partial^2\boldsymbol{\rho}_j}{\partial t^2}+2\boldsymbol{\omega}\times\frac{\partial\boldsymbol{\rho}_j}{\partial t}+\frac{\partial\boldsymbol{\omega}}{\partial t}\times\boldsymbol{\rho}_j+\boldsymbol{\omega}\times(\boldsymbol{\omega}\times\boldsymbol{\rho}_j) \tag{2-11}$$

式中，$\ddot{\boldsymbol{R}}_0$——地心惯性坐标系中观察到的本体系原点 O_1 的速度和加速度矢量；

$\frac{\partial^2\boldsymbol{\rho}_j}{\partial t^2}$——本体系中观察到的质点 m_j 的加速度矢量。

根据理论力学知识，质点系在某一时刻的动量可表示为内部各质点动量之和

$$\boldsymbol{Q}=\sum_j m_j\dot{\boldsymbol{R}}_j$$

由动量守恒定理可知，质点系动量的变化率等于作用于质点系的合外力，即

$$\frac{\mathrm{d}\boldsymbol{Q}}{\mathrm{d}t}=\frac{\mathrm{d}\left(\sum_j m_j\dot{\boldsymbol{R}}_j\right)}{\mathrm{d}t}=\sum_j m_j\ddot{\boldsymbol{R}}_j+\sum_j \dot{m}_j\dot{\boldsymbol{R}}_j=\boldsymbol{F} \tag{2-12}$$

式中，$\sum_j \dot{m}_j\dot{\boldsymbol{R}}_j$——排出去的质量对系统产生的力，对于弹（箭），这一项就是火箭发动机的推力。当系统损失质量时，$\dot{m}_j$ 是负值，$\dot{\boldsymbol{R}}_j$ 是排出去的质量相对于系统的速度，即排气速度，其方向与弹体纵轴相反，为了便于区分，定义排气速度为 $\dot{\boldsymbol{R}}_j=-\boldsymbol{C}_j$，则式(2-12)改写为

$$\frac{\mathrm{d}\boldsymbol{Q}}{\mathrm{d}t}=\frac{\mathrm{d}\left(\sum_j m_j\dot{\boldsymbol{R}}_j\right)}{\mathrm{d}t}=\sum_j m_j\ddot{\boldsymbol{R}}_j-\sum_j \dot{m}_j\boldsymbol{C}_j=\boldsymbol{F} \tag{2-13}$$

将式(2-11)代入式(2-13)，得

$$\boldsymbol{F}=\sum_j m_j\left[\ddot{\boldsymbol{R}}_0+\frac{\partial^2\boldsymbol{\rho}_j}{\partial t^2}+2\boldsymbol{\omega}\times\frac{\partial\boldsymbol{\rho}_j}{\partial t}+\frac{\partial\boldsymbol{\omega}}{\partial t}\times\boldsymbol{\rho}_j+\boldsymbol{\omega}\times(\boldsymbol{\omega}\times\boldsymbol{\rho}_j)\right]-\sum_j \dot{m}_j\boldsymbol{C}_j \tag{2-14}$$

定义图 2-12 中质点系的质心在本体系 $O_1X_bY_bZ_b$ 中的位置矢量为 $\boldsymbol{\rho}_c$，根据质心的定义有 $\sum_j m_j\boldsymbol{\rho}_j=m\boldsymbol{\rho}_c$，等式两侧在本体系中分别求一阶和二阶导数后有

$$\left.\begin{aligned}&\sum_j m_j\boldsymbol{\rho}_j=m\boldsymbol{\rho}_c\\&\sum_j m_j\frac{\partial\boldsymbol{\rho}_j}{\partial t}=m\frac{\partial\boldsymbol{\rho}_c}{\partial t}\\&\sum_j m_j\frac{\partial^2\boldsymbol{\rho}_j}{\partial t^2}=m\frac{\partial^2\boldsymbol{\rho}_c}{\partial t^2}\end{aligned}\right\} \tag{2-15}$$

式中，$m=\sum_j m_j$——质点系的质量。

将式(2-15)代入式(2-14)，可得

$$\boldsymbol{F}=m\left[\ddot{\boldsymbol{R}}_0+\frac{\partial^2\boldsymbol{\rho}_c}{\partial t^2}+2\boldsymbol{\omega}\times\frac{\partial\boldsymbol{\rho}_c}{\partial t}+\frac{\partial\boldsymbol{\omega}}{\partial t}\times\boldsymbol{\rho}_c+\boldsymbol{\omega}\times(\boldsymbol{\omega}\times\boldsymbol{\rho}_c)\right]-\sum_j \dot{m}_j\boldsymbol{C}_j \tag{2-16}$$

式中，$\boldsymbol{F}$——作用于系统的外力，包括气动力、地球引力等；

$m\ddot{\boldsymbol{R}}_0$——惯性力；

$2m\boldsymbol{\omega}\times\dfrac{\partial\boldsymbol{\rho}_c}{\partial t}$——哥氏力(也译作科里奥利力、科氏力)；

$m\left[\dfrac{\partial\boldsymbol{\omega}}{\partial t}\times\boldsymbol{\rho}_c+\boldsymbol{\omega}\times(\boldsymbol{\omega}\times\boldsymbol{\rho}_c)\right]$——牵连力,包含欧拉力 $m\dfrac{\partial\boldsymbol{\omega}}{\partial t}\times\boldsymbol{\rho}_c$ 和离心力 $m\boldsymbol{\omega}\times(\boldsymbol{\omega}\times\boldsymbol{\rho}_c)$；

$m\dfrac{\partial^2\boldsymbol{\rho}_c}{\partial t^2}$——系统内部相对运动的力。

实际工程中,为使问题简化,一般对式(2-16)做如下处理：

① 将本体系原点 O_1 置于弹(箭)的质心处,则 $\boldsymbol{\rho}_c=0$。

② 忽略系统内部的相对运动,即 $\dfrac{\partial\boldsymbol{\rho}_j}{\partial t}=0$, $\dfrac{\partial^2\boldsymbol{\rho}_j}{\partial t^2}=0$,再代入式(2-15)可得 $\dfrac{\partial\boldsymbol{\rho}_c}{\partial t}=0$, $\dfrac{\partial^2\boldsymbol{\rho}_c}{\partial t^2}=0$。

将以上简化条件 $\left(\boldsymbol{\rho}_c=0, \dfrac{\partial\boldsymbol{\rho}_c}{\partial t}=0, \dfrac{\partial^2\boldsymbol{\rho}_c}{\partial t^2}=0\right)$ 代入式(2-16),得简化后的质心运动方程为

$$m\ddot{\boldsymbol{R}}_0=\boldsymbol{F}+\boldsymbol{P} \tag{2-17}$$

式中,$\ddot{\boldsymbol{R}}_0$——弹(箭)质心的加速度；

$\boldsymbol{P}=\sum_j\dot{m}_j\boldsymbol{C}_j$——发动机推力。

2.2.3 质点系的绕质心运动方程

根据理论力学知识,图 2-12 中,质点系绕本体系原点 O_1 转动的动量矩(角动量)可表示为内部各质点相对该点动量矩之和的形式

$$\boldsymbol{H}=\sum_j(\boldsymbol{\rho}_j\times m_j\dot{\boldsymbol{R}}_j) \tag{2-18}$$

式中,$\boldsymbol{\rho}_j$ 是由参考点 O_1 指向质点 m_j 的矢量,$\dot{\boldsymbol{R}}_j$ 是质点的速度矢量,若 $\dot{\boldsymbol{R}}_j$ 取相对地心惯性坐标系的速度,则 $\boldsymbol{H}$ 表示的就是绝对动量矩(角动量),本小节就采用相对地心惯性坐标系的绝对动量矩。根据图 2-12 中的矢量关系

$$\boldsymbol{R}_j=\boldsymbol{R}_0+\boldsymbol{\rho}_j \tag{2-19}$$

将式(2-19)和式(2-10)代入式(2-18),得

$$\begin{aligned}\boldsymbol{H}&=\sum_j(\boldsymbol{\rho}_j\times m_j\dot{\boldsymbol{R}}_j)\\&=\sum_j\left[\boldsymbol{\rho}_j\times m_j\left(\dot{\boldsymbol{R}}_0+\frac{\partial\boldsymbol{\rho}_j}{\partial t}+\boldsymbol{\omega}\times\boldsymbol{\rho}_j\right)\right]\\&=\sum_j m_j\boldsymbol{\rho}_j\times(\boldsymbol{\omega}\times\boldsymbol{\rho}_j)+\sum_j m_j\boldsymbol{\rho}_j\times\frac{\partial\boldsymbol{\rho}_j}{\partial t}+\sum_j m_j\boldsymbol{\rho}_j\times\dot{\boldsymbol{R}}_0\end{aligned}$$

利用式(2-15)中质心的定义 $\sum_j m_j\boldsymbol{\rho}_j=m\boldsymbol{\rho}_c$,则上式可改写为

$$\begin{aligned}\boldsymbol{H}&=\sum_j m_j\boldsymbol{\rho}_j\times(\boldsymbol{\omega}\times\boldsymbol{\rho}_j)+\sum_j m_j\boldsymbol{\rho}_j\times\frac{\partial\boldsymbol{\rho}_j}{\partial t}+m\boldsymbol{\rho}_c\times\dot{\boldsymbol{R}}_0\\&=\boldsymbol{H}_0+m\boldsymbol{\rho}_c\times\dot{\boldsymbol{R}}_0\end{aligned}$$

式中，$\boldsymbol{H}_0=\sum_j m_j\boldsymbol{\rho}_j\times(\boldsymbol{\omega}\times\boldsymbol{\rho}_j)+\sum_j m_j\boldsymbol{\rho}_j\times\frac{\partial\boldsymbol{\rho}_j}{\partial t}$——质点系对旋转参考点 O_1 的动量矩；

$m\boldsymbol{\rho}_c\times\dot{\boldsymbol{R}}_0$——将质点系的质量集中于质心后，系统对于地心惯性坐标系原点 O_e 的动量矩。

由动量矩定理可知，质点系的(绝对)动量矩对时间的一阶导数等于作用于质点系的合外力矩

$$\frac{\mathrm{d}\boldsymbol{H}}{\mathrm{d}t}=\frac{\mathrm{d}\boldsymbol{H}_0}{\mathrm{d}t}+\frac{\mathrm{d}(\mathrm{m}\boldsymbol{\rho}_c\times\ddot{\boldsymbol{R}}_0)}{\mathrm{d}t}=\boldsymbol{M}_{外}$$

根据矢量求导法则式(2-9)，上式中的动量矩 $\boldsymbol{H}_0$ 可用本体系中的相对矢导数来表示

$$\begin{aligned}\frac{\mathrm{d}\boldsymbol{H}}{\mathrm{d}t}&=\frac{\mathrm{d}\boldsymbol{H}_0}{\mathrm{d}t}+\frac{\mathrm{d}(\mathrm{m}\boldsymbol{\rho}_c\times\dot{\boldsymbol{R}}_0)}{\mathrm{d}t}\\&=\frac{\partial\boldsymbol{H}_0}{\partial t}+\boldsymbol{\omega}\times\boldsymbol{H}_0+m\boldsymbol{\rho}_c\times\ddot{\boldsymbol{R}}_0+m\dot{\boldsymbol{\rho}}_c\times\dot{\boldsymbol{R}}_0+\dot{m}\boldsymbol{\rho}_c\times\dot{\boldsymbol{R}}_0\\&=\left[\frac{\partial\boldsymbol{H}_0}{\partial t}+m\boldsymbol{\rho}_c\times\ddot{\boldsymbol{R}}_0+\dot{m}\boldsymbol{\rho}_c\times\dot{\boldsymbol{R}}_0\right]+m\dot{\boldsymbol{\rho}}_c\times\dot{\boldsymbol{R}}_0+\boldsymbol{\omega}\times\boldsymbol{H}_0\\&=\boldsymbol{M}_0+m\dot{\boldsymbol{\rho}}_c\times\dot{\boldsymbol{R}}_0+\boldsymbol{\omega}\times\boldsymbol{H}_0\end{aligned}\tag{2-20}$$

式中，$\boldsymbol{M}_0=\frac{\partial\boldsymbol{H}_0}{\partial t}+m\boldsymbol{\rho}_c\times\ddot{\boldsymbol{R}}_0+\dot{m}\boldsymbol{\rho}_c\times\dot{\boldsymbol{R}}_0$——质点系对本体系参考点 O_1 的转矩，可展开为

$$\begin{aligned}\boldsymbol{M}_0&=\frac{\partial\boldsymbol{H}_0}{\partial t}+m\boldsymbol{\rho}_c\times\ddot{\boldsymbol{R}}_0+\dot{m}\boldsymbol{\rho}_c\times\dot{\boldsymbol{R}}_0\\&=\sum_j m_j\boldsymbol{\rho}_j\times\left(\frac{\partial\boldsymbol{\omega}}{\partial t}\times\boldsymbol{\rho}_j\right)+\sum_j m_j\boldsymbol{\rho}_j\times\left(\boldsymbol{\omega}\times\frac{\partial\boldsymbol{\rho}_j}{\partial t}\right)+\sum_j m_j\frac{\partial\boldsymbol{\rho}_j}{\partial t}\times(\boldsymbol{\omega}\times\boldsymbol{\rho}_j)+\\&\quad\sum_j m_j\frac{\partial\boldsymbol{\rho}_j}{\partial t}\times\frac{\partial\boldsymbol{\rho}_j}{\partial t}+\sum_j m_j\boldsymbol{\rho}_j\times\frac{\partial^2\boldsymbol{\rho}_j}{\partial t^2}+m\boldsymbol{\rho}_c\times\ddot{\boldsymbol{R}}_0+\sum_j\dot{m}_j\boldsymbol{\rho}_j\times(\boldsymbol{\omega}\times\boldsymbol{\rho}_j)+\\&\quad\sum_j\dot{m}_j\boldsymbol{\rho}_j\times\frac{\partial\boldsymbol{\rho}_j}{\partial t}+\dot{m}\boldsymbol{\rho}_c\times\dot{\boldsymbol{R}}_0\end{aligned}$$

对上式各项逐一进行分析，结果如下：

① $\sum_j m_j\boldsymbol{\rho}_j\times\left(\frac{\partial\boldsymbol{\omega}}{\partial t}\times\boldsymbol{\rho}_j\right)=\sum_j\left[-m_j\boldsymbol{\rho}_j\times\left(\boldsymbol{\rho}_j^\times\frac{\partial\boldsymbol{\omega}}{\partial t}\right)\right]=-\sum_j m_j\boldsymbol{\rho}_j^\times\boldsymbol{\rho}_j^\times\frac{\partial\boldsymbol{\omega}}{\partial t}$。式中，$\boldsymbol{\rho}_j^\times$ 是 $\boldsymbol{\rho}_j$ 的叉乘反对称矩阵，定义为

$$\boldsymbol{\rho}_j^\times=\begin{bmatrix}0&-\boldsymbol{\rho}_{jz}&\boldsymbol{\rho}_{jy}\\\boldsymbol{\rho}_{jz}&0&-\boldsymbol{\rho}_{jx}\\-\boldsymbol{\rho}_{jy}&\boldsymbol{\rho}_{jx}&0\end{bmatrix}$$

且叉乘反对称矩阵在向量叉乘运算中具有如下性质：

$$\frac{\partial\boldsymbol{\omega}}{\partial t}\times\boldsymbol{\rho}_j=-\boldsymbol{\rho}_j^\times\frac{\partial\boldsymbol{\omega}}{\partial t}=\left(\frac{\partial\boldsymbol{\omega}}{\partial t}\right)^\times\boldsymbol{\rho}_j$$

则

$$\sum_j m_j\boldsymbol{\rho}_j\times\left(\frac{\partial\boldsymbol{\omega}}{\partial t}\times\boldsymbol{\rho}_j\right)=-\sum_j m_j\boldsymbol{\rho}_j^\times\boldsymbol{\rho}_j^\times\frac{\partial\boldsymbol{\omega}}{\partial t}$$

$$
=\sum_j\left(m_j\begin{bmatrix}\boldsymbol{\rho}_{jy}^2+\boldsymbol{\rho}_{jz}^2 & -\boldsymbol{\rho}_{jx}\boldsymbol{\rho}_{jy} & -\boldsymbol{\rho}_{jx}\boldsymbol{\rho}_{jz}\\ -\boldsymbol{\rho}_{jy}\boldsymbol{\rho}_{jx} & \boldsymbol{\rho}_{jx}^2+\boldsymbol{\rho}_{jz}^2 & -\boldsymbol{\rho}_{jy}\boldsymbol{\rho}_{jz}\\ -\boldsymbol{\rho}_{jz}\boldsymbol{\rho}_{jx} & -\boldsymbol{\rho}_{jz}\boldsymbol{\rho}_{jy} & \boldsymbol{\rho}_{jx}^2+\boldsymbol{\rho}_{jy}^2\end{bmatrix}\right)\frac{\partial\boldsymbol{\omega}}{\partial t}
$$

$$
=\begin{bmatrix}J_x & -J_{xy} & -J_{xz}\\ -J_{yx} & J_y & -J_{yz}\\ -J_{zx} & -J_{zy} & J_z\end{bmatrix}\frac{\partial\boldsymbol{\omega}}{\partial t}=\boldsymbol{J}\frac{\partial\boldsymbol{\omega}}{\partial t}
$$

式中，$\boldsymbol{J}=-\sum_j m_j\boldsymbol{\rho}_j^{\times}\boldsymbol{\rho}_j^{\times}$ ——质点系相对旋转参考点 O_1 的惯性张量。

② $\sum_j m_j\boldsymbol{\rho}_j\times\left(\boldsymbol{\omega}\times\frac{\partial\boldsymbol{\rho}_j}{\partial t}\right)+\sum_j m_j\frac{\partial\boldsymbol{\rho}_j}{\partial t}\times(\boldsymbol{\omega}\times\boldsymbol{\rho}_j)=\sum_j -m_j\boldsymbol{\rho}_j^{\times}\frac{\partial\boldsymbol{\rho}_j^{\times}}{\partial t}\boldsymbol{\omega}-\sum_j m_j\frac{\partial\boldsymbol{\rho}_j^{\times}}{\partial t}\boldsymbol{\rho}_j^{\times}\boldsymbol{\omega}=\frac{\partial\left(-\sum_j m_j\boldsymbol{\rho}_j^{\times}\boldsymbol{\rho}_j^{\times}\right)}{\partial t}\boldsymbol{\omega}=\frac{\partial\boldsymbol{J}}{\partial t}\boldsymbol{\omega}$。该项是由于飞行器变形导致的内部质点分布变化引起的力矩。

③ $\sum_j m_j\frac{\partial\boldsymbol{\rho}_j}{\partial t}\times\frac{\partial\boldsymbol{\rho}_j}{\partial t}=\boldsymbol{0}$。

④ $\sum_j m_j\boldsymbol{\rho}_j\times\frac{\partial^2\boldsymbol{\rho}_j}{\partial t^2}$，表示推进剂晃动产生的影响。

⑤ $m\boldsymbol{\rho}_c\times\ddot{\boldsymbol{R}}_0$，表示系统质心与旋转参考中心(本体系原点 O_1)不重合的影响。

⑥ $\sum_j\dot{m}_j\boldsymbol{\rho}_j\times(\boldsymbol{\omega}\times\boldsymbol{\rho}_j)+\sum_j\dot{m}_j\boldsymbol{\rho}_j\times\frac{\partial\boldsymbol{\rho}_j}{\partial t}+\dot{m}\boldsymbol{\rho}_c\times\dot{\boldsymbol{R}}_0=\sum_j\dot{m}_j\boldsymbol{\rho}_j\times\left[\dot{\boldsymbol{R}}_0+\frac{\partial\boldsymbol{\rho}_j}{\partial t}+(\boldsymbol{\omega}\times\boldsymbol{\rho}_j)\right]=\sum_j\boldsymbol{\rho}_j\times\dot{m}_j\dot{\boldsymbol{R}}_j=-\sum_j\boldsymbol{\rho}_j\times\dot{m}_j\boldsymbol{C}_j$。式中，$\dot{\boldsymbol{R}}_j=-\boldsymbol{C}_j$ 为排气速度；$-\sum_j\dot{m}_j\boldsymbol{C}_j$ 是发动机推力；$-\sum_j\boldsymbol{\rho}_j\times\dot{m}_j\boldsymbol{C}_j$ 表示的是推力偏心力矩，当推力过质心时该项为零。

综上，式(2-20)可写为

$$
\begin{aligned}
\frac{\mathrm{d}\boldsymbol{H}}{\mathrm{d}t}&=\boldsymbol{M}_0+m\dot{\boldsymbol{\rho}}_c\times\dot{\boldsymbol{R}}_0+\boldsymbol{\omega}\times\boldsymbol{H}_0\\
&=\boldsymbol{J}\frac{\partial\boldsymbol{\omega}}{\partial t}+\frac{\partial\boldsymbol{J}}{\partial t}\boldsymbol{\omega}+\boldsymbol{M}_s+\boldsymbol{M}_{R_0}+\boldsymbol{M}_P+m\dot{\boldsymbol{\rho}}_c\times\dot{\boldsymbol{R}}_0+\boldsymbol{\omega}\times\boldsymbol{H}_0
\end{aligned}\tag{2-21}
$$

式中，$\boldsymbol{M}_s=\sum_j m_j\boldsymbol{\rho}_j\times\frac{\partial^2\boldsymbol{\rho}_j}{\partial t^2}$ ——上述项④中的推进剂晃动力矩；

$\boldsymbol{M}_{R_0}=m\boldsymbol{\rho}_c\times\ddot{\boldsymbol{R}}_0$——上述项⑤中的质心与本体系原点不重合产生的力矩；

$\boldsymbol{M}_P$ ——上述项⑥中的推力偏心力矩；

$$
\begin{aligned}
\boldsymbol{\omega}\times\boldsymbol{H}_0&=\boldsymbol{\omega}\times\left[\sum_j m_j\boldsymbol{\rho}_j\times(\boldsymbol{\omega}\times\boldsymbol{\rho}_j)+\sum_j m_j\boldsymbol{\rho}_j\times\frac{\partial\boldsymbol{\rho}_j}{\partial t}\right]\\
&=\boldsymbol{\omega}\times(\boldsymbol{J}\boldsymbol{\omega})+\boldsymbol{\omega}\times\left(\sum_j m_j\boldsymbol{\rho}_j\times\frac{\partial\boldsymbol{\rho}_j}{\partial t}\right)
\end{aligned}
$$

为了便于分析，对式(2-21)做如下简化处理：

① 将本体系原点选在飞行器质心处，且忽略质心的移动，即 $\boldsymbol{\rho}_c=\boldsymbol{0}$，则 $\boldsymbol{M}_{R_0}=\boldsymbol{0}$，$m\dot{\boldsymbol{\rho}}_c\times\dot{\boldsymbol{R}}_0=\boldsymbol{0}$。

② 忽略飞行器的变形，即$\frac{\partial \boldsymbol{\rho}_j}{\partial t}=\boldsymbol{0}$，则 $\frac{\partial \boldsymbol{J}}{\partial t}\boldsymbol{\omega}=\boldsymbol{0}$，$\boldsymbol{\omega}\times\left(\sum_j m_j\boldsymbol{\rho}_j\times\frac{\partial \boldsymbol{\rho}_j}{\partial t}\right)=\boldsymbol{0}$。

则式(2-21)简化为

$$\frac{\mathrm{d}\boldsymbol{H}}{\mathrm{d}t}=\boldsymbol{J}\frac{\partial \boldsymbol{\omega}}{\partial t}+\boldsymbol{M}_{\mathrm{s}}+\boldsymbol{M}_{\mathrm{P}}+\boldsymbol{\omega}\times(\boldsymbol{J}\boldsymbol{\omega})=\boldsymbol{M}_{外}$$

将发动机推力矩和晃动力矩归入外力矩，同时为了记号的简洁性与其他资料中保持一致，将本体系中的3轴角加速度$\frac{\partial \boldsymbol{\omega}}{\partial t}$记为$\dot{\boldsymbol{\omega}}$。由于讨论绕质心的姿态运动时通常将矢量投影在本体系中，而不采用地心惯性坐标系来讨论姿态问题，因此用$\dot{\boldsymbol{\omega}}$表示本体系中的旋转角速度导数不会在计算上带来混淆。综上，得到简化后的飞行器的绕质心运动方程为

$$\boldsymbol{J}\dot{\boldsymbol{\omega}}+\boldsymbol{\omega}\times(\boldsymbol{J}\boldsymbol{\omega})=\boldsymbol{M} \tag{2-22}$$

式中，外力矩$\boldsymbol{M}$包括气动力矩、发动机产生的力矩、推进剂晃动力矩。

2.2.4 运动方程在坐标系中的投影

2.2.4.1 发射点惯性系中的质心运动方程

式(2-17)中将合外力$\boldsymbol{F}$分解为空气动力$\boldsymbol{R}$和引力$m\boldsymbol{g}$，则发射点惯性系中的质心运动方程可改写为

$$m\ddot{\boldsymbol{R}}_0=\mathrm{m}\dot{\boldsymbol{V}}=m\boldsymbol{a}=\boldsymbol{R}+m\boldsymbol{g}+\boldsymbol{P} \tag{2-23}$$

式(2-23)也可用视加速度的形式来描述：

$$\left.\begin{aligned}\dot{V}_x&=\dot{W}_x+g_x\\ \dot{V}_y&=\dot{W}_y+g_y\\ \dot{V}_z&=\dot{W}_z+g_z\end{aligned}\right\} \tag{2-24}$$

式中，$\dot{W}_x$、$\dot{W}_y$和$\dot{W}_z$——飞行器飞行中所受到的全部非质量力的加速度在发射点惯性系的三个分量，称为视加速度。式(2-24)中的视加速度$\dot{\boldsymbol{W}}=\frac{\boldsymbol{R}+\boldsymbol{P}}{m}$。

2.2.4.2 发射点坐标系中的质心运动方程

发射点坐标系中的质心运动方程是求飞行器相对发射点坐标系(可视为随地球自转的地面)的运动规律，便于描述飞行器的对地状态。

根据式(2-11)中的质点加速度表达式，将发射点惯性系作为定坐标系，发射点坐标系$O_gX_gY_gZ_g$作为动坐标系，则发射点惯性系中观察到的质心加速度$\ddot{\boldsymbol{R}}_0$可用发射点坐标系中的相对矢导数表示

$$\ddot{\boldsymbol{R}}_0=\ddot{\boldsymbol{R}}_{\mathrm{g}}+\frac{\partial^2\boldsymbol{r}_{0\mathrm{g}}}{\partial t^2}+2\boldsymbol{\omega}_{\mathrm{ge}}\times\frac{\partial \boldsymbol{r}_{0\mathrm{g}}}{\partial t}+\frac{\partial \boldsymbol{\omega}_{\mathrm{ge}}}{\partial t}\times\boldsymbol{r}_{0\mathrm{g}}+\boldsymbol{\omega}_{\mathrm{ge}}\times(\boldsymbol{\omega}_{\mathrm{ge}}\times\boldsymbol{r}_{0\mathrm{g}}) \tag{2-25}$$

式中，$\boldsymbol{R}_0$——发射点惯性系原点指向飞行器质心的矢量(即发射点惯性系中质心的位置矢量)；

$\boldsymbol{R}_{\mathrm{g}}$——发射点惯性系原点指向发射点坐标系原点的矢量(即发射点惯性系中发射点坐

标系原点的位置矢量)，由于发射点坐标系 $O_gX_gY_gZ_g$ 相对惯性空间只有恒定转速(地球自转引起)而无加速运动，则 $\ddot{\boldsymbol{R}}_g=\boldsymbol{0}$；

$\boldsymbol{r}_{0g}$——发射点坐标系原点指向飞行器质心的矢量(即发射点坐标系中质心的位置矢量)；

$\frac{\partial \boldsymbol{r}_{0g}}{\partial t}$ 和 $\frac{\partial^2 \boldsymbol{r}_{0g}}{\partial t^2}$——发射点坐标系中观察到的质心速度和加速度矢量；

$\boldsymbol{\omega}_{ge}$——发射点坐标系相对发射点惯性系的转动角速度矢量，由发射点坐标系的定义可知，其相对静止不动的惯性空间只有一个地球自转角速度，则 $\boldsymbol{\omega}_{ge}=\boldsymbol{\omega}_e$，$\boldsymbol{\omega}_e$ 为地球自转角速度矢量，视为一个常值。

联立式(2-23)和式(2-25)，并代入 $\ddot{\boldsymbol{R}}_g=\boldsymbol{0}$，$\boldsymbol{\omega}_{ge}=\boldsymbol{\omega}_e$ 和 $\frac{\partial \boldsymbol{\omega}_e}{\partial t}=\boldsymbol{0}$，可得

$$\frac{\partial^2 \boldsymbol{r}_{0g}}{\partial t^2}=-2\boldsymbol{\omega}_e\times\frac{\partial \boldsymbol{r}_{0g}}{\partial t}-\boldsymbol{\omega}_e\times(\boldsymbol{\omega}_e\times\boldsymbol{r}_{0g})+\frac{\boldsymbol{R}+m\boldsymbol{g}+\boldsymbol{P}}{m} \tag{2-26}$$

将式(2-26)中的各矢量投影到发射点坐标系 $O_gX_gY_gZ_g$ 中得

$$\left(\frac{\partial^2 \boldsymbol{r}_{0g}}{\partial t^2}\right)_g=-2(\boldsymbol{\omega}_e)_g\times\left(\frac{\partial \boldsymbol{r}_{0g}}{\partial t}\right)_g-(\boldsymbol{\omega}_e)_g\times[(\boldsymbol{\omega}_e)_g\times(\boldsymbol{r}_{0g})_g]+\frac{(\boldsymbol{R})_g+m(\boldsymbol{g})_g+(\boldsymbol{P})_g}{m} \tag{2-27}$$

式中，$(\boldsymbol{r}_{0g})_g=[X_g\quad Y_g\quad Z_g]^T$——发射点坐标系原点指向飞行器质心的矢量在发射点坐标系的投影；

$\left(\frac{\partial \boldsymbol{r}_{0g}}{\partial t}\right)_g=[V_{xg}\quad V_{yg}\quad V_{zg}]^T$——发射点坐标系中观察到的质心速度矢量在发射点坐标系的投影，由于 $\frac{\partial \boldsymbol{r}_{0g}}{\partial t}$ 表示发射点坐标系中的相对矢导数，因此其投影后是其本身，即 $\left(\frac{\partial \boldsymbol{r}_{0g}}{\partial t}\right)_g=\frac{\partial \boldsymbol{r}_{0g}}{\partial t}$，这里是为了书写形式统一；

$\left(\frac{\partial^2 \boldsymbol{r}_{0g}}{\partial t^2}\right)_g=[\ddot{X}_g\quad \ddot{Y}_g\quad \ddot{Z}_g]^T$——发射点坐标系中观察到的质心加速度矢量在发射点坐标系的投影，同理 $\left(\frac{\partial^2 \boldsymbol{r}_{0g}}{\partial t^2}\right)_g=\frac{\partial^2 \boldsymbol{r}_{0g}}{\partial t^2}$，也是为了书写形式统一；

$(\boldsymbol{\omega}_e)_g$——地球自转角速度矢量在发射点坐标系中的投影，表达式为 $(\boldsymbol{\omega}_e)_g=\boldsymbol{T}_e^g\left(\begin{bmatrix}0\\0\\\boldsymbol{\omega}_e\end{bmatrix}\right)_e=\omega_e\begin{bmatrix}\cos\nu_0\cos\phi_0\\\sin\phi_0\\-\sin\nu_0\cos\phi_0\end{bmatrix}$，其中 $\omega_e=7.292\ 115\times10^{-5}$ rad/s，是地球自转角速度，$\boldsymbol{T}_e^g$ 是地心赤道坐标系到发射点坐标系的转换矩阵，ϕ_0 是发射点地心纬度，ν_0 是射击方向的地心方位角，定义见 2.1.1 小节。

将式(2-27)写成分量形式，并用发射点坐标系中的视加速度 $\dot{\boldsymbol{W}}_g$ 代替气动力加速度和推力加速度(视加速度定义见式(2-24))，即 $\dot{\boldsymbol{W}}_g=[(\boldsymbol{R})_g+(\boldsymbol{P})_g]/m$，可得

$$\left.\begin{aligned}\ddot{X}_g &= \dot{W}_{xg} + g_{xg} - \dot{V}_{cxg} - \dot{V}_{exg} \\ \ddot{Y}_g &= \dot{W}_{yg} + g_{yg} - \dot{V}_{cyg} - \dot{V}_{eyg} \\ \ddot{Z}_g &= \dot{W}_{zg} + g_{zg} - \dot{V}_{czg} - \dot{V}_{ezg}\end{aligned}\right\} \tag{2-28}$$

式中，$[g_{xg} \quad g_{yg} \quad g_{zg}]^{\mathrm{T}}$——引力加速度在发射点坐标系中的投影；

$[\dot{V}_{cxg} \quad \dot{V}_{cyg} \quad \dot{V}_{czg}]^{\mathrm{T}}$——哥氏加速度量在发射点坐标系中的投影，表达式为

$$[\dot{V}_{cxg} \quad \dot{V}_{cyg} \quad \dot{V}_{czg}]^{\mathrm{T}} = 2(\boldsymbol{\omega}_e)_g \times \left(\frac{\partial \boldsymbol{r}_{0g}}{\partial t}\right)_g = 2\omega_e \begin{bmatrix} V_{zg}\sin\phi_0 + V_{yg}\cos\phi_0\sin\nu_0 \\ -V_{zg}\cos\nu_0\cos\phi_0 - V_{xg}\cos\phi_0\sin\nu_0 \\ V_{yg}\cos\nu_0\cos\phi_0 - V_{xg}\sin\phi_0 \end{bmatrix}$$

$[\dot{V}_{exg} \quad \dot{V}_{eyg} \quad \dot{V}_{ezg}]^{\mathrm{T}}$——牵连加速度矢量在发射点坐标系中的投影，表达式为

$$[\dot{V}_{exg} \quad \dot{V}_{eyg} \quad \dot{V}_{ezg}]^{\mathrm{T}} = (\boldsymbol{\omega}_e)_g \times [(\boldsymbol{\omega}_e)_g \times (\boldsymbol{r}_{0g})_g] = \begin{bmatrix} z'\cos\nu_0\cos\phi_0 - X_g \\ z'\sin\phi_0 - Y_g \\ -z'\sin\nu_0\cos\phi_0 - Z_g \end{bmatrix}$$

$$z' = X_g\cos\nu_0\cos\phi_0 + Y_g\sin\phi_0 - Z_g\sin\nu_0\cos\phi_0$$

2.2.4.3 速度坐标系中的质心运动方程

速度坐标系中的质心运动方程是将飞行器的对地运动状态投影到速度坐标系中，投影后的形式较为简洁，便于后续建立误差方程。

根据矢量微分法则，将发射点坐标系作为定系，速度坐标系 $O_1X_cY_cZ_c$ 作为动系，有

$$\ddot{\boldsymbol{r}}_{0g} = \frac{\mathrm{d}\boldsymbol{V}_{0g}}{\mathrm{d}t} = \frac{\partial \boldsymbol{V}_{0g}}{\partial t} + \boldsymbol{\omega}_{cg} \times \boldsymbol{V}_{0g} \tag{2-29}$$

式中，$\ddot{\boldsymbol{r}}_{0g}$——发射点坐标系中观察到的质心加速度矢量；

$\boldsymbol{V}_{0g}$——发射点坐标系中观察到的质心速度矢量；

$\dfrac{\partial \boldsymbol{V}_{0g}}{\partial t}$——速度坐标系中观察到的质心相对发射点坐标系的加速度矢量；

$\boldsymbol{\omega}_{cg}$——速度坐标系相对发射点坐标系的旋转角速度矢量。

将式(2-29)投影到速度坐标系中，得

$$(\ddot{\boldsymbol{r}}_{0g})_c = \left(\frac{\partial \mathrm{V}_{0g}}{\partial t}\right)_c + (\boldsymbol{\omega}_{cg})_c \times (\boldsymbol{V}_{0g})_c \tag{2-30}$$

式中，由于 $\dfrac{\partial \boldsymbol{V}_{0g}}{\partial t}$ 定义为相对发射点坐标系的质心速度在速度坐标系中的相对矢导数，则 $\left(\dfrac{\partial \boldsymbol{V}_{0g}}{\partial t}\right)_c = \dfrac{\partial \boldsymbol{V}_{0g}}{\partial t}$，这是为了书写形式的统一。由于速度坐标系的 X 轴正向定义为速度方向，即 $(\boldsymbol{V}_{0g})_c = [V \quad 0 \quad 0]^{\mathrm{T}}$，则

$$\left(\frac{\partial \boldsymbol{V}_{0g}}{\partial t}\right)_c = [\dot{V} \quad 0 \quad 0]^{\mathrm{T}} \tag{2-31}$$

式中，V 和 $\dot{V}$ 是飞行器相对地面的速度和加速度的大小。

式(2-30)中的 $\boldsymbol{\omega}_{cg}$ 是速度坐标系相对发射点坐标系的角速度矢量，根据 2.1.4 小节中给

出的欧拉角速度和 3 轴角速度的转换关系,可以用速度坐标系和发射点坐标系之间的 3 个欧拉角速度来表示 $\boldsymbol{\omega}_{cg}$,即

$$(\boldsymbol{\omega}_{cg})_c = \boldsymbol{L}_x(\mu)\boldsymbol{L}_y(\sigma)\boldsymbol{L}_z(\theta)\begin{bmatrix}0\\0\\\dot{\theta}\end{bmatrix} + \boldsymbol{L}_x(\mu)\boldsymbol{L}_y(\sigma)\begin{bmatrix}0\\\dot{\sigma}\\0\end{bmatrix} + \boldsymbol{L}_x(\mu)\begin{bmatrix}\dot{\mu}\\0\\0\end{bmatrix}$$

$$= \boldsymbol{L}_x(\mu)\boldsymbol{L}_y(\sigma)\begin{bmatrix}0\\0\\\dot{\theta}\end{bmatrix} + \boldsymbol{L}_x(\mu)\begin{bmatrix}0\\\dot{\sigma}\\0\end{bmatrix} + \begin{bmatrix}\dot{\mu}\\0\\0\end{bmatrix} = \begin{bmatrix}-\dot{\theta}\sin\sigma + \dot{\mu}\\ \dot{\theta}\cos\sigma\sin\mu + \dot{\sigma}\cos\mu\\ \dot{\theta}\cos\sigma\cos\mu - \dot{\sigma}\sin\mu\end{bmatrix} \tag{2-32}$$

将式(2-26)也投影到速度坐标系,得

$$(\ddot{\boldsymbol{r}}_{0g})_c = -2(\boldsymbol{\omega}_e)_c \times (\dot{\boldsymbol{r}}_{0g})_c - (\boldsymbol{\omega}_e)_c \times (\boldsymbol{\omega}_e \times \boldsymbol{r}_{0g})_c + \frac{(\boldsymbol{R})_c + (m\boldsymbol{g})_c + (\boldsymbol{P})_c}{m} \tag{2-33}$$

式中,$(\dot{\boldsymbol{r}}_{0g})_c$ 和 $(\ddot{\boldsymbol{r}}_{0g})_c$ 是将式(2-27)中的$\left(\frac{\partial \boldsymbol{r}_{0g}}{\partial t}\right)_g = \frac{\partial \boldsymbol{r}_{0g}}{\partial t}$和$\left(\frac{\partial^2 \boldsymbol{r}_{0g}}{\partial t^2}\right)_g = \frac{\partial^2 \boldsymbol{r}_{0g}}{\partial t^2}$投影到速度坐标系中,即$(\dot{\boldsymbol{r}}_{0g})_c = \boldsymbol{T}_g^c\left(\frac{\partial \boldsymbol{r}_{0g}}{\partial t}\right)_g = \boldsymbol{T}_g^c\frac{\partial \boldsymbol{r}_{0g}}{\partial t}$, $(\ddot{\boldsymbol{r}}_{0g})_c = \boldsymbol{T}_g^c\left(\frac{\partial^2 \boldsymbol{r}_{0g}}{\partial t^2}\right)_g = \boldsymbol{T}_g^c\frac{\partial^2 \boldsymbol{r}_{0g}}{\partial t^2}$。

联立式(2-30)和式(2-33),可得

$$\left(\frac{\partial \boldsymbol{V}_{0g}}{\partial t}\right)_c = -(\boldsymbol{\omega}_{cg})_c \times (\boldsymbol{V}_{0g})_c - 2(\boldsymbol{\omega}_e)_c \times (\dot{\boldsymbol{r}}_{0g})_c - (\boldsymbol{\omega}_e)_c \times (\boldsymbol{\omega}_e \times \boldsymbol{r}_{0g}) + \frac{(\boldsymbol{R})_c + (m\boldsymbol{g})_c + (\boldsymbol{P})_c}{m}$$

为了简化分析,不考虑地球自转,即上式中令 $\boldsymbol{\omega}_e = \boldsymbol{0}$,则上式简化为

$$\left(\frac{\partial \boldsymbol{V}_{0g}}{\partial t}\right)_c = -(\boldsymbol{\omega}_{cg})_c \times (\boldsymbol{V}_{0g})_c + \frac{(\boldsymbol{R})_c + (m\boldsymbol{g})_c + (\boldsymbol{P})_c}{m} \tag{2-34}$$

将式(2-31)和式(2-32)代入式(2-34),得

$$m\begin{bmatrix}\dot{V}\\0\\0\end{bmatrix} + m\begin{bmatrix}0\\ V(\dot{\theta}\cos\sigma\cos\mu - \dot{\sigma}\sin\mu)\\ -V(\dot{\theta}\cos\sigma\sin\mu + \dot{\sigma}\cos\mu)\end{bmatrix} = m\begin{bmatrix}\dot{V}\\ V(\dot{\theta}\cos\sigma\cos\mu - \dot{\sigma}\sin\mu)\\ -V(\dot{\theta}\cos\sigma\sin\mu + \dot{\sigma}\cos\mu)\end{bmatrix} = (\boldsymbol{R})_c + (m\boldsymbol{g})_c + (\boldsymbol{P})_c$$

上式整理后,可得

$$\left.\begin{aligned} m\dot{V} &= (R_x + mg_x + P_x)_c \\ -mV\dot{\theta}\cos\sigma &= -(R_y + mg_y + P_y)_c\cos\mu + (R_z + mg_z + P_z)_c\sin\mu \\ -mV\dot{\sigma} &= (R_y + mg_y + P_y)_c\sin\mu + (R_z + mg_z + P_z)_c\cos\mu \end{aligned}\right\} \tag{2-35}$$

在弹面内平稳飞行阶段弹道偏角 σ 和倾侧角 μ 一般为零,将 $\boldsymbol{R}+m\boldsymbol{g}+\boldsymbol{P}$ 统一用外力 $\boldsymbol{F}$ 表示,则式(2-35)进一步简化为

$$\left.\begin{aligned}\dot{V}&=\frac{(F_x)_c}{m}\\ \dot{\theta}&=\frac{(F_y)_c}{mV}\\ \dot{\sigma}&=-\frac{(F_z)_c}{mV}\end{aligned}\right\}\tag{2-36}$$

式(2-36)就是速度坐标系中的质心运动方程，是通过一个标量(速度大小 V)和两个角度(弹道倾角 θ 和弹道偏角 σ)的极坐标形式来描述的。

2.2.4.4 本体系中的绕质心运动方程

质心运动方程用来描述飞行器的姿态运动，在姿态控制系统中通常采用本体系中列写的转动方程来设计控制器。将式(2-22)中的各个矢量投影到飞行器坐标系 $O_1X_bY_bZ_b$ 中，可得

$$(\boldsymbol{J}\dot{\boldsymbol{\omega}})_b+(\boldsymbol{\omega})_b\times(\boldsymbol{J}\boldsymbol{\omega})_b=(\boldsymbol{M})_b\tag{2-37}$$

由于弹(箭)通常为轴对称外形，若将飞行器本体系的 3 轴方向对准弹体的 3 个惯性主轴，则本体系中的惯性张量简化为对角阵

$$(\boldsymbol{J})_b=\mathrm{diag}([J_x\quad J_y\quad J_z])\tag{2-38}$$

将式(2-38)代入式(2-37)，可得本体系中的绕质心运动方程

$$\left.\begin{aligned}J_x\dot{\omega}_x+(J_z-J_y)\omega_y\omega_z&=(M_x)_b\\ J_y\dot{\omega}_y+(J_x-J_z)\omega_x\omega_z&=(M_y)_b\\ J_z\dot{\omega}_z+(J_y-J_x)\omega_x\omega_y&=(M_z)_b\end{aligned}\right\}\tag{2-39}$$

2.2.5 作用在飞行器上的力和力矩

2.2.5.1 发动机推力

1. 液体火箭发动机推力

液体火箭发动机推力表达式为

$$P=(P_{b0}+\delta P_{b0})\dot{G}+[\overline{S_ap_0}+\delta(S_ap_0)]\left(1-\frac{p}{p_0}\right)$$

式中，$\dot{G}=\dot{m}g_0$——推进剂的秒耗量，其中 $\dot{m}$ 是每秒燃烧消耗的推进剂质量，g_0 为地面重力加速度；

P_{b0}，δP_{b0}——推进剂的地面额定比冲和比冲偏差[N/(kg·s^{-1})]；

S_a——发动机尾喷管截面积(m^2)；

p，p_0——空气、地面大气压力(Pa)；

$S_ap_0=\overline{S_ap_0}+\delta(S_ap_0)$——推力高度特性；

$\overline{S_ap_0}$——额定的推力高度特性。

2. 固体火箭发动机推力

固体火箭发动机推力表达式为

$$P=\dot{m}(t)g_0P_b=\dot{m}(t)g_0P_{bh}\left[1-\frac{P_{bh}-P_{b0}}{P_{bh}}\pi(h)\right]$$

式中，$\dot{m}(t)$ ——推进剂的秒耗量；

P_b,P_{b0},P_{bh} ——任意外界压力下的比冲、地面比冲、真空比冲；

$\pi(h)=\dfrac{p(h)}{p_0}$ ——表示高度特性的表格函数，当 $h>80$ km 时，$\pi(h)$ 为常数。

如图 2-13 所示，在有推力矢量控制情况下，当存在发动机的偏摆角 δ_z（俯仰平面）和 δ_y（偏航平面）时，沿纵轴方向推力为

$$P_s=P\cos\delta_z\cos\delta_y$$

式中，P——固定方向（未摆动时）的推力。

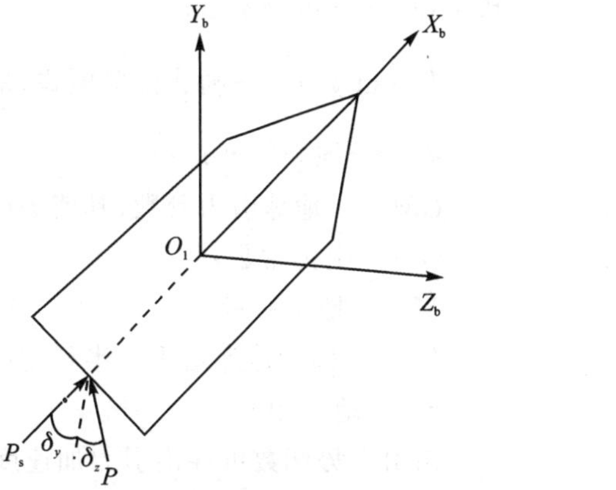

图 2-13　发动机推力

2.2.5.2　地球引力

为了进行准确的导航和制导，计算地球引力时必须考虑地球为非圆球体形状。计算地球表面上物体的重力时，则将地球视为具有引力势的旋转椭球体。

如图 2-14 所示，飞行器在位置 P 处受到的地球引力加速度 $\boldsymbol{g}_r$ 指向地心；重力加速度 $\boldsymbol{g}$ 沿铅垂线与赤道面的夹角为 B，称为地理纬度；当地水平面定义为地球参考椭球体的切平面，参考椭球体表面上的垂线与赤道面夹角为 B_0，称为大地纬度，大地维度和地理维度之差 $|B_0-B|$ 一般不超过 $2'\sim3'$，因此可以近似认为二者重合，即 $B_0\approx B$；铅垂线与地表的交点到地心的连线与赤道面间的夹角 ϕ_0 称为地心纬度，地理纬度与地心纬度之差为 $B-\phi_0=\mu=1.000\ 5\alpha_e\sin2\phi_0\approx\alpha_e\sin2\phi_0$，其中 $\alpha_e=1/298.257$ 为地球扁率。

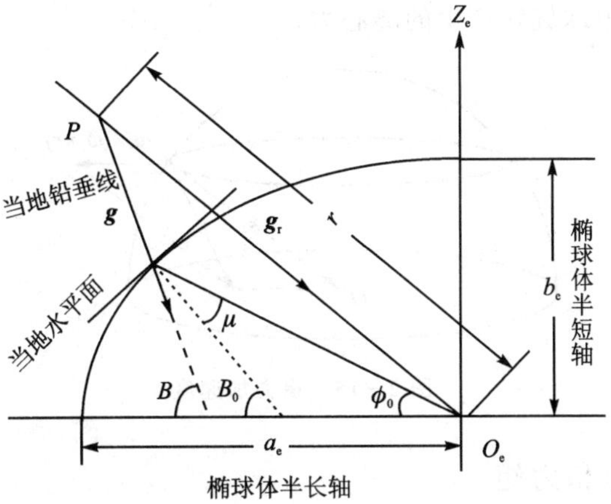

图 2-14　子午面内的重力和引力加速度

1. 引力加速度

引力由引力势函数对距离求微分获得。引力势函数可表示为

$$U=\frac{GM}{r}\left[1+\sum_{n=1}^{\infty}J_n\left(\frac{R_0}{r}\right)^n P_n(\sin\phi_0)\right]$$

式中，J_n——带协系数；

$P_n(\sin\phi_0)$——勒让德多项式，是 μ 的函数，$P_n(\sin\phi_0)=\frac{1}{2^n n!}\frac{\mathrm{d}^n}{\mathrm{d}\mu^n}[(\mu^2-1)^n]$；

ϕ_0——地心纬度；

GM——地球引力常数，其值为$(3\ 986\ 005\pm3)\times10^8\ \mathrm{m^3/s^2}$；

G——引力常数；

M——地球质量；

R_0——椭球体赤道平均半径，其值为 6 378 140±5 m；

r——地心距。

由引力势函数可导出引力加速度

$$g_r=-\frac{GM}{r^2}\left[1+J_1\left(\frac{R_0}{r}\right)^2(1-3\sin^2\phi_0)+J_2\left(\frac{R_0}{r}\right)^3(3\sin\phi_0-5\sin^3\phi_0)+J_3\left(\frac{R_0}{r}\right)^4(3-30\sin^2\phi_0+35\sin^4\phi_0)+\cdots\right]$$

式中，$J_1=(1\ 623.41\pm4)\times10^{-6}$，$J_2=\frac{4}{5}\times(6.04\pm0.73)\times10^{-6}$，$J_3=\frac{1}{6}(6.37\pm0.23)\times10^{-6}$。

2. 重力加速度

如图 2-15 所示，重力加速度 $\boldsymbol{g}$ 和引力加速度 $\boldsymbol{g}_r$ 的关系为

$$\boldsymbol{g}=\boldsymbol{g}_r+\boldsymbol{\omega}_e\times(\boldsymbol{\omega}_e\times\boldsymbol{r})$$

式中，$\boldsymbol{\omega}_e$——地球自转角速度矢量，在地心赤道坐标系 $O_eX_eY_eZ_e$ 中的投影为 $(\boldsymbol{\omega}_e)_e=[0\quad 0\quad \boldsymbol{\omega}_e]^T$，$\boldsymbol{\omega}_e=7.292\ 115\times10^{-5}$ rad/s；

$\boldsymbol{\omega}_e\times(\boldsymbol{\omega}_e\times\boldsymbol{r})$——地球旋转产生的离心力。

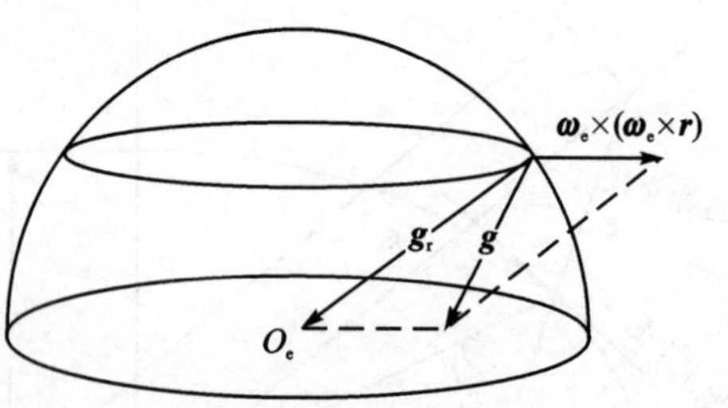

图 2-15 重力加速度

2.2.5.3 气动力和力矩

1. 气动力

飞行器相对空气介质运动所产生的压力和摩擦力称为空气动力，是飞行器在大气层内飞行所受的主要外力之一。定常运动中，气动力的大小和方向取决于飞行器的外形、尺寸和结构布局，相对空气运动的速度大小和方向，介质的密度和粘性、声速，飞行器绕质心的旋转角速度、舵面偏转角等因素。

作用于飞行器的气动力在速度坐标系 $O_1X_cY_cZ_c$ 的三轴方向可分解为阻力、升力和侧向力，见图 2-16，表达式为

$$\left.\begin{aligned} F_{axc} &= -C_x q S_m \\ F_{ayc} &= C_y^{\alpha} q S_m (\alpha + \alpha_w) \\ F_{azc} &= -C_z^{\beta} q S_m (\beta + \beta_w) \end{aligned}\right\} \tag{2-40}$$

式中，F_{axc}——阻力，其值总为负，指向速度的反方向；

F_{ayc}、F_{azc}——升力和侧力；

C_x——阻力系数；

C_y^{α}、C_z^{β}——升力系数对攻角的导数和侧力系数对侧滑角的导数；

S_m——参考面积；

$q=\frac{1}{2}\rho V_w^2$——动压，其中 ρ 是大气密度，V_w 是飞行器相对空气介质的速度。

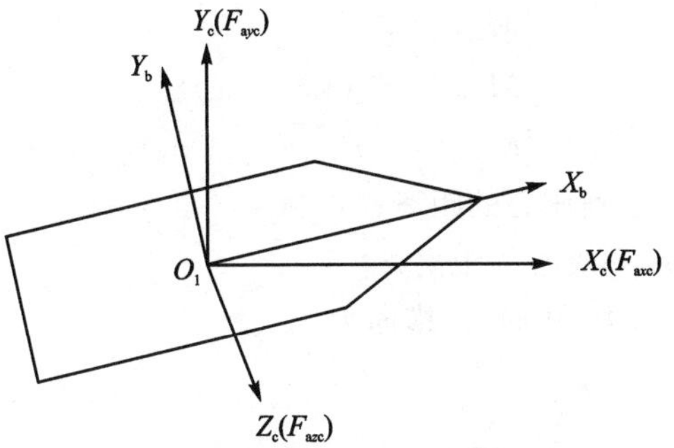

图 2-16　飞行器所受的气动力在速度坐标系中的分解

在研究飞行器运动规律时，有时需要在本体系内讨论气动力，故亦可将空气动力在本体系内沿 X_b、Y_b 和 Z_b 轴分解为的轴向力、法向力和横向力，本书中采用速度坐标系中的分解方式来分析气动力。

空气动力系数通常由风洞实验和流场仿真确定。阻力系数、升力系数和侧力系数均与马赫数 Ma、高度、攻角和侧滑角有关。在小攻角和小侧滑角情况下，这些系数由空气动力学实验结果以表格或曲线的形式给出，即

$$\begin{cases} C_x = C_x(Ma, \alpha') \\ C_y = C_y(Ma, \alpha') \\ C_z = C_z(Ma, \beta') \end{cases}$$

$$\alpha' = \alpha + \alpha_w$$

$$\beta' = \beta + \beta_w$$

马赫数为

$$Ma = \frac{V_w}{a_0}\sqrt{\frac{T_0}{T(h)}}$$

式中，a_0——地面标准声速；

T_0——大气标准热力学温度；

$T(h)$——大气热力学温度；

h——飞行器距地表(海平面)的高度,$h=r-R_0$。

飞行器相对气流的速度矢量为

$$\boldsymbol{V}_{\mathrm{w}}=\boldsymbol{V}_{\mathrm{g}}+\boldsymbol{W}$$

式中,$\boldsymbol{V}_{\mathrm{g}}$——飞行器相对地面的速度矢量;

$\boldsymbol{W}$——风速矢量。

2. 气动力矩

式(2-40)中的3个气动力均作用在飞行器的压力中心(简称压心)上,而压心与飞行器质心一般不重合,因此作用于压心处的气动力会产生相对质心的力矩。对于轴对称外形的飞行器(如火箭),压心总是位于飞行器纵轴上,则侧力和升力产生滚动力矩的力臂长度总为零,因此轴对称飞行器的滚动气动力矩为零,但气动力会产生俯仰和偏航力矩。

如图2-17所示,以轴对称飞行器为例,气动力引起的气动力矩在本体系中的三轴分量表达式为

$$\begin{cases}M_{\mathrm{axb}}=0\\M_{\mathrm{ayb}}=F_{\mathrm{azb}}(x_{\mathrm{d}}-x_{\mathrm{z}})\\M_{\mathrm{azb}}=-F_{\mathrm{ayb}}(x_{\mathrm{d}}-x_{\mathrm{z}})\end{cases}\tag{2-41}$$

式中,x_{d}——飞行器理论尖端到压心的距离;

x_{z}——飞行器理论尖端到质心的距离;

F_{axb}、F_{ayb}、F_{azb}——轴向力、法向力、横向力。

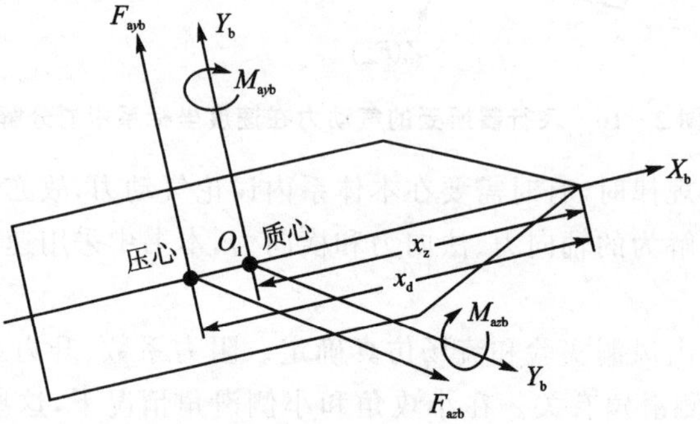

图2-17 飞行器所受的气动力矩

根据速度坐标系到本体系的转换关系(式(2-4)),将式(2-40)中的气动力投影到本体系中,得

$$\begin{cases}F_{\mathrm{axb}}=F_{\mathrm{axc}}\cos\alpha'\cos\beta'+F_{\mathrm{ayc}}\sin\alpha'-F_{\mathrm{azc}}\cos\alpha'\sin\beta'\\F_{\mathrm{ayb}}=-F_{\mathrm{axc}}\sin\alpha'\cos\beta'+F_{\mathrm{ayc}}\cos\alpha'+F_{\mathrm{azc}}\sin\alpha'\sin\beta'\\F_{\mathrm{azb}}=F_{\mathrm{axc}}\sin\beta'+F_{\mathrm{azc}}\cos\beta'\end{cases}\tag{2-42}$$

式中,$\alpha'=\alpha+\alpha_{\mathrm{w}}$,$\beta'=\beta+\beta_{\mathrm{w}}$。在$\alpha'$和$\beta'$为小角度的情况下

$$\sin\alpha'\approx\alpha',\quad\sin\beta'\approx\beta'$$
$$\cos\alpha'\approx1,\quad\cos\beta'\approx1$$

则式(2-42)可简化为

$$\begin{cases} F_{axb} = F_{axc} + F_{ayc}\alpha' - F_{azc}\beta' \\ F_{ayb} = -F_{axc}\alpha' + F_{ayc} + F_{azc}\alpha'\beta' \\ F_{azb} = F_{axc}\beta' + F_{azc} \end{cases} \tag{2-43}$$

将式(2-40)代入式(2-43)，并忽略二阶小量得

$$\begin{cases} F_{axb} = -C_x qS_m \\ F_{ayb} = (C_x + C_y^\alpha) qS_m\alpha' = C_{yb}^\alpha qS_m\alpha' \\ F_{azb} = -(C_x + C_z^\beta) qS_m\beta' = -C_{zb}^\beta qS_m\beta' \end{cases} \tag{2-44}$$

将式(2-44)代入式(2-41)，得

$$\begin{cases} M_{axb} = 0 \\ M_{ayb} = -C_{zb}^\beta qS_m\beta'(x_d - x_z) \\ M_{azb} = -C_{yb}^\alpha qS_m\alpha'(x_d - x_z) \end{cases} \tag{2-45}$$

将式(2-45)的后两式改写成如下形式：

$$\left.\begin{aligned} M_{ayb} &= \frac{-C_{zb}^\beta(x_d - x_z)}{l_k} qS_m l_k\beta' = -m_{yb}^\beta qS_m l_k\beta' \\ M_{azb} &= \frac{-C_{yb}^\alpha(x_d - x_z)}{l_k} qS_m l_k\alpha' = -m_{zb}^\alpha qS_m l_k\alpha' \end{aligned}\right\} \tag{2-46}$$

式中，m_{yb}^β 和 m_{zb}^α 分别是偏航和俯仰静稳定力矩系数；l_k 是计算气动力矩系数时的参考长度。

静稳定力矩系数是表征动力系统稳定性的重要参数。若压心在质心前($x_d < x_z$)，飞行器在无控状态下处于静不稳定状态($m_{yb}^\beta < 0, m_{zb}^\alpha < 0$)，此时在攻角和侧滑角为正(负)时飞行器仍产生正(负)的俯仰和偏航力矩，导致攻角和侧滑角发散。反之，若压心在质心后($x_d > x_z$)，飞行器是静稳定的($m_{yb}^\beta > 0, m_{zb}^\alpha > 0$)，气动力矩将使攻角和侧滑角逐渐减小达到平衡状态。上述稳定性规律成立的根本原因是俯仰和偏航气动力矩与攻角和侧滑角近似成单调的线性关系(见式(2-46))，因此使攻角和侧滑角绝对值减小的力矩是静稳定力矩。

需要注意的是，飞行器的静稳定性是根据压心和质心的相对位置来定义的，而力矩系数的正负号根据其定义式可以任意改变，在没有说明其具体定义方式的情况下，不能以力矩系数的正负号作为判定静稳定性的依据。

飞行器旋转运动中还存在气动阻尼力矩，其表示式为

$$\begin{cases} M_{adxb} = -m_{dxb}^\omega qS_m l_k^2 \omega_{xb}/V \\ M_{adyb} = -m_{dyb}^\omega gS_m l_k^2 \omega_{yb}/V \\ M_{adzb} = -m_{dzb}^\omega qS_m l_k^2 \omega_{zb}/V \end{cases}$$

式中，$m_{dxb}^\omega, m_{dyb}^\omega, m_{dzb}^\omega$ 是三轴阻尼力矩系数；$\omega_{xb}, \omega_{yb}, \omega_{zb}$ 是本体系中的三轴角速度，根据式(2-5)，三轴姿态角速度与三轴的欧拉角速度满足

$$\begin{aligned} \begin{bmatrix} \omega_{xb} \\ \omega_{yb} \\ \omega_{zb} \end{bmatrix} &= \boldsymbol{L}_x(\gamma)\boldsymbol{L}_y(\psi)\boldsymbol{L}_z(\varphi)\begin{bmatrix} 0 \\ 0 \\ \dot{\varphi} \end{bmatrix} + \boldsymbol{L}_x(\gamma)\boldsymbol{L}_y(\psi)\begin{bmatrix} 0 \\ \dot{\psi} \\ 0 \end{bmatrix} + \boldsymbol{L}_x(\gamma)\begin{bmatrix} \dot{\gamma} \\ 0 \\ 0 \end{bmatrix} \\ &= \boldsymbol{L}_x(\gamma)\boldsymbol{L}_y(\psi)\begin{bmatrix} 0 \\ 0 \\ \dot{\varphi} \end{bmatrix} + \boldsymbol{L}_x(\gamma)\begin{bmatrix} 0 \\ \dot{\psi} \\ 0 \end{bmatrix} + \begin{bmatrix} \dot{\gamma} \\ 0 \\ 0 \end{bmatrix} = \begin{bmatrix} \dot{\gamma} - \dot{\varphi}\sin\psi \\ \dot{\psi}\cos\gamma + \dot{\varphi}\sin\gamma\cos\psi \\ -\dot{\psi}\sin\gamma + \dot{\varphi}\cos\gamma\cos\psi \end{bmatrix} \end{aligned} \tag{2-47}$$

本节给出的是气动力和气动力矩的小角度简化形式，对于非对称飞行器和大攻角情况下，还需要进行气动特性计算的修正（包含非线性项和交连项）。

2.2.5.4 控制力和力矩

控制力是飞行器的操控力，包括空气舵偏转产生的气动控制力矩和发动机产生的反推力。对于火箭，一般不安装空气舵，产生控制力的方式通常有：燃气舵偏转、喷管、摆动发动机或尾喷管、变推力发动机族。

本书以摆动发动机的推力矢量控制为例加以说明。

1. 按 X 形安装的摆动发动机产生的控制力和控制力矩

假设在火箭尾部按 X 形安装 4 台发动机，如图 2-18 所示，每台发动机沿切线摆动，可产生沿 O_1Y_b 轴和 O_1Z_b 轴的控制力为

$$\begin{cases} F_{kyb} = \sum_{i=1}^{4} P_{iy} \\ F_{kzb} = \sum_{i=1}^{4} P_{iz} \end{cases}$$

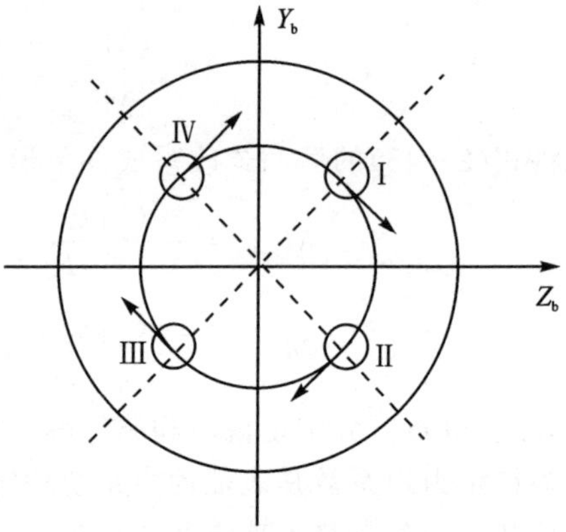

图 2-18 X 形安装摆动发动机

若 4 台发动机推力相等，并规定每台发动机摆角的正负极性为：从火箭尾部看去取顺时针方向为正（图 2-18 中箭头表示各位置发动机摆角的正向）。当摆角不大（$\delta_i < 10°$）的情况下，沿 O_1Y_b 轴和 O_1Z_b 轴的控制力的表达式为

$$\left.\begin{aligned} F_{kyb} &= \cos 45° \sum_{i=1}^{4} (P_i \sin\delta_i) = \frac{P}{\sqrt{2}}(\delta_1 + \delta_2 - \delta_3 - \delta_4) = \frac{P}{\sqrt{2}}\delta_\varphi \\ F_{kzb} &= \cos 45° \sum_{i=1}^{4} (P_i \sin\delta_i) = \frac{P}{\sqrt{2}}(-\delta_1 + \delta_2 + \delta_3 - \delta_4) = \frac{P}{\sqrt{2}}\delta_\psi \end{aligned}\right\} \tag{2-48}$$

对于滚动控制，若 4 台发动机全部参与，其产生的力偶作用力可视为等效滚动控制力

$$F_{k\gamma b} = \sum_{i=1}^{4} (P_i \sin\delta_i) = P(\delta_1 + \delta_2 + \delta_3 + \delta_4) = P\delta_\gamma$$

式中，P——单台发动机推力；

δ_1、δ_2、δ_3、δ_4——各台发动机摆角；

δ_φ、δ_ψ、δ_γ——产生俯仰、偏航和滚动控制力的发动机综合摆角，其表达式为

$$\begin{cases} \delta_\varphi = \delta_1 + \delta_2 - \delta_3 - \delta_4 \\ \delta_\psi = -\delta_1 + \delta_2 + \delta_3 - \delta_4 \\ \delta_\gamma = \delta_1 + \delta_2 + \delta_3 + \delta_4 \end{cases}$$

发动机控制力产生的姿态控制力矩为

$$\begin{cases} M_{kxb} = -P\delta_\gamma z_r \\ M_{kyb} = -\dfrac{P}{\sqrt{2}}\delta_\psi (x_R - x_z) \\ M_{kzb} = -\dfrac{P}{\sqrt{2}}\delta_\varphi (x_R - x_z) \end{cases}$$

式中，z_r——发动机摆动轴到火箭纵轴 X_b 的距离；

x_R——火箭理论尖端到发动机摆动轴的距离；

x_z——火箭理论尖端到质心的距离。

2. 按十字形安装的摆动发动机产生的控制力和控制力矩

摆动发动机采用十字形布局，如图 2-19 所示，则Ⅰ、Ⅲ发动机控制偏航，Ⅱ、Ⅳ发动机控制俯仰，4 台发动机共同控制滚动。从火箭尾部看，设Ⅰ、Ⅲ发动机摆动产生控制力 F_{kzb}，摆角向右为正；Ⅱ、Ⅳ发动机摆动产生控制力 F_{kyb}，摆角向下为正；产生滚动控制力的 4 台发动机的摆动方向顺时针为正。

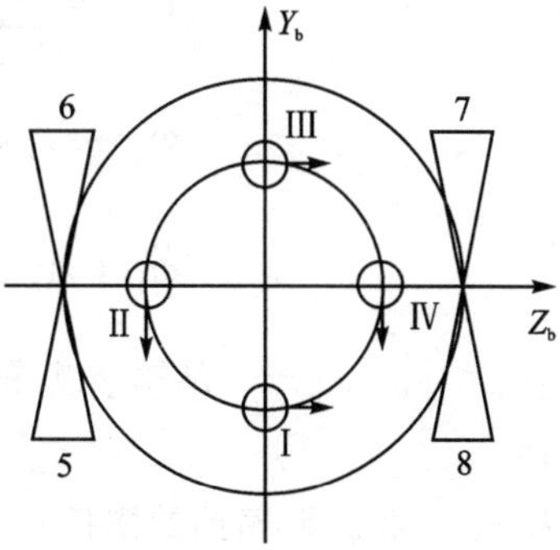

图 2-19　十字形安装摆动发动机

当摆角不大($\delta_i<10°$)的情况下，控制力方程为

$$\begin{cases}F_{kyb}=P(\delta_2+\delta_4)=2P\delta_\varphi\\F_{kzb}=-P(\delta_1+\delta_3)=-2P\delta_\psi\\F_{k\gamma b}=P(-\delta_1-\delta_2+\delta_3+\delta_4)=4P\delta_\gamma\end{cases}$$

控制力矩方程为

$$\begin{cases}M_{kxb}=-4P\delta_\gamma z_r\\M_{kyb}=-2P\delta_\psi(x_R-x_z)\\M_{kzb}=-2P\delta_\varphi(x_R-x_z)\end{cases}$$

如果图 2-19 中的主发动机是变推力发动机，无需摆动装置，利用 4 台主发动机推力差产生俯仰力矩和偏航力矩，利用姿态喷管产生滚动力矩。图 2-19 中喷管 5、7 产生正滚动力矩，喷管 6、8 产生负滚动力矩。

2.2.5.5　晃动力和力矩

晃动力是液体推进剂在贮箱内晃动产生的。这种晃动是由于火箭飞行时，贮箱晃动引起液体振荡造成的。在通常的分析方法中，将晃动液体动力作用通过一系列单摆(或谐波振子来代替)，可以得到很好的近似，即将贮箱内液体晃动和一个弹簧质量系统构成的振动子的振动在数学上等效。振动子参数(质量、摆长、悬点位置)与火箭的质量、惯性、几何尺寸、液体的性质和相对贮箱的液面有关。

根据参考文献[1]，本书第 2.2.2 和 2.2.3 小节中弹(箭)运动方程的晃动力和力矩(含 $\ddot{\boldsymbol{\rho}}_j$ 的项)可写成如下振子模型：

$$\left.\begin{aligned}&F_{sxb}=0\\&F_{syb}=\sum_{p=1}^{n_p}m_p\ddot{y}_p\\&F_{szb}=\sum_{p=1}^{n_p}m_p\ddot{z}_p\\&\ddot{y}_p+2\zeta_p\Omega_p\dot{y}_p+\Omega_p^2y_p=-(l_{sp}-L_p)\ddot{\varphi}\\&\ddot{z}_p+2\zeta_p\Omega_p\dot{z}_p+\Omega_p^2z_p=-(l_{sp}-L_p)\ddot{\psi}\end{aligned}\right\}\qquad(2-49a)$$

或

$$\left.\begin{aligned}
F_{\mathrm{syb}} &= \sum_{p=1}^{n_p} m_p \dot{W}_{x\mathrm{b}} \Phi_y \\
F_{\mathrm{szb}} &= \sum_{p=1}^{n_p} - m_p \dot{W}_{x\mathrm{b}} \Phi_z \\
\ddot{\Phi}_y + \omega_{py}^2 \dot{\Phi}_y &= \frac{1}{L_p} [\dot{W}_{y\mathrm{b}} + (l_{sp} - L_p) \ddot{\varphi}] \\
\ddot{\Phi}_z + \omega_{px}^2 \dot{\Phi}_z &= \frac{-1}{L_p} [\dot{W}_{z\mathrm{b}} + (l_{sp} - L_p) \ddot{\psi}]
\end{aligned}\right\} \tag{2-49b}$$

式中，$l_{sp} = x_z - x_p$——从第 p 贮箱摆（晃动质量中心）的悬点到火箭质心的距离，如图 2-20 所示；

L_p——第 p 贮箱摆的摆长；

Φ_y, Φ_z——第 p 贮箱摆在俯仰、偏航平面内的摆角；

Ω_p——第 p 贮箱晃动的圆频率；

ω_{py}, ω_{pz}——俯仰、偏航平面内，第 p 贮箱的无阻尼固有频率；

m_p——第 p 贮箱的质量；

$\ddot{\varphi}, \ddot{\psi}$——俯仰、偏航角加速度；

$\dot{W}_{x\mathrm{b}}, \dot{W}_{y\mathrm{b}}, \dot{W}_{z\mathrm{b}}$——本体系内的视加速度。

晃动力矩为

$$\left.\begin{aligned}
M_{\mathrm{syb}} &= l_{sp} F_{\mathrm{szb}} \\
M_{\mathrm{szb}} &= l_{sp} F_{\mathrm{syb}}
\end{aligned}\right\}$$

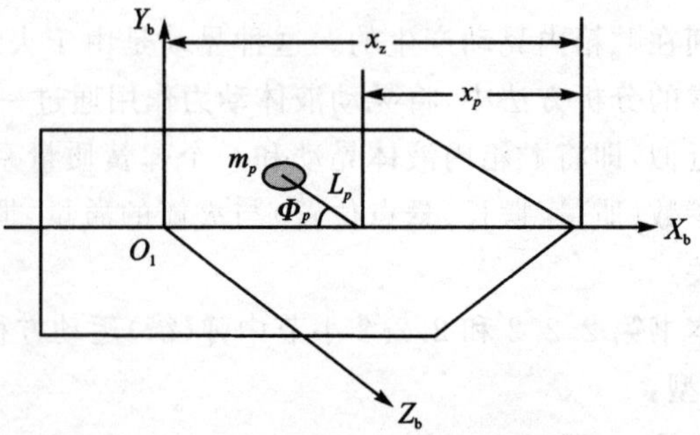

图 2-20 贮箱摆的简图（俯仰平面）

2.2.5.6 发动机摆动惯性力和力矩

执行机构为摆动发动机时，由于发动机具有质量和转动惯量，将产生惯性力和力矩，如图 2-21 所示，其表达式可写为

$$\left.\begin{aligned}
&F'_{\mathrm{E}x\mathrm{b}}=0\\
&F'_{\mathrm{Eyb}}=m_{\mathrm{R}}l_{\mathrm{R}}\ddot{\delta}_{\varphi}-m_{\mathrm{R}}\dot{W}_{x\mathrm{b}}\delta_{\varphi}\\
&F'_{\mathrm{Ezb}}=-m_{\mathrm{R}}l_{\mathrm{R}}\ddot{\delta}_{\psi}+m_{\mathrm{R}}\dot{W}_{x\mathrm{b}}\delta_{\psi}\\
&M'_{\mathrm{E}x\mathrm{b}}=-J_{\mathrm{R}}\ddot{\delta}_{\gamma}-m_{\mathrm{R}}l_{\mathrm{R}}z_{\mathrm{r}}\ddot{\delta}_{\gamma}\\
&M'_{\mathrm{Eyb}}=-J_{\mathrm{R}}\ddot{\delta}_{\psi}-m_{\mathrm{R}}l_{\mathrm{R}}(x_{\mathrm{R}}-x_{z})\ddot{\delta}_{\psi}-m_{\mathrm{R}}\dot{W}_{x\mathrm{b}}l_{\mathrm{R}}\delta_{\psi}\\
&M'_{\mathrm{Ezb}}=-J_{\mathrm{R}}\ddot{\delta}_{\varphi}-m_{\mathrm{R}}l_{\mathrm{R}}(x_{\mathrm{R}}-x_{z})\ddot{\delta}_{\varphi}-m_{\mathrm{R}}\dot{W}_{x\mathrm{b}}l_{\mathrm{R}}\delta_{\varphi}
\end{aligned}\right\}\tag{2-50}$$

式中，m_{R}——单台发动机摆动部分的质量；

J_{R}——单台发动机摆动部分的转动惯量；

$m_{\mathrm{R}}\dot{W}_{x\mathrm{b}}$——发动机在火箭运动视加速度作用下的惯性力；

l_{R}——发动机质心到摆动轴的距离；

z_{r}——发动机摆动轴距飞行器纵轴的距离；

δ_{φ}，δ_{ψ}——发动机综合摆角。

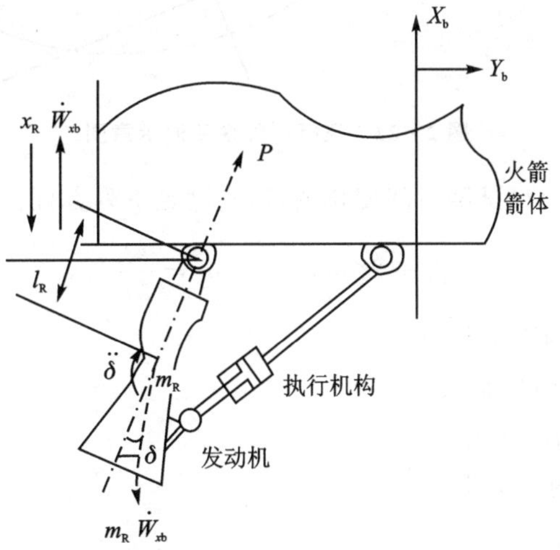

图 2-21　摆动发动机的作用力矩图

2.2.6　弹性振动方程

弹道导弹及运载火箭结构一般有大的长细比和较小的结构刚度，因而在外力作用下，这样的结构会产生变形和弯曲振动(弹性振动)。弹性振动有纵向振动、扭转振动和横向振动。

纵向振动是指平行于飞行器纵轴的弹性位移。这种效应通常是微小的，但是对于大型液体运载火箭的推进剂输送系统有重大影响，即纵向耦合振动。纵向耦合振动在进行姿态运动稳定性分析时需要考虑其影响。

扭转振动是绕飞行器纵轴的弹性角位移。在一般火箭中，扭转振动由于结构对称性使得扭转振型与横向及纵向运动不相耦合、激励，所以扭转振动对俯仰、偏航姿态控制关系较小。

为了分析姿态控制系统的稳定性，最重要的是横向弹性振动。由于飞行器存在弹性振动，飞行器的运动除了等效刚体的平移和转动外，还有相对于刚体纵轴(无变形的轴)的横向弹性振动。对于具有轴对称的飞行器来说，俯仰横向振型与偏航横向振型间的耦合极小，可以忽略。因此只需要分析飞行器的平面弹性特性。

导弹和运载火箭本质上是一根细长梁。所以，它在空间的横向振动可视为两端自由的非均匀弹性梁的运动，此梁的弹性位移、抗弯刚度及质量惯性沿长度的分布由飞行器结构参数决定。飞行器弹性变形示意图如图 2-22 所示。

弹性挠曲位移方程为

$$y(l,t)=\sum_{i=1}^{n}q_i(t)W_i(x)\quad i=1,2,\cdots,n$$

式中，$W_i(x)$表示飞行器纵轴各点的相对横移关系，称为第 i 次固有振型函数；$q_i(t)$为弹性振动广义坐标，在弹性振型函数确定后可决定弹性振动幅值，用于描述弯曲振型。

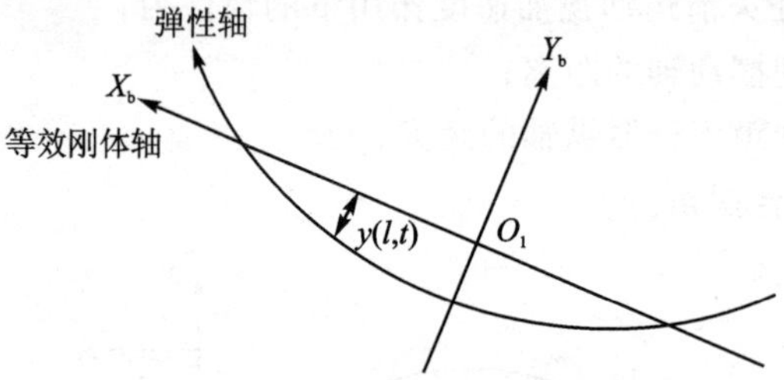

图 2-22　飞行器弹性变形示意图

弹性振动广义坐标 $q_i(t)$是随时间变化的量，它满足下列方程：

$$\ddot{q}_i+2\zeta_i\omega_i\dot{q}_i+\omega_i^2q_i=\frac{Q_i}{M_i}$$

式中，ω_i——第 i 阶振型的固有频率；

ζ_i——第 i 阶振型的阻尼系数；

Q_i——第 i 阶振型的广义力；

M_i——第 i 阶振型的广义质量。

Q_i 和 M_i 的表达式为

$$\begin{cases}Q_i=\int_0^{l_k}\sum f_{yb}(x)W_i(x)\mathrm{d}x\\ M_i=\int_0^{l_k}m(x)W_i^2(x)\mathrm{d}x\end{cases}$$

式中，$f_{yb}(x)$是作用于飞行器的外力在法向的投影；$m(x)$是沿飞行器纵轴的质量分布。

$$\sum f_{yb}(x)=F_{gyb}+F_{kyb}+F_{ayb}+F_{syb}+F_{Eyb}$$

只要知道引力、推力、气动力、晃动力、发动机惯性力等在 O_1Y_b 轴的投影，即可求出广义力。

振型函数 $W_i(x)$主要由结构特性（刚度和质量分布）和边界条件（飞行器视为梁的两端状态）确定。对于大型火箭的振型函数，通常取至 3～5 次振型（即 $i=1,2,\cdots,5$）。图 2-23 表示的是火箭弯曲振型的大致形状。飞行器结构确定后，振型函数 $W_i(x)$可用数值计算求出，并用弹性振动实验校核。

飞行器弹性振动弯曲变形后，引起推力分量和附加姿态角。这些附加的影响在姿态控制系统设计和稳定性分析时必须予以考虑。由图 2-24 可以看出，当无弹性振动弯曲变形和发动机摆角为零时，推力作用线将通过飞行器质心，与等效刚体纵轴重合。同样，姿态敏感元件的测量基准轴也与等效刚体纵轴重合(或平行)。而当有弯曲变形时，则产生附加推力分量和姿态角的量测角增量。

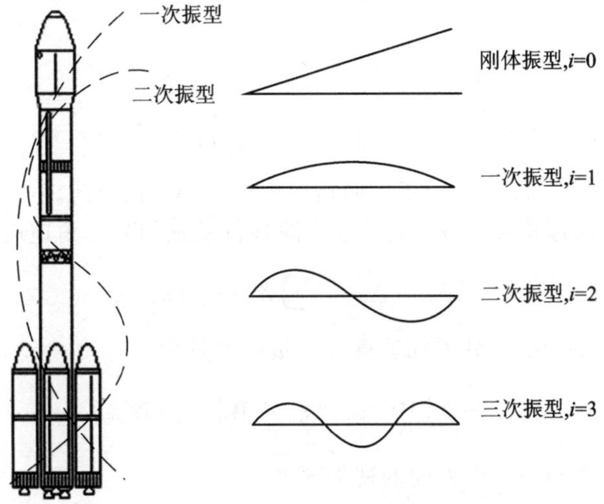

图 2-23　一、二、三次振型形状

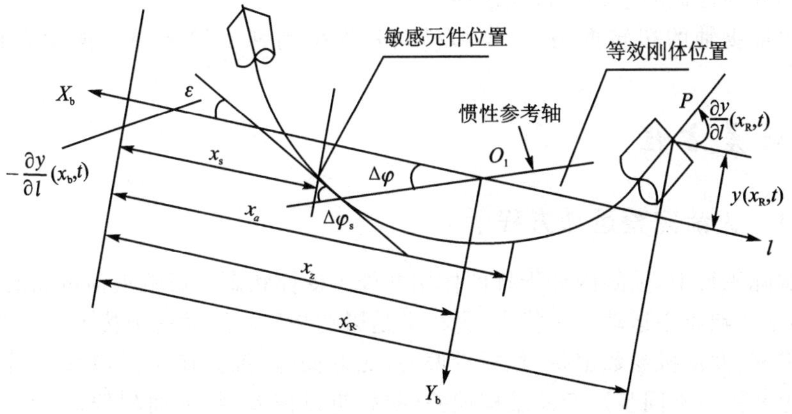

图 2-24　弹性变形对推力作用和姿态角测量的影响

由于弹性变形弯曲，推力作用点相对于未变形纵轴发生横移和偏角。参照图 2-24，因弹性弯曲变形在火箭尾部产生的偏角为

$$\frac{\partial y(x_R,t)}{\partial l}=\sum_{i=1}^{n}W_i'(x_R)q_i$$

式中，$W_i'(x_R)=\frac{\partial W_i}{\partial l}\big|_{l=x_R}$ 表示发动机支架点处第 i 次振型的斜率，即对应的第 i 次振型的火箭断面旋转角，$W_i'(x_R)q_i$ 表示 x_R 处第 i 次振型对应的弯曲变形引起的偏角。

第 i 次振型产生的附加推力法向分量为

$$P_{vyi}=PW_i'(x_R)q_i \tag{2-51}$$

附加力矩为

$$M_{vyi}=PW'_i(x_R)(x_R-x_z)q_i \tag{2-52}$$

姿态测量元件(如陀螺仪,姿态测量原理详见第7.2.1小节)在飞行器有弯曲变形的情况下,既测量刚体角运动,又测量姿态测量元件所在位置的弹性弯曲变形的附加角。设 $\Delta\varphi_s$ 为距火箭理论尖端 x_s 处测量元件敏感的姿态角增量,$\Delta\varphi$ 为刚体的姿态角增量,由此,位置陀螺仪测量的角增量为

$$\Delta\varphi_s=\Delta\varphi+\varepsilon$$

$$\varepsilon=-\left.\frac{\partial y(x_b,t)}{\partial l}\right|_{l=x_s}=-\sum_{i=1}^{n}q_i(t)W'_i(x_s)$$

上式中的负号是由于图2-24中 l 的正方向指向火箭 O_1X_b 轴负向。

同理,安装在距火箭理论尖端 x_{gs} 处的速率陀螺仪敏感的姿态角速度为

$$\Delta\dot{\varphi}_{gs}=\Delta\dot{\varphi}-\sum_{i=1}^{n}W'_i(x_{gs})\dot{q}_i$$

捷联安装于图2-24中 x_a 处的加速度计测量的增量为

$$\Delta\dot{W}_{yb}=\sum_{i=1}^{n}[W_i(x_a)\ddot{q}_i+W'_i(x_a)\dot{W}_{xb}q_i]$$

式中,$\dot{W}_{xb}$ 是本体系中沿 O_1X_b 轴方向的视加速度。

从以上的分析可以看出,发生弯曲变形的火箭上配置的测量元件的输出,由代表刚体运动和局部弹性变形的两部分信号所组成。这些信号将用来控制飞行器操纵机构产生力和力矩,以保证飞行器在弹性振动下的飞行稳定性。

对于绕火箭纵轴的扭转振型,可类似横向弹性振动列出扭转弹性振动方程,这里不再赘述。

2.2.7 误差方程

2.2.7.1 火箭完整运动方程

火箭在实际飞行中,受到内外干扰的作用并处于受控状态。影响火箭运动的干扰,通常分为两类:一类是影响质心运动的干扰力;另一类是影响绕质心运动的干扰力矩。造成这两类干扰的主要因素有:发动机参数偏差(秒耗量偏差、比冲偏差、推力作用线横移和偏斜、发动机族各推力不相等和推力不同步),产品结构偏差(初始重量偏差、特征面积偏差、质心偏离几何轴线),气动系数偏差,风干扰,推进剂晃动干扰,控制装置零位偏差和漂移等。对于由控制装置偏差引起的虚假作用力和力矩一般称为内干扰,其余的则称为外干扰。

弹道导弹和运载火箭一般是按照给定的弹道程序角飞行。通过控制装置对飞行器施加程序角控制,并且在干扰情况下保持飞行器姿态自动稳定。通常受控飞行器姿态控制方程是

$$\left.\begin{aligned}
\delta_\varphi&=\alpha_0^\varphi\Delta\varphi+\alpha_1^\varphi\dot{\varphi}+k_u^\varphi u_\varphi\\
\delta_\psi&=\alpha_0^\psi\Delta\psi+\alpha_1^\psi\dot{\psi}+k_u^\psi u_\varphi\\
\delta_\gamma&=\alpha_0^\gamma\Delta\gamma+\alpha_1^\gamma\dot{\gamma}\\
\Delta\varphi&=\varphi-\varphi_{cx}(t)\\
\Delta\psi&=\psi-\psi_{cx}(t)\\
\Delta\gamma&=\gamma-\gamma_{cx}(t)
\end{aligned}\right\} \tag{2-53}$$

式中，φ、ψ、γ——飞行器俯仰角、偏航角、滚动角；

φ_{cx}、ψ_{cx}、γ_{cx}——飞行器俯仰、偏航、滚动通道程序角；

$\dot{\varphi}$、$\dot{\psi}$、$\dot{\gamma}$——姿态角速度；

α_0^{φ}、α_0^{ψ}、α_0^{γ}；α_1^{φ}、α_1^{ψ}、α_1^{γ}——姿态控制回路静、动态传递系数；

$k_u^{\varphi}u_{\varphi}$、$k_u^{\psi}u_{\psi}$——法向、横向导引量(k_u^{φ}、k_u^{ψ} 为法向、横向导引系数)。

由于空气动力方程是在速度坐标系列写出的，一些干扰力矩是在本体系列写。为了分析问题方便起见，往往将火箭运动方程在速度坐标系和本体系中结合起来列写。由式(2-36)和式(2-39)得火箭运动完整方程组

$$\begin{cases} m\dot{V} = (F_x)_c \\ mV\dot{\theta} = (F_y)_c \\ mV\dot{\sigma} = (F_z)_c \\ J_x\dot{\omega}_x + (J_z - J_y)\omega_y\omega_z = (M_x)_b \\ J_y\dot{\omega}_y + (J_x - J_z)\omega_x\omega_z = (M_y)_b \\ J_z\dot{\omega}_z + (J_y - J_x)\omega_x\omega_y = (M_z)_b \end{cases}$$

式中，箭体所受的力和力矩分别为

$$\boldsymbol{F} = \underbrace{\boldsymbol{F}_g}_{\text{引力}} + \underbrace{\boldsymbol{F}_p}_{\text{轴向推力}} + \underbrace{\boldsymbol{F}_a}_{\text{气动力}} + \underbrace{\boldsymbol{F}_k}_{\text{控制力}} + \underbrace{\boldsymbol{F}_s}_{\text{晃动力}} + \underbrace{\boldsymbol{F}_E}_{\text{发动机惯性力}} + \underbrace{\boldsymbol{F}_v}_{\text{弹性振动力}} + \underbrace{\boldsymbol{F}_d}_{\text{干扰力}}$$

$$\boldsymbol{M} = \underbrace{\boldsymbol{M}_a}_{\text{气动力矩}} + \underbrace{\boldsymbol{M}_k}_{\text{控制力矩}} + \underbrace{\boldsymbol{M}_s}_{\text{晃动力矩}} + \underbrace{\boldsymbol{M}_E}_{\text{发动机惯性力矩}} + \underbrace{\boldsymbol{M}_v}_{\text{弹性振动力矩}} + \underbrace{\boldsymbol{M}_d}_{\text{干扰力矩}}$$

利用坐标系转换关系，将各力转换到速度系中，各力矩转换到本体系中。

1. 引　力

$$(\boldsymbol{F}_g)_c = \boldsymbol{T}_g^c \begin{bmatrix} 0 \\ -mg \\ 0 \end{bmatrix} = \begin{bmatrix} -mg\sin\theta\cos\sigma \\ -mg(\cos\theta\cos\mu + \sin\theta\sin\sigma\sin\mu) \\ -mg(-\cos\theta\sin\mu + \sin\theta\sin\sigma\cos\mu) \end{bmatrix}$$

2. 推　力

$$(\boldsymbol{F}_p)_c = \boldsymbol{T}_b^c \left(\begin{bmatrix} P_0 \\ 0 \\ 0 \end{bmatrix} \right)_b = \begin{bmatrix} P_0\cos\alpha\cos\beta \\ P_0\sin\alpha \\ -P_0\cos\alpha\sin\beta \end{bmatrix}$$

式中，P_0 是多台发动机在飞行器纵轴方向的总推力，$P_0 = \sum\limits_i P_{si}$。

3. 气动力和力矩

$$(\boldsymbol{F}_a)_c = \begin{bmatrix} -C_x qS_m \\ C_y^{\alpha} qS_m\alpha' \\ -C_z^{\beta} qS_m\beta' \end{bmatrix}$$

$$(\boldsymbol{M}_a)_b = \begin{bmatrix} -m_{dxb}^{\omega} qS_m l_k^2 \omega_{xb}/V \\ -m_{yb}^{\beta} qS_m l_k \beta' - m_{dyb}^{\omega} gS_m l_k^2 \omega_{yb}/V \\ -m_{zb}^{\alpha} qS_m l_k \alpha' - m_{dzb}^{\omega} qS_m l_k^2 \omega_{zb}/V \end{bmatrix}$$

式中，$\alpha'=\alpha+\alpha_w$，$\beta'=\beta+\beta_w$。

4. 控制力和力矩

$$(\boldsymbol{F}_k)_c=\boldsymbol{T}_b^c\begin{bmatrix}0\\F_{kyb}\\F_{kzb}\end{bmatrix}=\begin{bmatrix}-F_{kyb}\sin\alpha\cos\beta+F_{kzb}\sin\beta\\F_{kyb}\cos\alpha\\F_{kyb}\sin\alpha\sin\beta+F_{kzb}\cos\beta\end{bmatrix}=\begin{bmatrix}-\dfrac{P}{\sqrt{2}}\delta_\varphi\sin\alpha\cos\beta+\dfrac{P}{\sqrt{2}}\delta_\psi\sin\beta\\\dfrac{P}{\sqrt{2}}\delta_\varphi\cos\alpha\\\dfrac{P}{\sqrt{2}}\delta_\varphi\sin\alpha\sin\beta+\dfrac{P}{\sqrt{2}}\delta_\psi\cos\beta\end{bmatrix}$$

式中，F_{kyb} 和 F_{kzb} 的表达式见式(2-48)。

$$(M_k)_b=\begin{bmatrix}-P\delta_\gamma z_r\\-\dfrac{P}{\sqrt{2}}\delta_\psi(x_R-x_z)\\-\dfrac{P}{\sqrt{2}}\delta_\varphi(x_R-x_z)\end{bmatrix}$$

5. 晃动力和力矩

$$(\boldsymbol{F}_s)_c=\boldsymbol{T}_b^c\begin{bmatrix}0\\F_{syb}\\F_{szb}\end{bmatrix}=\begin{bmatrix}-F_{syb}\sin\alpha\cos\beta+F_{szb}\sin\beta\\F_{syb}\cos\alpha\\F_{syb}\sin\alpha\sin\beta+F_{szb}\cos\beta\end{bmatrix}=\begin{bmatrix}-\sum_{p=1}^{n_p}m_p\ddot{y}_p\sin\alpha\cos\beta+\sum_{p=1}^{n_p}m_p\ddot{z}_p\sin\beta\\\sum_{p=1}^{n_p}m_p\ddot{y}_p\cos\alpha\\\sum_{p=1}^{n_p}m_p\ddot{y}_p\sin\alpha\sin\beta+\sum_{p=1}^{n_p}m_p\ddot{z}_p\cos\beta\end{bmatrix}$$

$$(\boldsymbol{M}_s)_b=\begin{bmatrix}0\\l_{sp}F_{syb}\\l_{sp}F_{szb}\end{bmatrix}=\begin{bmatrix}0\\l_{sp}\sum_{p=1}^{n_p}m_p\ddot{z}_p\\l_{sp}\sum_{p=1}^{n_p}m_p\ddot{y}_p\end{bmatrix}$$

式中，F_{syb} 和 F_{szb} 的表达式见式(2-49a)。

6. 发动机摆动惯性力和力矩

$$(\boldsymbol{F}_E)_c=\boldsymbol{T}_b^c\begin{bmatrix}0\\F'_{Eyb}\\F'_{Ezb}\end{bmatrix}=\begin{bmatrix}-F'_{Eyb}\sin\alpha\cos\beta+F'_{Ezb}\sin\beta\\F'_{Eyb}\cos\alpha\\F'_{Eyb}\sin\alpha\sin\beta+F'_{Ezb}\cos\beta\end{bmatrix}$$

$$=\begin{bmatrix}-(m_Rl_R\ddot{\delta}_\varphi-m_R\dot{W}_{xb}\delta_\varphi)\sin\alpha\cos\beta+(-m_Rl_R\ddot{\delta}_\psi+m_R\dot{W}_{xb}\delta_\psi)\sin\beta\\(m_Rl_R\ddot{\delta}_\varphi-m_R\dot{W}_{xb}\delta_\varphi)\cos\alpha\\(m_Rl_R\ddot{\delta}_\varphi-m_R\dot{W}_{xb}\delta_\varphi)\sin\alpha\sin\beta+(-m_Rl_R\ddot{\delta}_\psi+m_R\dot{W}_{xb}\delta_\psi)\cos\beta\end{bmatrix}$$

$$(\boldsymbol{M}_{\mathrm{E}})_{\mathrm{b}}=\begin{bmatrix} -J_{\mathrm{R}}\ddot{\delta}_{\gamma}-m_{\mathrm{R}}l_{\mathrm{R}}z_{\mathrm{r}}\ddot{\delta}_{\gamma} \\ -J_{\mathrm{R}}\ddot{\delta}_{\psi}-m_{\mathrm{R}}l_{\mathrm{R}}(x_{\mathrm{R}}-x_{z})\ddot{\delta}_{\psi}-m_{\mathrm{R}}\dot{W}_{x\mathrm{b}}l_{\mathrm{R}}\delta_{\psi} \\ -J_{\mathrm{R}}\ddot{\delta}_{\varphi}-m_{\mathrm{R}}l_{\mathrm{R}}(x_{\mathrm{R}}-x_{z})\ddot{\delta}_{\varphi}-m_{\mathrm{R}}\dot{W}_{x\mathrm{b}}l_{\mathrm{R}}\delta_{\varphi} \end{bmatrix}$$

式中，F'_{Eyb}和 F'_{Ezb}的表达式见式(2-50)。

7. 弹性振动扰动力和力矩

弹性振动的扰动力主要是由于弹性振动引起的气动力变化和发动机推力横向分量。

由于弹性变形，气动力沿纵轴分布不均匀，因而沿纵轴各点的局部攻角(侧滑角)不同，所以不能沿用单刚体假设下的法(横)向力导数的概念，而需引入广义气动力导数，由此造成的总法向力(本体系)为

$$F_{\mathrm{vy}}^{Q}=\sum_{i=1}^{n}q_{i}\int_{0}^{l}\frac{\partial C_{y}(l)}{\partial\alpha}W'_{i}(l)\mathrm{d}l-\sum_{i=1}^{n}\frac{\dot{q}_{i}}{W_{x\mathrm{b}}}\int_{0}^{l}\frac{\partial C_{y}(l)}{\partial\alpha}W'_{i}(l)\mathrm{d}l$$

横向力(本体系)为

$$F_{\mathrm{vz}}^{Q}=\sum_{i=1}^{n}q_{i}\int_{0}^{l}\frac{\partial C_{z}(l)}{\partial\alpha}W'_{i}(l)\mathrm{d}l-\sum_{i=1}^{n}\frac{\dot{q}_{i}}{W_{x\mathrm{b}}}\int_{0}^{l}\frac{\partial C_{z}(l)}{\partial\alpha}W'_{i}(l)\mathrm{d}l$$

将上式写成系数形式

$$\begin{cases} F_{\mathrm{vy}}^{Q}=\sum_{i=1}^{n}Y^{q_{i}}q_{i}+\sum_{i=1}^{n}Y^{\dot{q}_{i}}\dot{q}_{i} \\ F_{\mathrm{vz}}^{Q}=\sum_{i=1}^{n}Z^{q_{i}}q_{i}+\sum_{i=1}^{n}Z^{\dot{q}_{i}}\dot{q}_{i} \end{cases}$$

称 Y^{q_i}、$Y^{\dot{q}_i}$(Z^{q_i}、$Z^{\dot{q}_i}$)是气动弹性法向力(横向力)导数。广义气动力导数由实验确定，也可用近似理论公式算得。利用弹性气动力公式，可列出弹性气动力矩表示式为

$$\begin{cases} M_{\mathrm{vy}}^{Q}=\sum_{i=1}^{n}M_{y}^{q_{i}}q_{i}+\sum_{i=1}^{n}M_{y}^{\dot{q}_{i}}\dot{q}_{i} \\ M_{\mathrm{vz}}^{Q}=\sum_{i=1}^{n}M_{z}^{q_{i}}q_{i}+\sum_{i=1}^{n}M_{z}^{\dot{q}_{i}}\dot{q}_{i} \end{cases}$$

式中，

$$M_{y}^{q_{i}}=q_{i}\int_{0}^{l}\frac{\partial C_{z}(l)}{\partial\beta}W'_{i}(l)(x_{z}-l)\,\mathrm{d}l$$

$$M_{y}^{\dot{q}_{i}}=-\frac{\dot{q}_{i}}{W_{x\mathrm{b}}}\int_{0}^{l}\frac{\partial C_{z}(l)}{\partial\beta}W'_{i}(l)(x_{z}-l)\,\mathrm{d}l$$

$$M_{z}^{q_{i}}=q_{i}\int_{0}^{l}\frac{\partial C_{y}(l)}{\partial\alpha}W'_{i}(l)(x_{z}-l)\,\mathrm{d}l$$

$$M_{z}^{\dot{q}_{i}}=-\frac{\dot{q}_{i}}{W_{x\mathrm{b}}}\int_{0}^{l}\frac{\partial C_{y}(l)}{\partial\alpha}W'_{i}(l)(x_{z}-l)\,\mathrm{d}l$$

称 $M_{y}^{q_{i}}$、$M_{y}^{\dot{q}_{i}}$($M_{z}^{q_{i}}$、$M_{z}^{\dot{q}_{i}}$)为法向(横向)气动力矩对弹性振动广义坐标的导数。

将弹性气动力和力矩分别与式(2-51)及式(2-52)表示的弯曲振型附加推力分量和力矩分量相加后，得

$$\begin{cases}F_{\mathrm{vxb}}=0\\F_{\mathrm{vyb}}=\sum_{i=1}^{n}Y^{q_i}q_i+\sum_{i=1}^{n}Y^{\dot{q}_i}\dot{q}_i+\sum_{i=1}^{n}PW'_i(x_{\mathrm{R}})q_i\\F_{\mathrm{vzb}}=\sum_{i=1}^{n}Z^{q_i}q_i+\sum_{i=1}^{n}Z^{\dot{q}_i}\dot{q}_i+\sum_{i=1}^{n}PW'_i(x_{\mathrm{R}})q_i\\M_{\mathrm{vxb}}=0\\M_{\mathrm{vyb}}=\sum_{i=1}^{n}M_y^{q_i}q_i+\sum_{i=1}^{n}M_y^{\dot{q}_i}\dot{q}_i+\sum_{i=1}^{n}PW'_i(x_{\mathrm{R}})(x_{\mathrm{R}}-x_z)q_i\\M_{\mathrm{vzb}}=\sum_{i=1}^{n}M_z^{q_i}q_i+\sum_{i=1}^{n}M_z^{\dot{q}_i}\dot{q}_i+\sum_{i=1}^{n}PW'_i(x_{\mathrm{R}})(x_{\mathrm{R}}-x_z)q_i\end{cases}$$

将弹性振动附加的力由本体系转换到速度系，得

$$(\boldsymbol{F}_{\mathrm{v}})_{\mathrm{c}}=\boldsymbol{T}_{\mathrm{b}}^{\mathrm{c}}\begin{bmatrix}0\\F_{\mathrm{vyb}}\\F_{\mathrm{vzb}}\end{bmatrix}$$

$$=\begin{bmatrix}-\left[\sum_{i=1}^{n}Y^{q_i}q_i+\sum_{i=1}^{n}Y^{\dot{q}_i}\dot{q}_i+\sum_{i=1}^{n}PW'_i(x_{\mathrm{R}})q_i\right]\sin\alpha\cos\beta+\left[\sum_{i=1}^{n}Z^{q_i}q_i+\sum_{i=1}^{n}Z^{\dot{q}_i}\dot{q}_i+\sum_{i=1}^{n}PW'_i(x_{\mathrm{R}})q_i\right]\sin\beta\\\left[\sum_{i=1}^{n}Y^{q_i}q_i+\sum_{i=1}^{n}Y^{\dot{q}_i}\dot{q}_i+\sum_{i=1}^{n}PW'_i(x_{\mathrm{R}})q_i\right]\cos\alpha\\\left[\sum_{i=1}^{n}Y^{q_i}q_i+\sum_{i=1}^{n}Y^{\dot{q}_i}\dot{q}_i+\sum_{i=1}^{n}PW'_i(x_{\mathrm{R}})q_i\right]\sin\alpha\sin\beta+\left[\sum_{i=1}^{n}Z^{q_i}q_i+\sum_{i=1}^{n}Z^{\dot{q}_i}\dot{q}_i+\sum_{i=1}^{n}PW'_i(x_{\mathrm{R}})q_i\right]\cos\beta\end{bmatrix}$$

综上，将各个力和力矩代入式(2-54)，得

$$m\dot{V}=(F_x)_{\mathrm{c}}=-mg\sin\theta\cos\sigma+P_0\cos\alpha\cos\beta-C_xqS_{\mathrm{m}}-\frac{P\delta_\varphi\sin\alpha\cos\beta}{\sqrt{2}}+\frac{P\delta_\psi\sin\beta}{\sqrt{2}}-$$
$$\sum_{p=1}^{n_p}m_p\ddot{y}_p\sin\alpha\cos\beta+\sum_{p=1}^{n_p}m_p\ddot{z}_p\sin\beta-(m_{\mathrm{R}}l_{\mathrm{R}}\ddot{\delta}_\varphi-m_{\mathrm{R}}\dot{W}_{x\mathrm{b}}\delta_\varphi)\sin\alpha\cos\beta+$$
$$(-m_{\mathrm{R}}l_{\mathrm{R}}\ddot{\delta}_\psi+m_{\mathrm{R}}\dot{W}_{x\mathrm{b}}\delta_\psi)\sin\beta-\left[\sum_{i=1}^{n}Y^{q_i}q_i+\sum_{i=1}^{n}Y^{\dot{q}_i}\dot{q}_i+\sum_{i=1}^{n}PW'_i(x_{\mathrm{R}})q_i\right]\sin\alpha\cos\beta+$$
$$\left[\sum_{i=1}^{n}Z^{q_i}q_i+\sum_{i=1}^{n}Z^{\dot{q}_i}\dot{q}_i+\sum_{i=1}^{n}PW'_i(x_{\mathrm{R}})q_i\right]\sin\beta+F_{\mathrm{d}x}$$

$$mV\dot{\theta}=(F_y)_{\mathrm{c}}=-mg(\cos\theta\cos\mu+\sin\theta\sin\sigma\sin\mu)+P_0\sin\alpha+$$
$$C_y^\alpha qS_{\mathrm{m}}\alpha'+\frac{P\delta_\varphi\cos\alpha}{\sqrt{2}}+\sum_{p=1}^{n_p}m_p\ddot{y}_p\cos\alpha+(m_{\mathrm{R}}l_{\mathrm{R}}\ddot{\delta}_\varphi-m_{\mathrm{R}}\dot{W}_{x\mathrm{b}}\delta_\varphi)\cos\alpha+$$
$$\left[\sum_{i=1}^{n}Y^{q_i}q_i+\sum_{i=1}^{n}Y^{\dot{q}_i}\dot{q}_i+\sum_{i=1}^{n}PW'_i(x_{\mathrm{R}})q_i\right]\cos\alpha+F_{\mathrm{d}y}$$

$$mV\dot{\sigma}=-(F_z)_{\mathrm{c}}=mg(-\cos\theta\sin\mu+\sin\theta\sin\sigma\cos\mu)+P_0\cos\alpha\sin\beta+$$
$$C_z^\beta qS_{\mathrm{m}}\beta'-\frac{P\delta_\varphi\sin\alpha\sin\beta}{\sqrt{2}}-\frac{P\delta_\psi\cos\beta}{\sqrt{2}}-\sum_{p=1}^{n_p}m_p\ddot{y}_p\sin\alpha\sin\beta-$$

$$\sum_{p=1}^{n_p} m_p \ddot{z}_p \cos\beta - (m_R l_R \ddot{\delta}_\varphi - m_R \dot{W}_{xb}\delta_\varphi)\sin\alpha\sin\beta - (-m_R l_R \ddot{\delta}_\psi + m_R \dot{W}_{xb}\delta_\psi)\cos\beta -$$

$$\left[\sum_{i=1}^{n} Y^{q_i} q_i + \sum_{i=1}^{n} Y^{\dot{q}_i}\dot{q}_i + \sum_{i=1}^{n} PW_i'(x_R)q_i\right]\sin\alpha\sin\beta -$$

$$\left[\sum_{i=1}^{n} Z^{q_i} q_i + \sum_{i=1}^{n} Z^{\dot{q}_i}\dot{q}_i + \sum_{i=1}^{n} PW_i'(x_R)q_i\right]\cos\beta + F_{dz}$$

$$J_x\dot{\omega}_{xb} = (J_y - J_z)\omega_{yb}\omega_{zb} - \frac{m_{dxb}^{\omega} qS_m l_k^2 \omega_{xb}}{V} - P\delta_\gamma z_r - J_R\ddot{\delta}_\gamma - m_R l_R z_r \ddot{\delta}_\gamma + M_{dx}$$

$$J_y\dot{\omega}_{yb} = (J_z - J_x)\omega_{xb}\omega_{zb} - m_{yb}^{\beta} qS_m l_k \beta' - \frac{m_{dyb}^{\omega} gS_m l_k^2 \omega_{yb}}{V} - \frac{P\delta_\psi (x_R - x_z)}{\sqrt{2}} +$$

$$l_{sp}\sum_{p=1}^{n_p} m_p \ddot{z}_p - J_R\ddot{\delta}_\psi - m_R l_R (x_R - x_z)\ddot{\delta}_\psi - m_R \dot{W}_{xb} l_R \delta_\psi +$$

$$\sum_{i=1}^{n} M_y^{q_i} q_i + \sum_{i=1}^{n} M_y^{\dot{q}_i}\dot{q}_i + \sum_{i=1}^{n} PW_i'(x_R)(x_R - x_z)q_i + M_{dy}$$

$$J_z\dot{\omega}_{zb} = (J_x - J_y)\omega_{xb}\omega_{yb} - m_{zb}^{\alpha} qS_m l_k \alpha' - \frac{m_{dzb}^{\omega} qS_m l_k^2 \omega_{zb}}{V} - \frac{P\delta_\varphi (x_R - x_z)}{\sqrt{2}} +$$

$$l_{sp}\sum_{p=1}^{n_p} m_p \ddot{y}_p - J_R\ddot{\delta}_\varphi - m_R l_R (x_R - x_z)\ddot{\delta}_\varphi - m_R \dot{W}_{xb} l_R \delta_\varphi + \sum_{i=1}^{n} M_z^{q_i} q_i +$$

$$\sum_{i=1}^{n} M_z^{\dot{q}_i}\dot{q}_i + \sum_{i=1}^{n} PW_i'(x_R)(x_R - x_z)q_i + M_{dz}$$

式中，F_{dx}、F_{dy}、F_{dz} 为干扰力；M_{dx}、M_{dy}、M_{dz} 为干扰力矩。

2.2.7.2　小扰动假设下火箭误差方程

假设火箭的状态处于标准弹道附近的小扰动区间内，并且假设标准弹面内偏航和滚动通道的标准状态参数为零，则标准弹道的状态参数和扰动量的关系为

俯仰通道：$\theta = \theta_0 + \Delta\theta, \alpha = \alpha_0 + \Delta\alpha, \varphi = \varphi_0 + \Delta\varphi, \delta_\varphi = \delta_{\varphi 0} + \Delta\delta_\varphi$

偏航和滚动通道：$\sigma = \Delta\sigma, \beta = \Delta\beta, \psi = \Delta\psi, \gamma = \Delta\gamma, \mu = \Delta\mu, \delta_\psi = \Delta\delta_\psi, \delta_\gamma = \Delta\delta_\gamma$；$\sigma_0 = \beta_0 = \psi_0 = \gamma_0 = \mu_0 = \delta_{\psi 0} = \delta_{\gamma 0} = 0$

将以上小扰动条件代入上面的质心和姿态动力学方程，不考虑速度方程，忽略二阶及以上小量的乘积，得

$$mV(\dot{\theta}_0 + \Delta\dot{\theta}) = -mg\left[\cos(\theta_0 + \Delta\theta) + \sin(\theta + \theta_0)\Delta\sigma\Delta\mu\right] + P_0\sin(\alpha_0 + \Delta\alpha) +$$

$$C_y^{\alpha} qS_m(\alpha_0 + \Delta\alpha + \alpha_w) + \frac{P(\delta_{\varphi 0} + \Delta\delta_\varphi)\cos(\alpha_0 + \Delta\alpha)}{\sqrt{2}} +$$

$$\sum_{p=1}^{n_p} m_p(\ddot{y}_{p0} + \Delta\ddot{y}_p)\cos(\alpha_0 + \Delta\alpha) + m_R l_R(\ddot{\delta}_{\varphi 0} + \Delta\ddot{\delta}_\varphi)\cos(\alpha_0 + \Delta\alpha) -$$

$$m_R \dot{W}_{xb}(\delta_{\varphi 0} + \Delta\delta_\varphi)\cos(\alpha_0 + \Delta\alpha) +$$

$$\left[\sum_{i=1}^{n} Y^{q_i} q_i + \sum_{i=1}^{n} Y^{\dot{q}_i}\dot{q}_i + \sum_{i=1}^{n} PW_i'(x_R)q_i\right]\cos(\alpha_0 + \Delta\alpha) + F_{dy}$$

$$
\begin{aligned}
&= -mg\,[\cos\theta_0 - \sin\theta_0\Delta\theta + (\sin\theta_0 + \cos\theta_0\Delta\theta)\,\Delta\sigma\Delta\mu] + \\
&\quad P_0(\sin\alpha_0 + \cos\alpha_0\Delta\alpha) + C_y^{\alpha} qS_{\rm m}(\alpha_0 + \Delta\alpha + \alpha_{\rm w}) + \\
&\quad \frac{P(\delta_{\varphi 0} + \Delta\delta_{\varphi})(\cos\alpha_0 - \sin\alpha_0\Delta\alpha)}{\sqrt{2}} + \\
&\quad \sum_{p=1}^{n_p} m_p(\ddot{y}_{p0} + \Delta\ddot{y}_p)(\cos\alpha_0 - \sin\alpha_0\Delta\alpha) + \\
&\quad m_{\rm R} l_{\rm R}(\ddot{\delta}_{\varphi 0} + \Delta\ddot{\delta}_{\varphi})(\cos\alpha_0 - \sin\alpha_0\Delta\alpha) - \\
&\quad m_{\rm R}\dot{W}_{xb}(\delta_{\varphi 0} + \Delta\delta_{\varphi})(\cos\alpha_0 - \sin\alpha_0\Delta\alpha) + \\
&\quad \Big[\sum_{i=1}^{n} Y^{q_i} q_i + \sum_{i=1}^{n} Y^{\dot{q}_i}\dot{q}_i + \sum_{i=1}^{n} PW_i'(x_{\rm R})\,q_i\Big]\cos(\alpha_0 + \Delta\alpha) + F_{\rm dy}
\end{aligned}
$$

$$
\begin{aligned}
mV(\dot{\sigma}_0 + \Delta\dot{\sigma}) &= mg\,[-\cos(\theta_0 + \Delta\theta)\,\Delta\mu + \sin(\theta_0 + \Delta\theta)\,\Delta\sigma] + \\
&\quad P_0\cos(\alpha_0 + \Delta\alpha)\,\Delta\beta + C_z^{\beta} qS_{\rm m}(\Delta\beta + \beta_{\rm w}) - \\
&\quad \frac{P(\delta_{\varphi 0} + \Delta\delta_{\varphi})\sin(\alpha_0 + \Delta\alpha)\,\Delta\beta}{\sqrt{2}} - \frac{P(\delta_{\psi 0} + \Delta\delta_{\psi})}{\sqrt{2}} - \\
&\quad \sum_{p=1}^{n_p} m_p\ddot{y}_p\sin(\alpha_0 + \Delta\alpha)\,\Delta\beta - \sum_{p=1}^{n_p} m_p(\ddot{z}_{p0} + \Delta\ddot{z}_p) - \\
&\quad [m_{\rm R} l_{\rm R}(\ddot{\delta}_{\varphi 0} + \Delta\ddot{\delta}_{\varphi}) - m_{\rm R}\dot{W}_{x\rm b}(\delta_{\varphi 0} + \Delta\delta_{\varphi})]\sin(\alpha_0 + \Delta\alpha)\,\Delta\beta - \\
&\quad [-m_{\rm R} l_{\rm R}(\ddot{\delta}_{\psi 0} + \Delta\ddot{\delta}_{\varphi}) + m_{\rm R}\dot{W}_{x\rm b}(\delta_{\psi 0} + \Delta\delta_{\psi})] - \\
&\quad \Big[\sum_{i=1}^{n} Y^{q_i} q_i + \sum_{i=1}^{n} Y^{\dot{q}_i}\dot{q}_i + \sum_{i=1}^{n} PW_i'(x_{\rm R})\,q_i\Big]\sin(\alpha_0 + \Delta\alpha)\,\Delta\beta - \\
&\quad \Big[\sum_{i=1}^{n} Z^{q_i} q_i + \sum_{i=1}^{n} Z^{\dot{q}_i}\dot{q}_i + \sum_{i=1}^{n} PW_i'(x_{\rm R})\,q_i\Big]\cos\Delta\beta + F_{\rm dz} \\
&= mg(-\cos\theta_0\Delta\mu + \sin\theta_0\Delta\sigma + \cos\theta_0\Delta\sigma) + P_0\cos\alpha_0\Delta\beta + \\
&\quad C_z^{\beta} qS_{\rm m}(\Delta\beta + \beta_{\rm w}) - \frac{P\delta_{\varphi 0}\sin\alpha_0\Delta\beta}{\sqrt{2}} - \frac{P(\delta_{\psi 0} + \Delta\delta_{\psi})}{\sqrt{2}} - \\
&\quad \sum_{p=1}^{n_p} m_p\ddot{y}_p\sin\alpha_0\Delta\beta - \sum_{p=1}^{n_p} m_p(\ddot{z}_{p0} + \Delta\ddot{z}_p) - \\
&\quad m_{\rm R} l_{\rm R}\ddot{\delta}_{\varphi 0}\sin\alpha_0\Delta\beta + m_{\rm R}\dot{W}_{x\rm b}\delta_{\varphi 0}\sin\alpha_0\Delta\beta - \\
&\quad [-m_{\rm R} l_{\rm R}(\ddot{\delta}_{\psi 0} + \Delta\ddot{\delta}_{\varphi}) + m_{\rm R}\dot{W}_{x\rm b}(\delta_{\psi 0} + \Delta\delta_{\psi})] - \\
&\quad \Big[\sum_{i=1}^{n} Y^{q_i} q_i + \sum_{i=1}^{n} Y^{\dot{q}_i}\dot{q}_i + \sum_{i=1}^{n} PW_i'(x_{\rm R})\,q_i\Big]\sin\alpha_0\Delta\beta - \\
&\quad \Big[\sum_{i=1}^{n} Z^{q_i} q_i + \sum_{i=1}^{n} Z^{\dot{q}_i}\dot{q}_i + \sum_{i=1}^{n} PW_i'(x_{\rm R})\,q_i\Big] + F_{\rm dz}
\end{aligned}
$$

$$
J_x(\dot{\omega}_{x\rm b0} + \Delta\dot{\omega}_{x\rm b}) = (J_y - J_z)(\omega_{y\rm b0} + \Delta\omega_{y\rm b})(\omega_{z\rm b0} + \Delta\omega_{z\rm b}) -
$$

$$\frac{m_{\mathrm{d}x\mathrm{b}}^{\omega}qS_{\mathrm{m}}l_{\mathrm{k}}^{2}(\omega_{x\mathrm{b}0}+\Delta\omega_{x\mathrm{b}})}{V}-Pz_{\mathrm{r}}(\delta_{\gamma0}+\Delta\delta_{\gamma})-$$

$$J_{\mathrm{R}}(\ddot{\delta}_{\gamma0}+\Delta\ddot{\delta}_{\gamma})-m_{\mathrm{R}}l_{\mathrm{R}}z_{\mathrm{r}}(\ddot{\delta}_{\gamma0}+\Delta\ddot{\delta}_{\gamma})+\mathrm{M}_{\mathrm{d}x}$$

$$J_{y}(\dot{\omega}_{y\mathrm{b}0}+\Delta\dot{\omega}_{y\mathrm{b}})=(J_{z}-J_{x})(\omega_{x\mathrm{b}0}+\Delta\omega_{x\mathrm{b}})(\omega_{z\mathrm{b}0}+\Delta\omega_{z\mathrm{b}})-$$

$$m_{y\mathrm{b}}^{\beta}qS_{\mathrm{m}}l_{\mathrm{k}}(\Delta\beta+\beta_{\mathrm{w}})-\frac{m_{\mathrm{d}y\mathrm{b}}^{\omega}gS_{\mathrm{m}}l_{k}^{2}(\omega_{y\mathrm{b}0}+\Delta\omega_{y\mathrm{b}})}{V}-$$

$$\frac{P(x_{\mathrm{R}}-x_{z})(\delta_{\psi0}+\Delta\delta_{\psi})}{\sqrt{2}}+l_{\mathrm{s}p}\sum_{p=1}^{n_{p}}m_{p}(\ddot{z}_{p0}+\Delta\ddot{z}_{p})-$$

$$J_{\mathrm{R}}(\ddot{\delta}_{\psi0}+\Delta\ddot{\delta}_{\psi})-m_{\mathrm{R}}l_{\mathrm{R}}(x_{\mathrm{R}}-x_{z})(\ddot{\delta}_{\psi0}+\Delta\ddot{\delta}_{\psi})-m_{\mathrm{R}}\dot{W}_{x\mathrm{b}}l_{\mathrm{R}}(\delta_{\psi0}+\Delta\delta_{\psi})+$$

$$\sum_{i=1}^{n}M_{y}^{q_{i}}q_{i}+\sum_{i=1}^{n}M_{y}^{\dot{q}_{i}}\dot{q}_{i}+\sum_{i=1}^{n}PW_{i}'(x_{\mathrm{R}})(x_{\mathrm{R}}-x_{z})q_{i}+\mathrm{M}_{\mathrm{d}y}$$

$$J_{z}(\dot{\omega}_{z\mathrm{b}0}+\Delta\dot{\omega}_{z\mathrm{b}})=(J_{x}-J_{y})(\omega_{x\mathrm{b}0}+\Delta\omega_{x\mathrm{b}})(\omega_{y\mathrm{b}0}+\Delta\omega_{y\mathrm{b}})-m_{z\mathrm{b}}^{\alpha}qS_{\mathrm{m}}l_{\mathrm{k}}(\alpha_{0}+\Delta\alpha+\alpha_{\mathrm{w}})-$$

$$\frac{m_{\mathrm{d}z\mathrm{b}}^{\omega}qS_{\mathrm{m}}l_{\mathrm{k}}^{2}(\omega_{z\mathrm{b}0}+\Delta\omega_{z\mathrm{b}})}{V}-\frac{P(x_{\mathrm{R}}-x_{z})(\delta_{\varphi0}+\Delta\delta_{\varphi})}{\sqrt{2}}+$$

$$l_{\mathrm{s}p}\sum_{p=1}^{n_{p}}m_{p}(\ddot{y}_{p0}+\Delta\ddot{y}_{p})-J_{\mathrm{R}}(\ddot{\delta}_{\varphi0}+\Delta\ddot{\delta}_{\varphi})-m_{\mathrm{R}}l_{\mathrm{R}}(x_{\mathrm{R}}-x_{z})(\ddot{\delta}_{\varphi0}+\Delta\ddot{\delta}_{\varphi})-$$

$$m_{\mathrm{R}}\dot{W}_{x\mathrm{b}}l_{\mathrm{R}}(\delta_{\varphi0}+\Delta\delta_{\varphi})+\sum_{i=1}^{n}M_{z}^{q_{i}}q_{i}+\sum_{i=1}^{n}M_{z}^{\dot{q}_{i}}\dot{q}_{i}+$$

$$\sum_{i=1}^{n}PW_{i}'(x_{\mathrm{R}})(x_{\mathrm{R}}-x_{z})q_{i}+M_{\mathrm{d}z}$$

与标准弹道的运动方程相减后并整理，得到误差方程为

$$\Delta\dot{\theta}=\left\{\frac{P_{0}\cos\alpha_{0}}{mV}+\frac{C_{y}^{\alpha}qS_{\mathrm{m}}}{mV}-\frac{P\delta_{\varphi0}\sin\alpha_{0}}{\sqrt{2}mV}-\frac{\sum_{p=1}^{n_{p}}m_{p}\ddot{y}_{p0}\sin\alpha_{0}}{mV}-\frac{m_{\mathrm{R}}l_{\mathrm{R}}\ddot{\delta}_{\varphi0}\sin\alpha_{0}}{mV}+\right.$$

$$\left.\frac{m_{\mathrm{R}}\dot{W}_{x\mathrm{b}}\sin\alpha_{0}}{mV}-\frac{\left[\sum_{i=1}^{n}Y^{q_{i}}q_{i}+\sum_{i=1}^{n}Y^{\dot{q}_{i}}\dot{q}_{i}+\sum_{i=1}^{n}PW_{i}'(x_{\mathrm{R}})q_{i}\right]\sin\alpha_{0}}{mV}\right\}\Delta\alpha+$$

$$\frac{C_{y}^{\alpha}qS_{\mathrm{m}}}{mV}\alpha_{\mathrm{w}}+\frac{g\sin\theta_{0}}{V}\Delta\theta-\left[\frac{m_{\mathrm{R}}\dot{W}_{x\mathrm{b}}\cos\alpha_{0}}{m\mathrm{V}}+\frac{P\cos\alpha_{0}}{\sqrt{2}mV}\right]\Delta\delta_{\varphi}+$$

$$\frac{m_{\mathrm{R}}l_{\mathrm{R}}\cos\alpha_{0}}{mV}\Delta\ddot{\delta}_{\varphi}+\frac{\cos\alpha_{0}\sum_{p=1}^{n_{p}}m_{p}}{mV}\Delta\ddot{y}_{p}+\frac{F_{\mathrm{d}y}}{mV}\tag{2-55}$$

$$\Delta\dot{\sigma}=\left\{\frac{P_{0}\cos\alpha_{0}}{mV}+\frac{C_{z}^{\beta}qS_{\mathrm{m}}}{mV}-\frac{P\delta_{\varphi0}\sin\alpha_{0}}{\sqrt{2}mV}-\frac{\sum_{p=1}^{n_{p}}m_{p}\ddot{y}_{p}\sin\alpha_{0}}{mV}-\right.$$

$$\frac{m_{\mathrm{R}}l_{\mathrm{R}}\ddot{\delta}_{\varphi0}\sin\alpha_0}{mV}+\frac{m_{\mathrm{R}}\dot{W}_{x\mathrm{b}}\delta_{\varphi0}\sin\alpha_0}{mV}-$$

$$\left.\frac{\left[\sum_{i=1}^{n}Y^{q_i}q_i+\sum_{i=1}^{n}Y^{\dot{q}_i}\dot{q}_i+\sum_{i=1}^{n}PW'_i(x_{\mathrm{R}})q_i\right]\sin\alpha_0}{mV}\right\}\Delta\beta+$$

$$\frac{C_z^{\beta}qS_{\mathrm{m}}}{mV}\beta_{\mathrm{w}}+\frac{g\cos(\theta_0)}{V}\Delta\sigma+\left(-\frac{P}{\sqrt{2}mV}-\frac{m_{\mathrm{R}}\dot{W}_{x\mathrm{b}}}{mV}\right)\Delta\delta_{\psi}+$$

$$\frac{m_{\mathrm{R}}l_{\mathrm{R}}}{mV}\Delta\ddot{\delta}_{\varphi}-\frac{\sum_{p=1}^{n_p}m_p}{mV}\Delta\ddot{z}_p+\frac{\mathrm{F}_{\mathrm{d}z}}{mV}$$

$$\Delta\dot{\omega}_{x\mathrm{b}}=\frac{(J_y-J_z)(\omega_{y\mathrm{b}0}\Delta\omega_{z\mathrm{b}}+\omega_{z\mathrm{b}0}\Delta\omega_{y\mathrm{b}})}{J_x}-$$

$$\frac{m_{\mathrm{d}x\mathrm{b}}^{\omega}qS_{\mathrm{m}}l_{\mathrm{k}}^{2}\Delta\omega_{x\mathrm{b}}}{J_xV}-\frac{Pz_{\mathrm{r}}\Delta\delta_{\gamma}}{J_x}-\frac{J_{\mathrm{R}}\Delta\ddot{\delta}_{\gamma}}{J_x}-\frac{m_{\mathrm{R}}l_{\mathrm{R}}z_r\Delta\ddot{\delta}_{\gamma}}{J_x}+\frac{M_{\mathrm{d}x}}{J_x}$$

$$\Delta\dot{\omega}_{y\mathrm{b}}=\frac{(J_z-J_x)(\omega_{x\mathrm{b}0}\Delta\omega_{z\mathrm{b}}+\omega_{z\mathrm{b}0}\Delta\omega_{x\mathrm{b}})}{J_y}-$$

$$\frac{m_{y\mathrm{b}}^{\beta}qS_{\mathrm{m}}l_{\mathrm{k}}(\Delta\beta+\beta_{\mathrm{w}})}{J_y}-\frac{m_{\mathrm{d}y\mathrm{b}}^{\omega}gS_{\mathrm{m}}l_{\mathrm{k}}^{2}\Delta\omega_{y\mathrm{b}}}{J_yV}-\frac{P(x_{\mathrm{R}}-x_z)\Delta\delta_{\psi}}{\sqrt{2}J_y}+$$

$$\frac{l_{sp}\sum_{p=1}^{n_p}m_p\Delta\ddot{z}_p}{J_y}-\frac{J_{\mathrm{R}}\Delta\ddot{\delta}_{\psi}}{J_y}-\frac{m_{\mathrm{R}}l_{\mathrm{R}}(x_{\mathrm{R}}-x_z)\Delta\ddot{\delta}_{\psi}}{J_y}-$$

$$\frac{m_{\mathrm{R}}\dot{W}_{x\mathrm{b}}l_{\mathrm{R}}\Delta\delta_{\psi}}{J_y}+\frac{M_{\mathrm{d}y}}{J_y}\Delta\dot{\omega}_{z\mathrm{b}}=\frac{(J_x-J_y)(\omega_{x\mathrm{b}0}\Delta\omega_{y\mathrm{b}}+\omega_{y\mathrm{b}0}\Delta\omega_{x\mathrm{b}})}{J_z}-$$

$$\frac{m_{z\mathrm{b}}^{\alpha}qS_{\mathrm{m}}l_{\mathrm{k}}(\Delta\alpha+\alpha_{\mathrm{w}})}{J_z}-\frac{m_{\mathrm{d}z\mathrm{b}}^{\omega}qS_{\mathrm{m}}l_{\mathrm{k}}^{2}\Delta\omega_{z\mathrm{b}}}{J_zV}-\frac{P(x_{\mathrm{R}}-x_z)\Delta\delta_{\varphi}}{\sqrt{2}J_z}+$$

$$\frac{\mathrm{l}_{sp}\sum_{p=1}^{n_p}m_p\Delta\ddot{y}_p}{J_z}-\frac{J_{\mathrm{R}}\Delta\ddot{\delta}_{\varphi}}{J_z}-\frac{m_{\mathrm{R}}l_{\mathrm{R}}(x_{\mathrm{R}}-x_z)\Delta\ddot{\delta}_{\varphi}}{J_z}-\frac{m_{\mathrm{R}}\dot{W}_{x\mathrm{b}}l_{\mathrm{R}}\Delta\delta_{\varphi}}{J_z}+\frac{\mathrm{M}_{\mathrm{d}z}}{J_z}$$

由式(2-47)可知，本体系下三轴角速度可以用欧拉角速度表示，在小扰动条件下忽略二阶小量的乘积后，有

$$\boldsymbol{\omega}_{\mathrm{b}}=\begin{bmatrix}\dot{\gamma}-\dot{\varphi}\sin\psi\\ \dot{\psi}\cos\gamma+\dot{\varphi}\cos\psi\sin\gamma\\ \dot{\varphi}\cos\psi\cos\gamma-\dot{\psi}\sin\gamma\end{bmatrix}\approx\begin{bmatrix}\dot{\gamma}-\dot{\varphi}_0\Delta\psi\\ \dot{\psi}+\dot{\varphi}_0\Delta\gamma\\ \dot{\varphi}_0+\Delta\dot{\varphi}\end{bmatrix} \tag{2-56}$$

当两次线性化解耦的时间间隔 Δt 取值足够小时，可近似认为标准弹道的俯仰角速度 $\dot{\varphi}_0\approx0$，则在式(2-56)中可忽略 $\dot{\varphi}_0$ 与小量 $\Delta\psi$、$\Delta\gamma$ 之间的乘积，则式(2-56)简化为

$$\boldsymbol{\omega}_{\mathrm{b}} \approx \begin{bmatrix} \Delta\dot{\gamma} \\ \Delta\dot{\psi} \\ \Delta\dot{\varphi} \end{bmatrix} = \Delta\boldsymbol{\omega}_{\mathrm{b}}$$

将上式代入误差方程后，得到 3 通道解耦的线性化误差方程为

1. 俯仰通道

$$\Delta\dot{\theta} = C_1\Delta\alpha + C_1'\alpha_{\mathrm{w}} + C_2\Delta\theta + C_3\Delta\delta_{\varphi} + C_3'\Delta\ddot{\delta}_{\varphi} + \frac{\cos\alpha_0\sum_{p=1}^{n_p}m_p}{mV}\Delta\ddot{y}_p + \frac{F_{\mathrm{dy}}}{mV} \tag{2-57}$$

$$\begin{aligned}\Delta\ddot{\varphi} = &-\frac{m_{\mathrm{dzb}}^{\omega}qS_{\mathrm{m}}l_{\mathrm{k}}^2\Delta\dot{\varphi}}{J_zV} - \frac{m_{z\mathrm{b}}^{\alpha}qS_{\mathrm{m}}l_{\mathrm{k}}\Delta\alpha}{J_z} - \frac{m_{z\mathrm{b}}^{\alpha}qS_{\mathrm{m}}l_{\mathrm{k}}\alpha_{\mathrm{w}}}{J_z} + \\ &\left[-\frac{P(x_{\mathrm{R}}-x_z)}{\sqrt{2}J_z} - \frac{m_{\mathrm{R}}\dot{W}_{x\mathrm{b}}l_{\mathrm{R}}}{J_z}\right]\Delta\delta_{\varphi} + \\ &\left[-\frac{J_{\mathrm{R}}}{J_z} - \frac{m_{\mathrm{R}}l_{\mathrm{R}}(x_{\mathrm{R}}-x_z)}{J_z}\right]\Delta\ddot{\delta}_{\varphi} + \frac{l_{\mathrm{sp}}\sum_{p=1}^{n_p}m_p\Delta\ddot{y}_p}{J_z} + \frac{M_{\mathrm{dz}}}{J_z}\end{aligned} \tag{2-58}$$

$$\Rightarrow \Delta\ddot{\varphi} + b_1\Delta\dot{\varphi} + b_2\Delta\alpha + b_2'\alpha_{\mathrm{w}} + b_3\Delta\delta_{\varphi} + b_3'\Delta\ddot{\delta}_{\varphi} + \frac{l_{\mathrm{sp}}\sum_{p=1}^{n_p}m_p}{J_z}\Delta\ddot{y}_p = \frac{M_{\mathrm{dz}}}{J_z}$$

补充角度关系：

$$\Delta\varphi = \Delta\theta + \Delta\alpha$$

式中，

$$\begin{aligned}C_1 = \frac{1}{mV}\Bigg\{&P_0\cos\alpha_0 + C_y^{\alpha}qS_{\mathrm{m}} - \frac{P\delta_{\varphi0}\sin\alpha_0}{\sqrt{2}} - \sum_{p=1}^{n_p}m_p\ddot{y}_{p0}\sin\alpha_0 - m_{\mathrm{R}}l_{\mathrm{R}}\ddot{\delta}_{\varphi0}\sin\alpha_0 + \\ &m_{\mathrm{R}}\dot{W}_{x\mathrm{b}}\sin\alpha_0 - \left[\sum_{i=1}^{n}Y^{q_i}q_i + \sum_{i=1}^{n}Y^{\dot{q}_i}\dot{q}_i + \sum_{i=1}^{n}PW_i'(x_{\mathrm{R}})q_i\right]\sin\alpha_0\Bigg\}\end{aligned}$$

$$C_1' = \frac{C_y^{\alpha}qS_{\mathrm{m}}}{mV}$$

$$C_2 = \frac{g\sin\theta_0}{V}$$

$$C_3 = -\left(\frac{m_{\mathrm{R}}\dot{W}_{x\mathrm{b}}\cos\alpha_0}{mV} + \frac{P\cos\alpha_0}{\sqrt{2}mV}\right)$$

$$C_3' = \frac{m_{\mathrm{R}}l_{\mathrm{R}}\cos\alpha_0}{mV}$$

$$b_1 = \frac{m_{\mathrm{dzb}}^{\omega}qS_{\mathrm{m}}l_{\mathrm{k}}^2}{J_zV}$$

$$b_2 = \frac{m_{zb}^{\alpha} q S_m l_k}{J_z}$$

$$b_2' = \frac{m_{zb}^{\alpha} q S_m l_k}{J_z}$$

$$b_3 = \frac{P(x_R - x_z)}{\sqrt{2} J_z} + \frac{m_R \dot{W}_{xb} l_R}{J_z}$$

$$b_3' = \frac{J_R}{J_z} + \frac{m_R l_R (x_R - x_z)}{J_z}$$

2. 偏航通道

$$\Delta\dot{\sigma} = C_1 \Delta\beta + C_1' \beta_w + C_2 \Delta\sigma + C_3 \Delta\delta_\psi + C_3' \Delta\ddot{\delta}_\varphi - \frac{\sum_{p=1}^{n_p} m_p}{mV} \Delta\ddot{z}_p + \frac{F_{dz}}{mV} \tag{2-59}$$

$$\Delta\ddot{\psi} = -\frac{m_{dyb}^{\omega} g S_m l_k^2}{J_y V} \Delta\dot{\psi} - \frac{m_{yb}^{\beta} q S_m l_k}{J_y} \Delta\beta - \frac{m_{yb}^{\beta} q S_m l_k}{J_y} \beta_w +$$

$$\left\{-\frac{P(x_R - x_z)}{\sqrt{2} J_y} - \frac{m_R \dot{W}_{xb} l_R}{J_y}\right\} \Delta\delta_\psi +$$

$$\left[-\frac{J_R}{J_y} - \frac{m_R l_R (x_R - x_z)}{J_y}\right] \Delta\ddot{\delta}_\psi + \frac{l_{sp} \sum_{p=1}^{n_p} m_p}{J_y} \Delta\ddot{z}_p + \frac{M_{dy}}{J_y} \tag{2-60}$$

$$\Rightarrow \Delta\ddot{\psi} + b_1 \Delta\dot{\psi} + b_2 \Delta\beta + b_2' \beta_w + b_3 \Delta\delta_\psi + b_3' \Delta\ddot{\delta}_\psi + \frac{l_{sp} \sum_{p=1}^{n_p} m_p}{J_y} \Delta\ddot{z}_p = \frac{M_{dy}}{J_y}$$

补充角度关系：

$$\Delta\psi = \Delta\sigma + \Delta\beta$$

式中，

$$C_1 = \frac{1}{mV} \left\{ P_0 \cos\alpha_0 + C_z^{\beta} q S_m - \frac{P \delta_{\varphi 0} \sin\alpha_0}{\sqrt{2}} - \sum_{p=1}^{n_p} m_p \ddot{y}_p \sin\alpha_0 - m_R l_R \ddot{\delta}_{\varphi 0} \sin\alpha_0 + \right.$$

$$\left. m_R \dot{W}_{xb} \delta_{\varphi 0} \sin\alpha_0 - \left[\sum_{i=1}^{n} Y^{q_i} q_i + \sum_{i=1}^{n} Y^{\dot{q}_i} \dot{q}_i + \sum_{i=1}^{n} P W_i'(x_R) q_i\right] \sin\alpha_0 \right\}$$

$$C_1' = \frac{C_z^{\beta} q S_m}{mV}$$

$$C_2 = \frac{g \cos\theta_0}{V}$$

$$C_3 = -\frac{P}{\sqrt{2} mV} - \frac{m_R \dot{W}_{xb}}{mV}$$

$$C'_3=\frac{m_{\mathrm{R}}l_{\mathrm{R}}}{mV}$$

$$b_1=\frac{m^{\omega}_{\mathrm{dyb}}gS_{\mathrm{m}}l^2_{\mathrm{k}}}{J_yV}$$

$$b_2=\frac{m^{\beta}_{\mathrm{yb}}qS_{\mathrm{m}}l_{\mathrm{k}}}{J_y}$$

$$b'_2=\frac{m^{\beta}_{\mathrm{yb}}qS_{\mathrm{m}}l_{\mathrm{k}}}{J_y}$$

$$b_3=\frac{P(x_{\mathrm{R}}-x_{\mathrm{z}})}{\sqrt{2}J_y}+\frac{m_{\mathrm{R}}\dot{W}_{x\mathrm{b}}l_{\mathrm{R}}}{J_y}$$

$$b'_3=\frac{J_{\mathrm{R}}}{J_y}+\frac{m_{\mathrm{R}}l_{\mathrm{R}}(x_{\mathrm{R}}-x_{\mathrm{z}})}{J_y}$$

3. 滚动通道

$$\Delta\ddot{\gamma}=-\frac{m^{\omega}_{\mathrm{dxb}}qS_{\mathrm{m}}l^2_{\mathrm{k}}}{J_xV}\Delta\dot{\gamma}-\frac{Pz_{\mathrm{r}}}{J_x}\Delta\delta_{\gamma}+\left(-\frac{J_{\mathrm{R}}}{J_x}-\frac{m_{\mathrm{R}}l_{\mathrm{R}}z_{\mathrm{r}}}{J_x}\right)\Delta\ddot{\delta}_{\gamma}+\frac{M_{\mathrm{d}x}}{J_x}$$

$$\Rightarrow\Delta\ddot{\gamma}+d_1\Delta\dot{\gamma}+d_3\Delta\delta_{\gamma}+d'_3\Delta\ddot{\delta}_{\gamma}=\frac{M_{\mathrm{d}x}}{J_x}\qquad(2-61)$$

思考题

1. 说明惯性坐标系、本体坐标系和速度坐标系之间的关系，可用图说明。
2. 利用坐标变换，理解动力学方程在不同坐标系中的表示。
3. 工程应用中对质心运动方程是如何考虑简化的？为什么？
4. 受扰运动误差方程建立方法是什么？

第3章　飞行器轨道

飞行器的轨道是飞行器质心在空间运动所描绘的轨迹。质心运动方程组是已知的时间函数，即在运动方程中的自变量一般取时间 t（也可以利用其它自变量）。

弹道式导弹的飞行轨道由主动段、自由段和再入段组成。在主动段，有效载荷（弹头、空间载荷）被助推到需要的高度和预定的状态，则与运载体分离；在自由飞行段，有效载荷在仅有引力作用下按轨道（椭圆）飞行，运载火箭壳体也以自由飞行体形式飞落地面；在再入段，弹头或作为自由再入体的运载火箭壳体受到气动力的影响。由于在自由飞行段对导弹（运载火箭）不加控制，因而弹道式轨道是在主动段利用飞行器的制导和控制系统获得的。通过弹道程序可以影响对目标的交会，而弹道程序的实施是通过飞行器姿态控制完成的，所以把俯仰和偏航姿态程序规定为一定的时间函数，作为改变轨道形状的主要方法。

对于轨道分析来说，可以省略推进剂晃动和弹性振动的作用，将飞行器作为刚体来考虑。虽然是描述质心运动的轨迹，但若要改变飞行轨道形状，无论是按闭路制导方式操纵飞行器或按姿态程序的“开环”状态飞行，均需通过姿态控制改变飞行器的姿态，所以在列写质心运动方程时仍然需要姿态运动方程。

3.1　主动段轨道方程

轨道方程是一组确定飞行器质心运动轨迹的动力学方程。建立轨道方程所使用的坐标系通常有两种：

① 相对（地球）坐标系，用以描述飞行器相对于地球的运动，用此坐标系建立的方程组便于描述对地的参数、地面对飞行器的测速定位以及落点的经纬度确定等。

② 惯性坐标系，用此坐标系列写的飞行器运动方程便于求解自由飞行段轨道参数和惯性制导研究。

姿态角速度、角加速度和外力则通常在本体系中描述。

在相对（地球）坐标系中描述轨道可采用发射系中的质心运动方程（式 2-28）。由于视加速度 $\dot{W}_{xg}$、$\dot{W}_{yg}$ 和 $\dot{W}_{zg}$ 与姿态和发动机产生的控制量有关，所以将本体系中绕质心运动方程（2-39）和控制方程（2-53）一同列写如下：

$$\left.\begin{aligned}\ddot{X}_g &= \dot{W}_{xg} + g_{xg} - \dot{V}_{cxg} - \dot{V}_{exg}\\ \ddot{Y}_g &= \dot{W}_{yg} + g_{yg} - \dot{V}_{cyg} - \dot{V}_{eyg}\\ \ddot{Z}_g &= \dot{W}_{zg} + g_{zg} - \dot{V}_{czg} - \dot{V}_{ezg}\end{aligned}\right\} \tag{3-1a}$$

$$\left.\begin{aligned}J_x\dot{\omega}_x + (J_z - J_y)\omega_y\omega_z &= (M_x)_b\\ J_y\dot{\omega}_y + (J_x - J_z)\omega_x\omega_z &= (M_y)_b\\ J_z\dot{\omega}_z + (J_y - J_x)\omega_x\omega_y &= (M_z)_b\end{aligned}\right\} \tag{3-1b}$$

$$\left.\begin{aligned}\delta_{\varphi}&=\alpha_{0}^{\varphi}\Delta\varphi+\alpha_{1}^{\varphi}\dot{\varphi}+k_{u}^{\varphi}u_{\varphi}\\ \delta_{\psi}&=\alpha_{0}^{\psi}\Delta\psi+\alpha_{1}^{\psi}\dot{\psi}+k_{u}^{\psi}u_{\varphi}\\ \delta_{\gamma}&=\alpha_{0}^{\gamma}\Delta\gamma+\alpha_{1}^{\gamma}\dot{\gamma}\end{aligned}\right\}\tag{3-1c}$$

$$\left.\begin{aligned}\Delta\varphi&=\varphi-\varphi_{cx}(t)\\ \Delta\psi&=\psi-\psi_{cx}(t)\\ \Delta\gamma&=\gamma-\gamma_{cx}(t)\end{aligned}\right\}\tag{3-1d}$$

在惯性坐标系中描述轨道可采用惯性系质心运动方程(式 2－24)。考虑到质心运动的时间常数远大于姿态运动的时间常数，即在质心运动变化的周期里，可视姿态运动已达到稳定值，在一般情况下，该假设对描述质心运动带来的误差较小。由此可得发射惯性坐标系中的质心运动方程如下：

$$\left.\begin{aligned}\ddot{x}&=\dot{W}_{x}+g_{x}\\ \ddot{y}&=\dot{W}_{y}+g_{y}\\ \ddot{z}&=\dot{W}_{z}+g_{z}\end{aligned}\right\}\tag{3-2a}$$

$$\left.\begin{aligned}&M_{\mathrm{kxb}}+M_{\mathrm{dx}}=0\\ &M_{\mathrm{ayb}}+M_{\mathrm{kyb}}+M_{\mathrm{dy}}=0\\ &M_{\mathrm{azb}}+M_{\mathrm{kzb}}+M_{\mathrm{dz}}=0\end{aligned}\right\}\tag{3-2b}$$

$$\left.\begin{aligned}\delta_{\varphi}&=\alpha_{0}^{\varphi}\Delta\varphi+\alpha_{1}^{\varphi}\dot{\varphi}+k_{u}^{\varphi}u_{\varphi}\\ \delta_{\psi}&=\alpha_{0}^{\psi}\Delta\psi+\alpha_{1}^{\psi}\dot{\psi}+k_{u}^{\psi}u_{\varphi}\\ \delta_{\gamma}&=\alpha_{0}^{\gamma}\Delta\gamma+\alpha_{1}^{\gamma}\dot{\gamma}\end{aligned}\right\}\tag{3-2c}$$

$$\left.\begin{aligned}\Delta\varphi&=\varphi-\varphi_{cx}(t)\\ \Delta\psi&=\psi-\psi_{cx}(t)\\ \Delta\gamma&=\gamma-\gamma_{cx}(t)\end{aligned}\right\}\tag{3-2d}$$

式(3－2b)是刚性弹体(不考虑晃动力矩、发动机摆动惯性力矩和弹性振动力矩)所受的控制力矩、气动力矩和干扰力矩的平衡方程，表明姿态达到稳定值。

式(3－1)和式(3－2)是变参数微分方程组，无法求得解析解，只能采用数值积分求解。积分步长通常根据要求的计算结果精度而定。计算步长 $\Delta t=t_{i+1}-t_{i}$，一般取 $\Delta t=1/4\ \mathrm{s}$ 或 $\Delta t=1/8\ \mathrm{s}$。数值积分一般采用四阶龙格—库塔方法即能够保证足够的计算精度。

进行轨道分析时，最简单的是在假定地球不旋转的情况下，飞行器直接从发射点到落点的轨道。这样的飞行轨道可以在射击平面内进行分析。图 3－1 所示是某飞行器在射面内的飞行轨道，轨道的 CK 段是主动段。在主动段，速度、位置量均是正增量，到关机点 K 达到要求值。

图 3－2 所示是第二次世界大战中战术导弹 V－2 主动段弹道参数变化示意图。

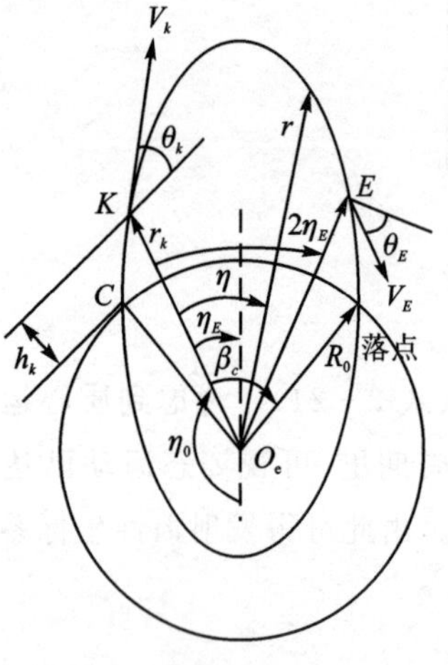

图 3-1 某飞行器在射面内的飞行轨道

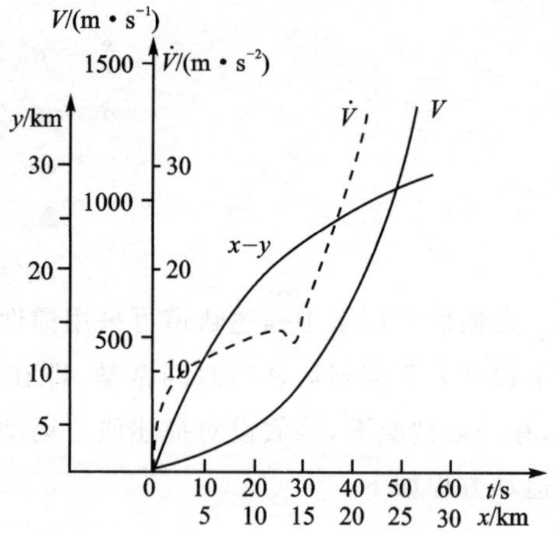

图 3-2 V-2 导弹主动段弹道参数曲线

3.2 自由段轨道方程

自由飞行段是有效载荷(或飞行器)在地球引力场中仅有引力作用下的运动。在认为地球总质量 M 集中于地心的情况下,自由段即是飞行器在牛顿力(大小与飞行器和地心距离的平方成正比、方向指向地心)的作用下的运动。假设用不旋转的地球模型来描述飞行器的自由飞行轨道,由于地球力场是一个中心场,所以最终的轨道位于某平面内,该平面包含主动段终点、地心和落点(命中点),这就是通常称作的大圆弧平面(大圆面)。

自由段的轨道方程可以在直角坐标系上建立,也可以在极坐标系上建立。

在式(2-54)中只保留引力项,并将弹偏角置零,得到飞行器在无干扰、无动力作用的条件下,在速度坐标系中的平面运动方程的表示式为

$$\left.\begin{aligned} m\frac{\mathrm{d}V}{\mathrm{d}t} &= -mg\sin\theta \\ mV\frac{\mathrm{d}\theta}{\mathrm{d}t} &= -mg\cos\theta \\ \frac{\mathrm{d}h}{\mathrm{d}t} &= V\sin\theta \\ \frac{\mathrm{d}\eta}{\mathrm{d}t} &= \frac{V}{r}\cos\theta \end{aligned}\right\} \tag{3-3}$$

式中,η 是从自由段起始时刻到当前时刻飞行器质心与地心连线转过的地心角(见图 3-1);h 是飞行器相对地面的高度。

式(3-3)中的 V 是飞行器相对地面的速度,当考虑地球自转时,为了计算惯性系中的自由段轨道,可以对式(3-3)的积分初值加上牵连速度来作修正,从而积分得到相对惯性空间的自由段近似轨道(称为近似轨道是因为式(3-3)中忽略了地球自转带来的哥氏加速度和牵连加速度,见 2.2.4 小节)。

地球自转产生的牵连速度矢量为

$$\boldsymbol{V}_{\mathrm{e}} = \boldsymbol{\omega}_{\mathrm{e}} \times \boldsymbol{r}$$

将上式投影到发射坐标系 $O_gX_gY_gZ_g$ 中，得

$$(\boldsymbol{V}_{\mathrm{e}})_{\mathrm{g}} = \begin{bmatrix} \boldsymbol{V}_{\mathrm{exg}} \\ \boldsymbol{V}_{\mathrm{eyg}} \\ \boldsymbol{V}_{\mathrm{ezg}} \end{bmatrix} = (\boldsymbol{\omega}_{\mathrm{e}})_{\mathrm{g}} \times (\boldsymbol{r})_{\mathrm{g}} = \omega_{\mathrm{e}} \begin{bmatrix} \cos\nu_0 \cos\phi_0 \\ \sin\phi_0 \\ -\sin\nu_0 \cos\phi_0 \end{bmatrix} \times \begin{bmatrix} X_{\mathrm{g}} \\ R_{\mathrm{e}}^{\mathrm{g}} + Y_{\mathrm{g}} \\ Z_{\mathrm{g}} \end{bmatrix}$$

$$= \omega_{\mathrm{e}} \begin{bmatrix} Z_{\mathrm{g}} \sin\phi_0 + (R_{\mathrm{e}}^{\mathrm{g}} + Y_{\mathrm{g}}) \cos\phi_0 \sin\nu_0 \\ -Z_{\mathrm{g}} \cos\nu_0 \cos\phi_0 - X_{\mathrm{g}} \cos\phi_0 \sin\nu_0 \\ (R_{\mathrm{e}}^{\mathrm{g}} + Y_{\mathrm{g}}) \cos\nu_0 \cos\phi_0 - X_{\mathrm{g}} \sin\phi_0 \end{bmatrix}$$

则由式(3-3)计算惯性空间中的自由段轨道时，速度积分初值为

$$\left.\begin{aligned} \begin{bmatrix} V_{x0} \\ V_{y0} \\ V_{z0} \end{bmatrix} &= \begin{bmatrix} V_{xg} \\ V_{yg} \\ V_{zg} \end{bmatrix} + \begin{bmatrix} V_{\mathrm{exg}} \\ V_{\mathrm{eyg}} \\ V_{\mathrm{ezg}} \end{bmatrix} \\ V &= \sqrt{V_{x0}^2 + V_{y0}^2 + V_{z0}^2} \end{aligned}\right\} \tag{3-4}$$

式中，$[V_{xg} \quad V_{yg} \quad V_{zg}]^{\mathrm{T}}$ 是由式(3-1)积分得到的上升段轨道的相对地球的末速度，即自由段相对地球的初始速度。

3.2.1　不旋转地球上的自由段椭圆轨道方程

弹道式飞行器的自由段运动轨迹，根据飞行轨道角动量 p 守恒和总能量 E 守恒来建立运动方程。在平方反比定律中，力 f、位能 U、动能 T 和总能量 E 可写成

$$f = -\frac{k}{r^2}$$

$$U = -\frac{k}{r}$$

$$T = \frac{1}{2}m(\dot{r}^2 + r^2\dot{\eta}^2)$$

$$E = T + U$$

式中，r 是飞行器到地心的距离；η 是从自由段起始时刻到当前时刻飞行器质心与地心连线转过的地心角；k 是引力常数 G、地球质量 M 和飞行器质量 m 的乘积。上式变形后可进一步得到

$$\left.\begin{aligned} p &= r^2\dot{\eta} \\ E &= \frac{1}{2}m(\dot{r}^2 + r^2\dot{\eta}^2) - \frac{GM}{r}m = \frac{1}{2}mV^2 - \frac{GM}{r}m \end{aligned}\right\} \tag{3-5}$$

式中，轨道速度 V 包含径向速度 $\dot{r}$ 和切向速度 $r\dot{\eta}$。式(3-5)微分后可得

$$\left.\begin{aligned} &\frac{\mathrm{d}}{\mathrm{d}t}(r^2\dot{\eta}) = 0 \\ &\ddot{r} - r\dot{\eta}^2 + \frac{GM}{r^2} = 0 \end{aligned}\right\} \tag{3-6}$$

式中，$\ddot{r}$ 是中心引力场下圆弧轨道上的径向加速度；$r\dot{\eta}^2$ 是离心加速度；$-\dfrac{GM}{r^2}$ 是引力加速度。

将角动量 p 和总能量 E 表示成主动段终点 K 或轨道上某一点参数的形式，在考虑单位质量($m=1$)的情况下，有

$$\left.\begin{aligned} p &= r_k V_k \cos\theta_k = rV\cos\theta \\ E &= \frac{1}{2}V_k^2 - \frac{GM}{r_k} \end{aligned}\right\} \tag{3-7}$$

现在描述在中心引力场下的轨道方程。令 $s=\dfrac{1}{r}$，$\mathrm{d}s=-\dfrac{1}{r^2}\mathrm{d}r$，由式(3-5)中第一个方程可导出

$$\left.\begin{aligned} \dot{r} &= \frac{\mathrm{d}r}{\mathrm{d}\eta}\frac{\mathrm{d}\eta}{\mathrm{d}t} = -\frac{r^2\mathrm{d}s}{\mathrm{d}\eta}\dot{\eta} = -p\frac{\mathrm{d}s}{\mathrm{d}\eta} \\ \ddot{r} &= \frac{\mathrm{d}\dot{r}}{\mathrm{d}\eta}\frac{\mathrm{d}\eta}{\mathrm{d}t} = -p\frac{\mathrm{d}^2 s}{\mathrm{d}\eta^2}\dot{\eta} \end{aligned}\right\} \tag{3-8}$$

将式(3-8)中的 $\ddot{r}$ 代入式(3-6)的第二个方程，经整理后得

$$\frac{\mathrm{d}^2 s}{\mathrm{d}\eta^2} + s = \frac{GM}{p^2}$$

此二阶微分方程的通解是

$$s = \frac{GM}{p^2}\left[1 + e\cos(\eta + \eta_0)\right]$$

将 $s=\dfrac{1}{r}$ 代换回去，得

$$r = \frac{p^2/GM}{1+e\cos(\eta+\eta_0)} = \frac{P}{1+e\cos(\eta+\eta_0)} \tag{3-9}$$

式(3-9)是以地心为一个焦点的圆锥曲线方程。其中，e 和 η_0 是两个积分常数，η_0 是任意取值(见图 3-1)，积分常数 e 则根据角动量、总能量关系式推导出来。对于弹道导弹，式(3-9)表示的是其自由段飞行轨道是一椭圆。当 $\eta+\eta_0=0°$ 时，椭圆轨道达到近地点，近地点距离

$$r_p = \frac{P}{1+e} \tag{3-10}$$

当 $\eta+\eta_0=180°$ 时，椭圆轨道达到远地点，远地点距离

$$r_a = \frac{P}{1-e} \tag{3-11}$$

由式(3-7)、式(3-11)和 $P=p^2/GM$，可得

$$\left.\begin{aligned} e &= 1 - \frac{P}{r_a} \\ e &= 1 - V_a\frac{P}{p} \\ e^2 - 1 &= \frac{V_a^2 P}{GM} - \frac{2P}{r_a} = \frac{V^2 P}{GM} - \frac{2P}{r} \end{aligned}\right\} \tag{3-12}$$

式中，$p=rV\cos\theta$。

由式(3-9)得

$$\left.\begin{aligned}&\cos(\eta+\eta_0)=\frac{1}{e}\left(1-\frac{P}{r}\right)\quad(\eta+\eta_0)\geqslant\pi\\&\sin(\eta+\eta_0)=\pm\sqrt{1-\cos^2(\eta+\eta_0)}=\pm\frac{1}{e}\left[(e^2-1)+\frac{2P}{r}-\frac{P^2}{r^2}\right]^{\frac{1}{2}}\end{aligned}\right\}\tag{3-13}$$

根据 $\sin^2(\eta+\eta_0)+\cos^2(\eta+\eta_0)=1$，并将式(3-12)的第三个方程代入式(3-13)的第二个方程，得

$$e=\left[1+\frac{2r^2V^2\cos^2\theta}{(GM)^2}\left(\frac{V^2}{2}-\frac{GM}{r}\right)\right]^{\frac{1}{2}}\tag{3-14}$$

由于 $E=\frac{1}{2}V^2-\frac{GM}{r}$，式(3-14)又可以表示为

$$e=\sqrt{1+2E\left(\frac{p}{GM}\right)^2}$$

式中，e 称为偏心率。轨道特性(形状)取决于 e 的大小，当 $e<1$ 时，轨道是椭圆；当 $e=1$ 时，轨道是抛物线；当 $e>1$ 时，轨道是双曲线。

式(3-9)中，η 称为真近点角，表示飞行器质心与地心连线矢量 $\boldsymbol{r}$ 转过的地心角(见图 3-1)；P 称作半通径，是 $\eta+\eta_0=90°$时的矢径长。由于 $GM=gr^2$，所以半通径 P 可以表示为

$$P=\frac{r^2V^2\cos^2\theta}{gr^2}=\frac{r_k^2V_k^2\cos^2\theta_k}{g_kr_k^2}\tag{3-15}$$

由解析几何知，椭圆轨道半长轴 a 及半短轴 b 的表示式为

$$a=\frac{r_a+r_p}{2}$$

$$b=\sqrt{aP}$$

将式(3-10)和式(3-11)代入上式，得

$$\left.\begin{aligned}a&=\frac{p^2}{GM(1-e^2)}=-\frac{GM}{2E}\\b&=a\sqrt{1-e^2}=\sqrt{a\frac{p^2}{GM}}\end{aligned}\right\}\tag{3-16}$$

取 K 点为主动段终点，则由式(3-7)得到用主动段终点速度 V_k 表示的轨道上任一点的速度为

$$V=\left[V_k^2+2GM\left(\frac{1}{r}-\frac{1}{r_k}\right)\right]^{\frac{1}{2}}$$

飞行器脱离地球引力场作用的飞行轨道是双曲线(偏心率 $e>1$)。由式(3-14)可得 $e>1$ 的条件是

$$V_k=V_e>\sqrt{\frac{2GM}{r_k}}$$

式中，V_e 是飞行器脱离地球引力场的逃逸速度。如取 r_k 为地球平均半径，则 $V_e\approx11$ km/s。对于弹道式导弹，其发射点、落点均在地球上，其飞行速度总是小于逃逸速度。

3.2.2　射　程

假定再入段气动力对飞行轨道影响不大，则可以将再入段视为自由段椭圆轨道的延续部

分。这时，利用圆锥曲线方程式(3-9)可以求得被动段射程。从主动段终点到落点之间的被动段对应的射程角为 β_c，自由段(图 3-1 中 KE 段，E 为再入点)对应的射程角为 $2\eta_E$。

自由段对应的射程角 $2\eta_E$ 可写成解析表达式。由图 3-1 可知，$\eta_E=\pi-\eta_0$，当 $\eta=2\eta_E$ 时，$\eta+\eta_0=\pi+\eta_E$，将其代入式(3-13)并将两方程相除，得

$$\tan\eta_E=\frac{\sin\eta_E}{\cos\eta_E}=\frac{\dfrac{rV^2}{GM}\sin\theta\cos\theta}{1-\dfrac{rV^2}{GM}\cos^2\theta}=\frac{\dfrac{rV^2}{GM}\tan\theta}{1+\tan^2\theta-\dfrac{rV^2}{GM}}$$

上式还可用主动段终点 K 的参数表示为

$$\tan\eta_E=\frac{\dfrac{r_kV_k^2}{GM}\tan\theta_k}{1+\tan^2\theta_k-\dfrac{r_kV_k^2}{GM}}$$

由上式即可解出自由段的射程角 $2\eta_E$。

射程是发射点与落点之间的地表圆弧线，可表示成

$$L=R_0\Phi \tag{3-17}$$

射程角

$$\Phi=\beta_\gamma+2\eta_E+\eta_c$$

式中，β_γ——主动段射程角；

η_E——自由段半射程角；

η_c——再入段射程角；

R_0——地球平均半径。

3.2.3 飞行时间

要确定飞行器发射后在椭圆轨道上某一位置的飞行时间，则需利用式(3-5)和式(3-7)，并将 r 和 θ 化作时间的函数。将式(3-5)中的第一个方程写成

$$p=r^2\frac{\mathrm{d}\eta}{\mathrm{d}t}$$

$$\mathrm{d}t=\frac{r^2}{p}\mathrm{d}\eta$$

将式(3-9)代入上式，并确定积分界为 $\eta_0\sim\eta$，可以得到在椭圆轨道上从 η_0 飞行到 η 的用时为

$$t=\int_{\eta_0}^{\eta}\frac{p^3}{(GM)^2}\frac{\mathrm{d}\eta}{[1+e\cos(\eta+\eta_0)]^2}=\frac{P^2}{p}\int_{\eta_0}^{\eta}\frac{\mathrm{d}\eta}{[1+e\cos(\eta+\eta_0)]^2}$$

椭圆轨道周期 T 按以下关系导出。根据能量守恒定律，椭圆矢径掠过扇面速度是一个常数，即

$$\frac{\mathrm{d}S}{\mathrm{d}t}=\frac{1}{2}r^2\dot{\eta}=\frac{p}{2}$$

矢径在整个周期 T 内扫过的轨道面积 S 为

$$S=\int_0^T\frac{\mathrm{d}S}{\mathrm{d}t}=\frac{pT}{2}$$

由解析几何知，椭圆的面积 $S=\pi ab$，将式(3-16)代入上式，得

$$T=\frac{2\pi a^{\frac{3}{2}}}{(GM)^{\frac{1}{2}}}$$

飞行高度

$$h=\frac{P}{1+e\cos(\eta+\eta_0)}-R_0$$

速度矢量与当地水平面夹角 θ(即弹道倾角)，用主动段终点 K 的参数可表示为

$$\cos\theta=\frac{(R_0+h_k)V_k}{(R_0+h)V}\cos\theta_k$$

以上的分析均是就最小能量弹道而论的。其含义是：在最佳关机点弹道倾角 θ_k 确定时，飞行器所能够达到的最远射程是由最小关机速度 V_k 决定的。主动段终点(关机点)的飞行总能量(包括动能和势能)为

$$E=\frac{1}{2}mV_k^2-\frac{GMm}{r_k}$$

从上式可知，能量 E 与角度 θ_k 无关。因此，当在可能的最低高度 h_k 上产生最小的速度时，就可获得能落于地球上最远目标点的最小能量轨道。由于 $h_k \ll R_0$，在实际中可近似认为上式第二项势能不变，则可近似认为最小能量和最小速度的轨道是一致的。

3.3　再入段轨道方程

飞行器(弹头、运载火箭、航天飞机)再入地球大气层时，会受到迎面阻力和升力等气动力影响。当静稳定的无翼飞行器进入大气层，气动力矩使飞行器朝着零攻角转动，并且气动力矢量倾向于与飞行速度矢量重合成一条直线，即零升力再入。有翼飞行器进入大气层时，一般会保持一定的攻角，利用翼面调整升力和阻力之间的比例关系，以改变再入飞行路线，最后减速滑行达到地面。

弹道式导弹在被动段是一自由飞行体沿椭圆轨道再入大气层，飞行中主要受到大气阻力和地球引力影响。

在沿轨迹的切向方向(速度方向)，速度方程由式(2-54)的第一个方程仅保留气动力和阻力得到，即

$$m\dot{V}+F_D-mg\sin\theta=0 \tag{3-18}$$

在沿轨迹的法向方向(飞行器和地心的连线方向)，运动方程由椭圆方程(式(3-6))加入气动阻力项得到，即

$$\ddot{r}-r\dot{\eta}^2+g-\frac{F_D}{m}\sin\theta=0 \tag{3-19}$$

式中，$F_D=-F_{\mathrm{arc}}=\frac{1}{2}\rho V^2 C_x S_{\mathrm{m}}$ 为气动阻力，F_{arc} 表达式见 2.2.5.3。

因再入体进入大气层后距地面高度降低时，大气变得稠密，气动力的作用比引力作用大，飞行器将承受到由于其减速和气动热形成的大结构载荷。同时，速度逐渐降低，所以运动参数随高度变化较为剧烈，因而一般将飞行器速度 V 和再入段弹倾角 θ 用高度 h 来表示。

1. 将飞行器速度 *V* 用高度 *h* 表示

根据图 3-3 中的几何关系，有

$$\left.\begin{aligned}\dot{r}&=-V\sin\theta\\ r\dot{\eta}&=V\cos\theta\end{aligned}\right\}\tag{3-20}$$

由于 $r=R_0+h$，所以 $\dot{r}=\dot{h}=-V\sin\theta$，则式(3-18)可变形为

$$\frac{\mathrm{d}V}{\mathrm{d}t}=\frac{\partial V}{\partial h}\frac{\mathrm{d}h}{\mathrm{d}t}=\frac{\partial V}{\partial h}(-V\sin\theta)=g\sin\theta-\frac{F_D}{m}$$

因此有

$$\frac{\partial V}{\partial h}=-\frac{g}{V}+\frac{F_D}{mV\sin\theta}=-\frac{g}{V}+\frac{\rho V g}{2\beta\sin\theta}\tag{3-21}$$

式中，$\beta=\dfrac{mg}{C_x S_{\mathrm{m}}}$是弹道系数，其对速度的影响用下面的方法确定。

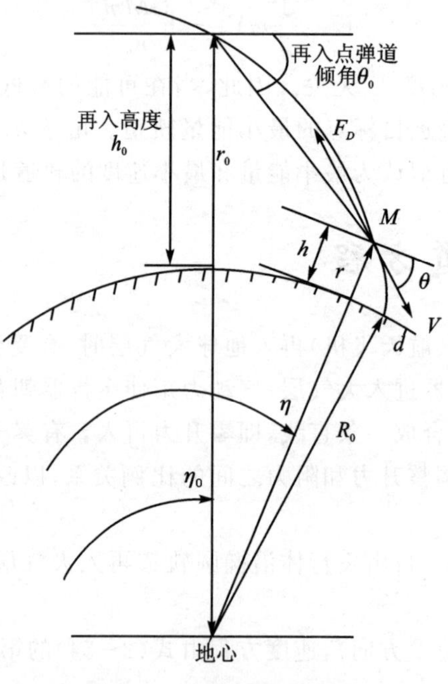

图 3-3　飞行器再入轨道

忽略式(3-21)中等号右边的第一项的引力加速度，然后积分得

$$V=V_0\mathrm{e}^{\frac{P_a}{2\beta\sin\theta}}$$

式中，p_a 是高度 h 处的大气压，$p_a=\int_h^{h_0}g\rho\mathrm{d}h=\bar{h}g\rho$，$h\leqslant h_0$，$V\leqslant V_0$，即 h_0、V_0 为积分上界，ρ 为大气密度，其随高度变化的指数模型为

$$\rho=\bar{\rho}\mathrm{e}^{\frac{-h}{\bar{h}}}$$

式中，$\bar{\rho}$ ——海平面大气密度；

$\bar{h}$ ——大气密度下降到海平面密度的 1/e 时对应的高度。

2. 将再入段弹道倾角 θ 用高度 h 表示

由式(3-20)第一个方程可得

$$\ddot{r}=\frac{\mathrm{d}\dot{r}}{\mathrm{d}t}=\frac{\mathrm{d}h}{\mathrm{d}t}\frac{\partial\dot{r}}{\partial h}=-V\sin\theta\frac{\partial}{\partial h}(-V\sin\theta)$$
$$=V\sin\theta\left(\sin\theta\frac{\partial V}{\partial h}+V\frac{\partial\theta}{\partial h}\cos\theta\right)$$

由式(3-20)第二个方程可得

$$r\dot{\eta}^2=\frac{V^2\cos^2\theta}{r}$$

将以上两式代入式(3-19)，得

$$V\cos\theta\frac{\partial\theta}{\partial h}=\frac{V\cos^2\theta}{r\sin\theta}-\frac{g}{V\sin\theta}+\frac{F_D}{mV}-\sin\theta\frac{\partial V}{\partial h}$$

将式(3-21)代入上式，整理后得

$$\frac{\partial\theta}{\partial h}=-\left(\frac{g}{V^2}-\frac{1}{r}\right)\cot\theta \tag{3-22}$$

通过式(3-21)和(3-22)，可在简化条件下分析再入轨道随高度的变化情况。图 3-4 所示是简化再入轨道的典型示例。

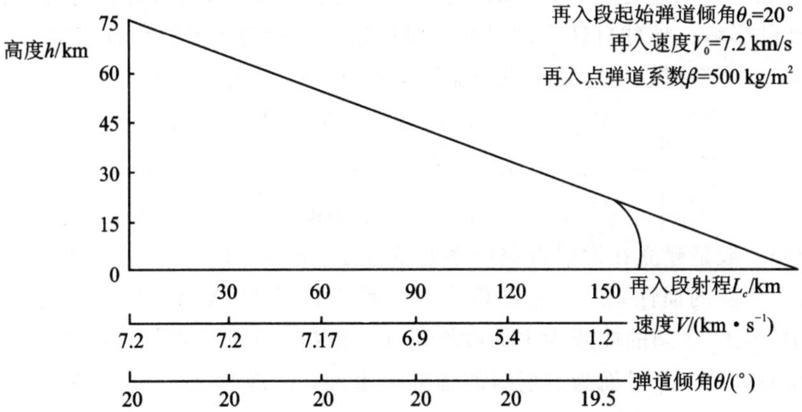

图 3-4　简化的再入段轨道(参数随高度变化)

再入射程 L_c 是再入轨迹的总长度，对于某一段轨迹微元，根据图 3-3 中的三角关系有

$$\mathrm{d}L_c=-\cot\theta\mathrm{d}h$$

式中的负号是因为高度 h 取向上为正，射程随高度降低而增加。对上式积分，就可以得到再入段射程为

$$L_c=\int_{h_0}^{h=0}-\cot\theta\mathrm{d}h=\int_{h=0}^{h_0}\cot\theta\mathrm{d}h$$

式中，$h\leqslant h_0$。

3.4 落点计算

3.4.1 航程计算

落点计算是一种航程计算，导弹从发射点到落点之间的距离是飞行器在地球表面的航迹曲线。对应制导系统，计算航程是为了进行航程控制，保证导弹落在预定的目标点。

导弹的航程就是射程，是由主动段、自由段和再入段的三段射程叠加构成。在没有干扰的飞行状态下，可以认为射程是发射点、落点和地心三点决定的大圆弧平面与椭圆球体地球表面的交线长度。但是实际的飞行器轨迹是一条空间曲线，尤其在主动段有干扰作用和制导的情况下，主动段飞行的轨道面不是一个平面（发射点、关机点和地心三点决定的弧面），而是一个弯曲的面。即使主动段轨道面是一个平面，也不与自由段轨道平面相重合。所以，采用发射点、飞行器（或落点）和地心决定的圆弧平面与地面交线作为射程是不严格的。

考虑到上述情况，计算航程的方法有两种：一种方法是采用轨道计算，即利用第 3.1～3.3 节的主动段、自由段、再入段轨道方程，进行实时积分计算，得出三段航程的总和就是射程；另一种方法则是利用地球椭圆面的几何关系求取射程角和落点方位角。

本节着重介绍采用地球表面的几何关系求取导弹射程、射向的方法。

导弹的落点——轨迹与地面交会的目标点，是随着地球一起转动的，射程、射向的计算需考虑地球转动的影响。地球自转运动对被动段初始条件和终止条件均有影响。考虑牵连速度以后，由式(3-4)可得惯性坐标系中飞行器运动速度的一般表示式为

$$\begin{bmatrix} V_{x0} \\ V_{y0} \\ V_{z0} \end{bmatrix} = \begin{bmatrix} V_{xg} \\ V_{yg} \\ V_{zg} \end{bmatrix} + \omega_e \begin{bmatrix} Z_g \sin\phi_0 + (R_e^g + Y_g)\cos\phi_0 \sin\nu_0 \\ -Z_g \cos\nu_0 \cos\phi_0 - X_g \cos\phi_0 \sin\nu_0 \\ (R_e^g + Y_g)\cos\nu_0 \cos\phi_0 - X_g \sin\phi_0 \end{bmatrix} \tag{3-23}$$

式(3-23)一般是建立在发射点惯性系 $O_iX_iY_iZ_i$ 下的，这里为了便于利用几何关系分析航程，再引入一个新的惯性系——主动段终点惯性坐标系 $O_AX_AY_AZ_A$，定义见图 3-5（地球无自转），其中 O_iO_A 之间的曲线为主动段轨迹，O_i 和 O_A 分别为惯性空间中的发射点位置和主动段终点位置，$O_iX_iY_i$ 平面为发射时的瞄准铅垂面，A_0 是射击方位角，K 是主动段终点在地面上的投影点，大圆面 O_eO_iK 为主动段弹面。主动段终点惯性坐标系 $O_AX_AY_AZ_A$ 的各轴方向定义如下：

坐标原点 O_A 在飞行器质心，O_AX_A 轴在惯性空间中的主动段弹道的大圆面 O_eO_iK 内（见图 3-5），且在主动段终点处的当地水平面内，与速度夹角为锐角；O_AY_A 轴平行于主动段终点处的重力方向，指向天；O_AZ_A 轴按右手系规则确定。

由于主动段存在干扰力和制导控制作用，因此主动段轨迹不在一个大圆面 O_eO_iK 内，使得主动段终点惯性坐标系 $O_AX_AY_AZ_A$ 与发射点惯性系 $O_iX_iY_iZ_i$ 之间存在两个欧拉角，一个是主动段终点位置偏离初始发射方向的偏角 γ_c（图 3-5 中 $O_iX_iY_i$ 平面与大圆面 O_eO_iK 之间的二面角），另一个是发射点与主动段终点之间所夹的大圆面的圆心角（惯性球壳上），即主动段的绝对射程角 β_γ，两个坐标系之间的转换关系为

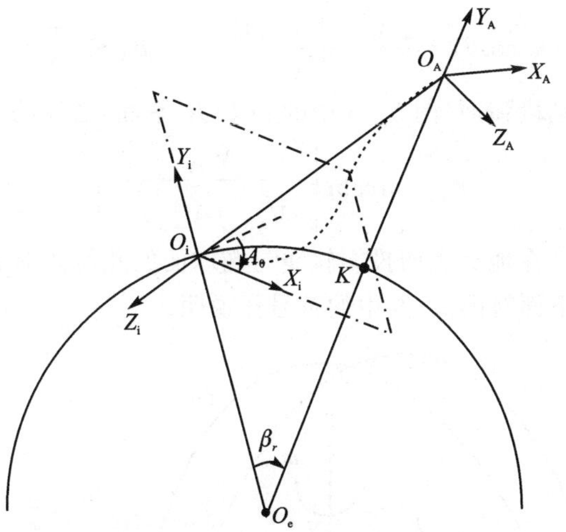

图 3-5　主动段终点惯性坐标系

$$O_iX_iY_iZ_i \xrightarrow[Y]{\gamma_c} \xrightarrow[Z]{\beta_\gamma} O_AX_AY_AZ_A$$

$$\boldsymbol{T}_i^A = \boldsymbol{L}_z(\beta_\gamma)\boldsymbol{L}_y(\gamma_c) = \begin{bmatrix} \cos\beta_\gamma\cos\gamma_c & \sin\beta_\gamma & -\cos\beta_\gamma\sin\gamma_c \\ -\sin\beta_\gamma\cos\gamma_c & \cos\beta_\gamma & \sin\beta_\gamma\sin\gamma_c \\ \sin\gamma_c & 0 & \cos\gamma_c \end{bmatrix} \tag{3-24}$$

由于发射点惯性系 $O_iX_iY_iZ_i$ 的 X 轴指向初始发射方向，Y 轴沿发射点的球面法线方向指向天，所以根据三角关系，可由发射点惯性系 $O_iX_iY_iZ_i$ 中的主动段终点位置坐标解出 γ_c 和 β_γ，为

$$\left.\begin{aligned} \sin\gamma_c &= \frac{z_{ki}}{(x_{ki}^2 + z_{ki}^2)^{\frac{1}{2}}} \qquad |\gamma_c| \leqslant \frac{\pi}{2} \\ \sin\beta_\gamma &= \frac{(x_{ki}^2 + z_{ki}^2)^{\frac{1}{2}}}{r_{kA}} \qquad \beta_\gamma \leqslant \frac{\pi}{2} \\ r_{kA} &= r_{ki} = [x_{ki}^2 + (R_0 + y_{ki})^2 + z_{ki}^2]^{\frac{1}{2}} \end{aligned}\right\} \tag{3-25}$$

式中，$[x_{ki} \quad y_{ki} \quad z_{ki}]^T$ 是发射点惯性系中的主动段终点位置坐标；R_0 是地球平均半径；r_{ki} 和 r_{kA} 分别是发射点惯性系和主动段终点惯性坐标系中由地心到飞行器质心的连线长度。

利用式(3-24)将发射点惯性系中的速度矢量(式(3-23))投影到主动段终点惯性坐标系中，为

$$\begin{bmatrix} V_{xA} \\ V_{yA} \\ V_{zA} \end{bmatrix} = \boldsymbol{T}_i^A \begin{bmatrix} V_{xi} \\ V_{yi} \\ V_{zi} \end{bmatrix}$$

由于主动段终点惯性坐标系 $O_AX_AY_AZ_A$ 的 Y 轴沿主动段终点处的球面法线方向指向天，X 轴平行于主动段弹道的大圆面与当地水平面的交线，所以根据三角关系可以求出：主动段终点(关机点)速度矢量与关机点矢径 $\boldsymbol{r}_k$ 的夹角 θ_A，即

$$\cos\theta_A = \frac{(V_{xA}^2 + V_{yA}^2)^{\frac{1}{2}}}{V_A} \qquad \theta_A \leqslant \frac{\pi}{2}$$

及关机点速度矢量与主动段弹面(图 3-5 中的 O_eO_iK 平面)之间的偏角 γ_A,即

$$\gamma_A = \arcsin\left[\frac{V_{zA}}{(V_{xA}^2 + V_{zA}^2)^{\frac{1}{2}}}\right] \tag{3-26}$$

现在利用飞行器运动在地球表面投影轨线与椭球面的几何图形关系来求取射程和射向方向角,如图 3-6 所示。下面对图 3-6 中的符号作说明。

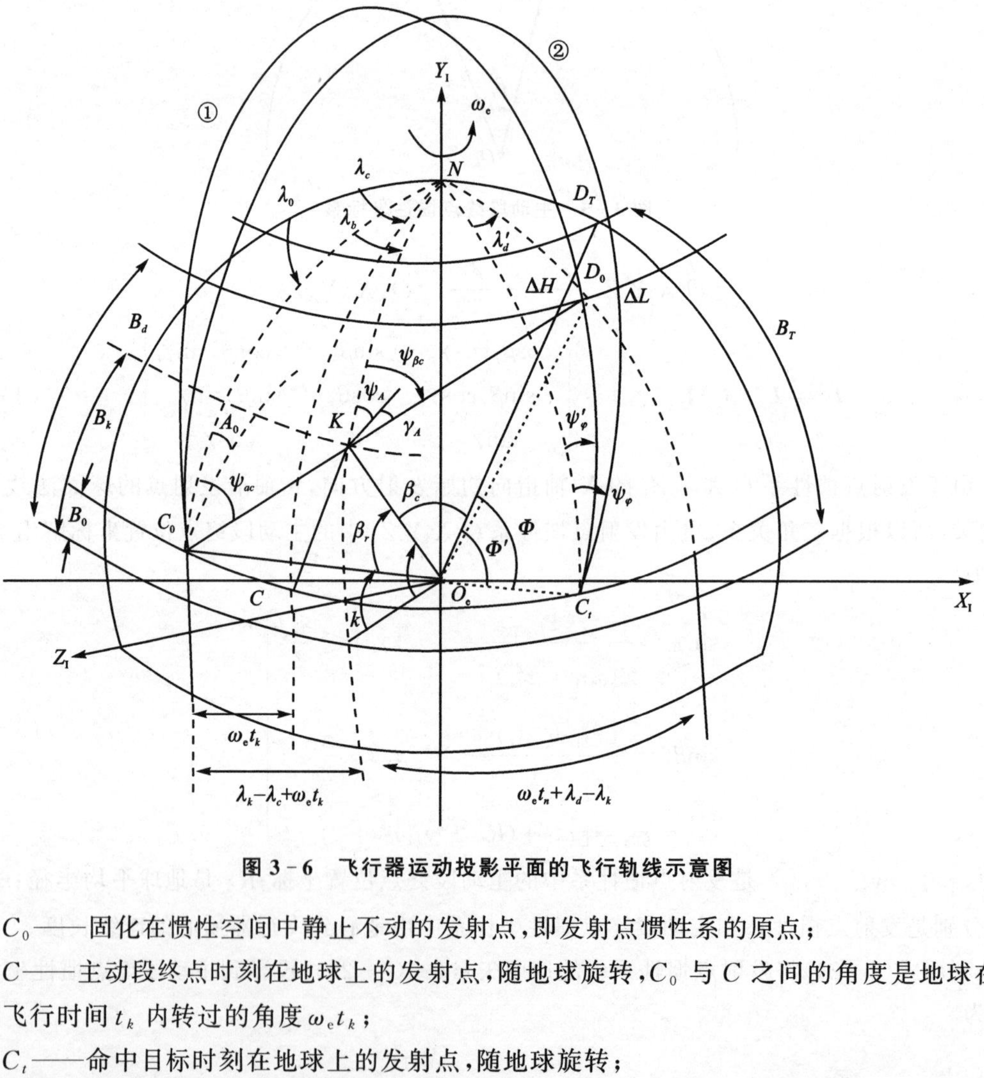

图 3-6 飞行器运动投影平面的飞行轨线示意图

C_0——固化在惯性空间中静止不动的发射点,即发射点惯性系的原点;

C——主动段终点时刻在地球上的发射点,随地球旋转,C_0 与 C 之间的角度是地球在主动段飞行时间 t_k 内转过的角度 $\omega_e t_k$;

C_t——命中目标时刻在地球上的发射点,随地球旋转;

D_0——惯性空间中的预计目标点,其经纬度为 λ_d、B_d;

D_T——惯性空间中的实际落点,其经纬度为 λ_T、B_T;

K——主动段终点的地面投影点,随地球一起自转,其经纬度为 λ_k、B_k;

A_0——发射时的射击方位角;

β_γ——主动段的绝对射程角,是 C_0 与关机点时刻 K 点之间的大圆角在惯性球壳上的主

动段的射程角，是火箭相对地球运动和地球自转运动合成的结果。C 与 K 之间的大圆角是地球坐标系中的相对射程角，用 β'_γ 表示，是火箭相对地球运动的结果；

Φ'——地球坐标系下的全航程的预计相对射程角，是 C_t 与 D_0 之间的大圆面圆心角；

Φ——地球坐标系下的全航程的实际相对射程角，是 C_t 与 D_T 之间的大圆面圆心角；

ψ_A——主动段弹面 O_eCK 与 K 点子午面的夹角，即主动段终点坐标系中的方位角；

$\psi_{\beta c}$——被动段弹面与过 K 点子午面之间的夹角，由于被动段弹面由主动段终点速度方向决定，则 $\psi_{\beta c}$ 就是关机点速度矢量在主动段终点坐标系中的方位角；

N——北极点。

1. 主动段终点经纬度

飞行器的主动段终点 K（被动段起始点，在惯性球壳上固化）的经度 λ_k 和纬度 B_k 按下述方法求得。由于需要用到球面三角形的知识，首先给出球面三角形的定义和正余弦定理。

如图 3－7 所示，O 为球心，把球面上的三个点 A、B、C 用三个大圆弧（圆心位于球心 O 的圆）连接起来，所围成的图形构成一个球面三角形。三个大圆弧叫做球面三角形的边，用 a、b、c 表示，边长用大圆弧所对应的圆心角来度量。三个大圆弧所构成的角叫做球面三角形的角，用 A、B、C 表示，大小用两大圆弧所在平面构成的二面角来度量。球面三角形的正余弦定理如下：

正弦定理：

$$\frac{\sin a}{\sin A}=\frac{\sin b}{\sin B}=\frac{\sin c}{\sin C}$$

边的余弦定理：球面三角形任意边的余弦等于其他两边余弦的乘积加上这两边的正弦及其夹角余弦的连乘积。

$$\cos a=\cos b\cos c+\sin b\sin c\cos A$$

角的余弦定理：球面三角形任一角的余弦等于其他两角余弦的乘积冠以负号加这两角的正弦及其夹边余弦的连乘积。

$$\cos A=-\cos B\cos C+\sin B\sin C\cos a$$

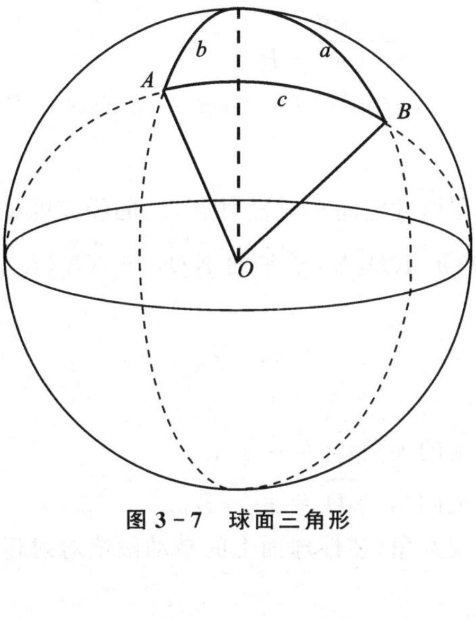

图 3－7　球面三角形

下面给出主动段终点 K 的经纬度计算方法。由图 3-6 中的球面三角形 NC_0K，可得 NC_0 子午面与 NK 子午面的夹角

$$\angle N = \lambda_k - \lambda_c + \omega_e t_k = \lambda_k - \lambda_0$$

式中，λ_k、λ_c 分别是主动段终点时刻 K 点和 C 点所在子午面相对 C_0 点所在子午面（不随地球自转）的经度；t_k 是主动段飞行时间。

方向角

$$\angle C_0 = \psi_{ac} = A_0 + \gamma_c$$

$$\angle K = \psi_A$$

由于地表弧线对应地心角，且地球半径垂直于地表，所以将地表弧线表示为大圆角。

N 与 K（在惯性球壳上固化）两点间的球面大圆角：$\overset{\frown}{NK} = 90° - B_k$；

N 与 C_0 两点间的球面大圆角：$\overset{\frown}{NC_0} = 90° - B_0$；

C_0 与 K（在惯性球壳上固化）两点间的球面大圆角：$\overset{\frown}{C_0K} = \beta_\gamma$；

式中，B_0、B_k 分别是发射点、关机点的纬度。

对球面三角形 NC_0K 的边 $\overset{\frown}{C_0K}$ 分别使用边的余弦定理和正弦定理，有

$$\cos\beta_r = \cos(90° - B_k)\cos(90° - B_0) + \sin(90° - B_k)\sin(90° - B_0)\cos(\lambda_k - \lambda_0)$$

$$\frac{\sin\beta_\gamma}{\sin(\lambda_k - \lambda_0)} = \frac{\sin(90° - B_k)}{\sin\psi_{ac}}$$

式中，发射点 C_0 的经纬度 λ_0、B_0 已知，β_γ 和 γ_c 可由式(3-25)计算得到，因此只有 λ_k 和 B_k 两个未知数，可直接解出。

2. 被动段初始参数

被动段轨道的初始方向角 $\psi_{\beta c}$ 定义为被动段弹面与关机点处（K 点）子午面的夹角，是由关机点的速度方向决定的，可以写成主动段弹面方位角 ψ_A 与关机点速度偏离弹面角 γ_A 之和

$$\psi_{\beta c} = \psi_A + \gamma_A$$

式中，γ_A 由式(3-26)计算，ψ_A 由图 3-6 的球面三角形 NC_0K 的正弦定理和边 NC_0 的余弦定理得到

$$\frac{\sin\psi_A}{\sin(90° - B_0)} = \frac{\sin\psi_{ac}}{\sin(90° - B_k)}$$

$$\cos(90° - B_0) = \cos(90° - B_k)\cos\beta_r + \sin(90° - B_k)\sin\beta_\gamma\cos\psi_A$$

3. 落点经纬度

首先求出预计落点 D_0 在惯性空间相对发射点 C_0 的经纬度 λ_d 和 B_d。

取图 3-6 中的球面三角形 KD_0N，子午面 $\overset{\frown}{ND_0}$ 与 $\overset{\frown}{NK}$（K 固化在惯性球壳上）之间的夹角

$$\angle N = \lambda_d - \lambda_k + \omega_e t_n$$

式中，t_n 是被动段飞行时间。

大圆弧 $\overset{\frown}{KD_0}$ 与 $\overset{\frown}{KN}$ 之间的夹角：$\angle K = \psi_{\beta c}$；

N 与 D_0 两点间的球面大圆角：$\overset{\frown}{ND_0} = 90° - B_d$；

K 与 D_0 两点间的球面大圆角（惯性球面上的被动段绝对射程角）：β_c；

对球面三角形 KD_0N，使用正余弦定理得

$$\left.\begin{aligned}&\frac{\sin(\lambda_d-\lambda_k+\omega_e t_n)}{\sin\beta_c}=\frac{\sin\psi_{\beta c}}{\sin(90^\circ-B_d)}\\&\cos(90^\circ-B_d)=\cos(90^\circ-B_k)\cos\beta_c+\sin(90^\circ-B_k)\sin\beta_c\cos\psi_{\beta c}\\&\cos\beta_c=\cos(90^\circ-B_k)\cos(90^\circ-B_d)+\\&\qquad\sin(90^\circ-B_k)\sin(90^\circ-B_d)\cos(\lambda_d-\lambda_k+\omega_e t_n)\end{aligned}\right\}\tag{3-27}$$

式中只有 λ_d、B_d 是未知数，可直接解出，然后就可根据飞行器在弹道上的运行时间确定惯性空间中的落点 D_0 在地球上的位置。按照同样的方法，利用球面三角形 KD_TN 可解出实际落点 D_T 的位置。

4. 射　程

确定预计落点在惯性空间相对发射点 C_0 的经纬度 λ_d 和 B_d 后，就可以求取全航程的预计相对射程角 Φ'（图 3-6 中 C_t 与 D_0 之间大圆角）。取图 3-6 中的球面三角形 C_tND_0，可得

$$\angle N=\lambda_d-\lambda_{ct}$$

$$\overset{\frown}{NC_t}=90^\circ-B_0$$

$$\overset{\frown}{ND_0}=90^\circ-B_d$$

式中，λ_{ct} 是惯性空间中 C_t 点相对发射点 C_0 的经度。对边 C_tD_0 使用余弦定理

$$\cos\Phi'=\cos(90^\circ-B_0)\cos(90^\circ-B_d)+\sin(90^\circ-B_k)\sin(90^\circ-B_d)\cos(\lambda_d-\lambda_{ct})\tag{3-28}$$

可解出射程角 Φ'。进而计算出相对地球的全弹道预计射程

$$L=R_0\Phi'$$

预计落点的方位角 ψ'_φ 定义为相对地球的全射程弹面（大圆面 $O_eC_tD_0$）与 C_t 点子午面之间的夹角，是球面三角形 C_tND_0 的角 $\angle C_t$，可由正余弦定理解出

$$\left.\begin{aligned}&\frac{\sin\psi'_\varphi}{\sin(90^\circ-B_d)}=\frac{\sin(\lambda_d-\lambda_{ct})}{\sin\Phi'}\\&\cos(90^\circ-B_d)=\cos(90^\circ-B_0)\cos\Phi'+\sin(90^\circ-B_0)\sin\Phi'\cos\psi'_\varphi\end{aligned}\right\}\tag{3-29}$$

利用落点方位角可求得落点的横向距离（落点到发射点子午面的点面距）

$$H=R_0\sin\Phi'\sin\psi'_\varphi\tag{3-30}$$

用同样的方法可求得图 3-6 中实际落点 D_T 的射程角 Φ 和方位角 ψ_φ。

本小节的全部方程是按照地球为球体推导的，虽不够精确，但可用以进行制导系统性能的分析。以上这些方程的特点是可以直接由弹道状态参数计算出预计落点位置（λ_d，B_d），计算中不引入轨道中间参量，故方程比较简洁，数量少。但是，计算被动段轨道平面方向角 $\psi_{\beta c}$ 时必须依赖于主动段终点的参数，因而引入了主动段终点惯性坐标系（瞬时惯性坐标系）的概念。

3.4.2　落点偏差计算

由于飞行器在运动过程中受到内外干扰作用，使其飞行轨道偏离标准（预计）轨道。对于弹道导弹而言，偏离标准轨道的最后结果是落点偏差；对于运载火箭来说，干扰作用的后果是产生有效载荷的入轨偏差。落点偏差的计算与入轨偏差计算的原理相似，因此，本节仅介绍落点偏差计算方法。

落点偏差计算主要采用如下的两种计算方法。

3.4.2.1 利用地面的几何关系计算落点偏差

图 3-6 中的 D_T 是实际落点，D_0 是标准弹道落点，由这两点的经、纬度的差值就可决定落点纵向(射程)偏差和横向偏差。

采用 3.4.1 小节中计算射程的方法，取球面三角形 $C_t ND_T$，参照式(3-28)和式(3-29)，可求得对应实际落点的地心角 Φ 和落点方位角 ψ_φ，按照标准量的通常表示形式，将标准的射程地心角和标准的落点方位角表示成 $\bar{\Phi}$ 和 $\bar{\psi}_\varphi$，则有

射程偏差

$$\Delta L = R_0(\Phi - \bar{\Phi}) = L - \bar{L}$$

横向偏差

$$\Delta H = R_0 \sin\Phi \ \sin(\psi_\varphi - \bar{\psi}_\varphi) = H - \bar{H}$$

式中，$\bar{L}$ 和 $\bar{H}$ 分别是标准的射程和横向距离。

3.4.2.2 利用主动段飞行状态参数计算落点偏差

1. 弹道求差法

设 Y 是飞行器质心运动轨迹的控制目标函数，对于导弹而言，控制目标函数是射程和落点偏差；对于运载火箭，虽无落点，但可视“落点”为有效载荷进入卫星轨道的目标点，其控制目标函数则是轨道根数及其偏差。

当只在主动段制导和姿态控制的情况下，可以将目标函数 Y 表达为主动段终点状态参数的函数，即 $Y=f(V(t_k),r(t_k),t_k)$，将主动段状态参数表示成状态矢量形式，同时考虑干扰的情况下，则主动段、被动段运动方程如下：

被动段：

$$Y = f_y(x, \varepsilon_y) \tag{3-31a}$$

主动段：

$$\dot{x} = f_x(x, U, \varepsilon_x) \tag{3-31b}$$

式中，ε_x、ε_y 是系统所受的干扰；U 是主动段所受外界的强制作用，如发动机推力、气动力、控制力等的作用。式(3-31a)是代数方程组，式(3-31b)是微分方程组。设被动段飞行轨道的变化主要是由主动段引起的，则式(3-31)运动方程可写成标准弹道和实际弹道两种形式。

标准弹道：

$$\left.\begin{aligned} \bar{Y} &= f_y(\bar{x}, \bar{\varepsilon}_y) \\ \dot{\bar{x}} &= f_x(\bar{x}, \bar{U}) \end{aligned}\right\} \tag{3-32a}$$

干扰弹道：

$$\left.\begin{aligned} Y &= f_y(x, \varepsilon_y) \\ \dot{x} &= f_x(x, U, \varepsilon_x) \end{aligned}\right\} \tag{3-32b}$$

式中，ε_y 表示被动段空气动力、重力异常等的影响，并认为是已知的，而 $\Delta\varepsilon=\varepsilon_y-\bar{\varepsilon}_y$ 则是在主动段干扰状态下，被动段飞行轨道与标准轨道的状态误差引起的干扰偏差。利用 3.1～3.3 节

中的主动段和被动段运动方程，可求出导弹落点偏差(ΔL，ΔH)。

计算式(3-32)两个飞行运动方程，并求差

$$\Delta Y = Y - \bar{Y}$$

ΔY 就是实际飞行中目标函数的偏差。这种计算方法称为弹道求差法。弹道求差法计算复杂，但计算参数精确，多用于制导精度计算。

2. 摄动法

由 3.2 节中的椭圆轨道计算公式，当忽略被动段空气动力、重力异常等因素的影响时，飞行器飞行轨道及地表上的射程仅是主动段终点状态参数的函数

$$L = R_0 \Phi = f(\boldsymbol{V}(t_k), \boldsymbol{r}(t_k), t_k)$$

式中，$\boldsymbol{r}(t_k)$——发射点惯性系中飞行器在主动段终点距地心的矢径，也可以表示成 $\boldsymbol{r}_k$；

$\boldsymbol{V}(t_k)$——发射点惯性系中飞行器在主动段终点的速度矢量，也可以表示成 $\boldsymbol{V}_k$；

t_k——主动段飞行时间。

弹道导弹在干扰作用下的实际飞行轨道与标准(预计)轨道的偏差不大，因此，将实际射程函数在标准射程函数的关机点处展开泰勒级数，仅保留一次项，可得到射程偏差线性展开式，即

$$\Delta L = \frac{\partial L}{\partial V_x}[V_x(t_k) - \bar{V}_x(\bar{t}_k)] + \frac{\partial L}{\partial V_y}[V_y(t_k) - \bar{V}_y(\bar{t}_k)] + \frac{\partial L}{\partial V_z}[V_z(t_k) - \bar{V}_z(\bar{t}_k)] +$$
$$\frac{\partial L}{\partial x}[x(t_k) - \bar{x}(\bar{t}_k)] + \frac{\partial L}{\partial y}[y(t_k) - \bar{y}(\bar{t}_k)] + \frac{\partial L}{\partial z}[z(t_k) - \bar{z}(\bar{t}_k)] + \frac{\partial L}{\partial t}(t_k - \bar{t}_k)$$

上式简写为如下形式：

$$\Delta L = \sum_{i=1}^{6} \frac{\partial L}{\partial \zeta_i} \Delta \zeta_i(t_k) + \frac{\partial L}{\partial t_k} \Delta t_k \tag{3-33}$$

式中，

$$\Delta \zeta_i(t_k) = \zeta_i(t_k) - \bar{\zeta}_i(\bar{t}_k) \quad (i = 1, 2, \cdots, 6)$$
$$\Delta t_k = t_k - \bar{t}_k$$
$$\zeta_1 = V_x, \zeta_2 = V_y, \zeta_3 = V_z, \zeta_4 = x, \zeta_5 = y, \zeta_6 = z$$

系数 $\frac{\partial L}{\partial \zeta_i}(i=1,2,\cdots,6)$ 称作射程偏导数(或称射程偏差系数)，其值由标准轨道主动段终点的运动参数算出，即

$$\frac{\partial L}{\partial \zeta_1} = \left.\frac{\partial L}{\partial V_x}\right|_{t=\bar{t}_k}, \quad \frac{\partial L}{\partial \zeta_2} = \left.\frac{\partial L}{\partial V_y}\right|_{t=\bar{t}_k}, \quad \cdots$$

飞行器实际飞行中，关机时的状态量和标准关机状态间的偏差包括两部分：等时偏差和由于关机时刻不是在标准关机时刻 $\bar{t}_k$ 所造成的偏差，可写成如下一阶近似形式

$$\Delta \zeta_i = \delta \zeta_i(t_k) + \frac{\partial \zeta_i}{\partial t}(\bar{t}_k) \Delta t_k$$

或

$$\Delta \zeta_i = \delta \zeta_i(t_k) + \dot{\zeta}_i(\bar{t}_k) \Delta t_k \tag{3-34}$$

式中，状态偏差 $\Delta \zeta_i$ 的物理意义可利用图 3-8 说明。例如实际关机时刻在 t_k，这时的状态量与标准关机时刻 $\bar{t}_k$ 的标准状态量之差为 $\Delta \zeta_i = \delta \zeta_i(t_k) + \dot{\zeta}_i(\bar{t}_k)(t_k - \bar{t}_k)$，其中 $\delta \zeta_i(t_k) =$

$\zeta_i(t_k)-\bar{\zeta}_i(t_k)$是实际状态量和标准状态量在同一时间的差值，实际情况下 t_k 和 $\bar{t}_k$ 接近，则近似有 $\delta\zeta_i(t_k)\approx\delta\zeta_i(\bar{t}_k)$。

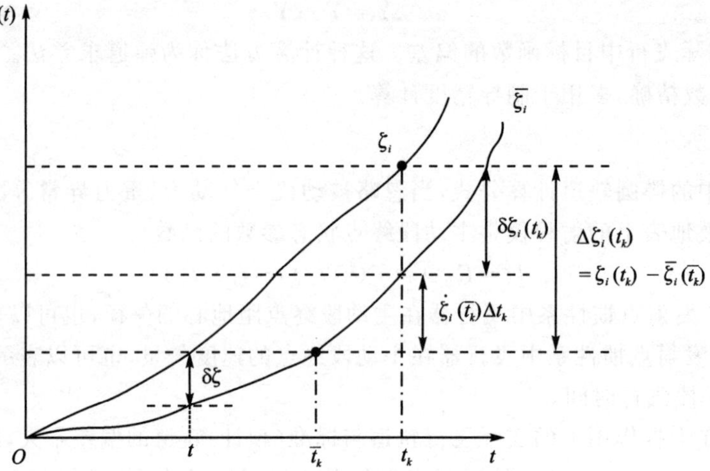

图 3-8 状态量的等时偏差和全偏差

将式(3-34)代入式(3-33)，则射程偏差表示式可写成

$$\Delta L=\sum_{i=1}^{6}\frac{\partial L}{\partial\zeta_i}\left[\delta\zeta_i(t_k)+\dot{\zeta}(\bar{t}_k)\Delta t_k\right]+\frac{\partial L}{\partial t_k}\Delta t_k$$

或

$$\Delta L=\delta L(t_k)+\dot{L}(\overline{t_k})\Delta t_k \tag{3-35}$$

式中，

$$\delta L(t_k)=\sum_{i=1}^{6}\frac{\partial L}{\partial\zeta_i}(\bar{t}_k)\delta\zeta_i(t_k)$$

$$\dot{L}=\frac{\partial L}{\partial V_x}\frac{\partial V_x}{\partial t}+\frac{\partial L}{\partial V_y}\frac{\partial V_y}{\partial t}+\frac{\partial L}{\partial V_z}\frac{\partial V_z}{\partial t}+\frac{\partial L}{\partial x}\frac{\partial x}{\partial t}+\frac{\partial L}{\partial y}\frac{\partial y}{\partial t}+\frac{\partial L}{\partial z}\frac{\partial z}{\partial t}+\frac{\partial L}{\partial t}$$

横向偏差表示式可类似射程偏差表示方法，在泰勒级数展开式中保留一阶近似项，则有

$$\Delta H=\delta H(t_k)+\dot{H}(\bar{t}_k)\Delta t_k \tag{3-36}$$

式中，

$$\delta H(t_k)=\sum_{i=1}^{6}\frac{\partial H}{\partial\zeta_i}(\bar{t}_k)\delta\zeta_i(t_k)$$

$$\dot{H}=\frac{\partial H}{\partial V_x}\frac{\partial V_x}{\partial t}+\frac{\partial H}{\partial V_y}\frac{\partial V_y}{\partial t}+\frac{\partial H}{\partial V_z}\frac{\partial V_z}{\partial t}+\frac{\partial H}{\partial x}\frac{\partial x}{\partial t}+\frac{\partial H}{\partial y}\frac{\partial y}{\partial t}+\frac{\partial H}{\partial z}\frac{\partial z}{\partial t}+\frac{\partial H}{\partial t}$$

称$\dfrac{\partial H}{\partial\zeta_i}$为横向偏导数。

3.4.3 射程偏导数和横向偏导数的推导

本小节根据被动段的轨道动力学方程和几何关系推导射程偏导数和横向偏导数表达式。

3.4.3.1　射程偏导数

将整个被动段(自由段和再入段)弹道视为椭圆轨道运动,首先建立被动段射程角 β_c 与主动段终点状态参数之间的函数关系。

如图 3-9 所示,K 为主动段终点,D_T 为落点,E 点为 K 点关于椭圆轨道远地点的对称点,β_γ 为主动段射程角,β_c 为被动段射程角,β_e 为 E 点和 K 点之间的射程角,η_k 为主动段终点的真近点角(定义见 3.2 节),r_k 为主动段终点的矢径长度。

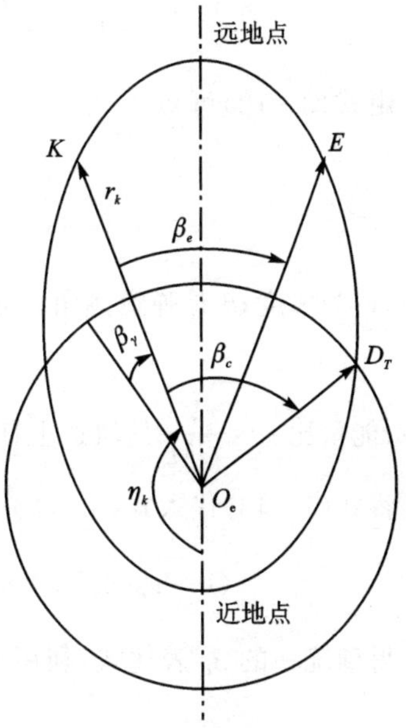

图 3-9　椭圆轨道示意图

根据图中几何关系,由式(3-13)可知

$$\left.\begin{aligned}\cos\eta_k &= \frac{1}{e}\left(\frac{P}{r_k}-1\right)\\ \cos\eta_d &= \frac{1}{e}\left(\frac{P}{R_0}-1\right)\end{aligned}\right\} \tag{3-37}$$

式中,η_d 为落点 D_T 的真近点角且满足 $\eta_d=\eta_k+\beta_c$;R_0 为地球半径;P 为椭圆轨道的半通径;e 为椭圆轨道的偏心率。

由于椭圆轨道的顶点即为椭圆的远地点,且椭圆弹道具有轴对称的特点,则

$$\eta_k=\pi-\frac{\beta_e}{2}$$

因而有

$$\left.\begin{aligned}\cos\eta_k &= \cos\left(\pi-\frac{\beta_e}{2}\right)=-\cos\frac{\beta_e}{2}\\ \cos\eta_d &= \cos(\eta_k+\beta_c)=\cos\left(\pi+\beta_c-\frac{\beta_e}{2}\right)=-\cos\left(\beta_c-\frac{\beta_e}{2}\right)\end{aligned}\right\} \tag{3-38}$$

由式(3-37)和式(3-38),可得

$$\left.\begin{aligned}\cos\frac{\beta_e}{2} &= \frac{1}{e}\left(1-\frac{P}{r_k}\right)\\ \cos\left(\beta_c-\frac{\beta_e}{2}\right) &= \frac{1}{e}\left(1-\frac{P}{R_0}\right)\end{aligned}\right\} \tag{3-39}$$

将式(3-39)的第二式用和角公式展开,得

$$\cos\beta_c\cos\frac{\beta_e}{2}+\sin\beta_c\sin\frac{\beta_e}{2}=\frac{1}{e}\left(1-\frac{P}{R_0}\right) \tag{3-40}$$

由式(3-39)的第一式,可得

$$\sin\frac{\beta_e}{2}=\sqrt{1-\cos^2\frac{\beta_e}{2}}=\frac{1}{e}\sqrt{e^2-\left(1-\frac{P}{r_k}\right)^2}$$

将式(3-12)代入上式并化简,可得

$$\sin\frac{\beta_e}{2}=\frac{P}{er_k}\tan\theta_k \tag{3-41}$$

式中，θ_k 为主动段终点 K 处的弹道倾角。

将式(3－39)和式(3－41)代入式(3－40)，得

$$\left(1-\frac{P}{r_k}\right)\cos\beta_c+\frac{P}{r_k}\tan\theta_k\sin\beta_c=1-\frac{P}{R_0} \tag{3-42}$$

由式(3－12)可知

$$P=\frac{p^2}{GM}$$

$$p=rV\cos\theta$$

式中，V 为速度；θ 是弹道倾角。则

$$P=r\nu\cos^2\theta \tag{3-43}$$

式中，能量比 $\nu=\dfrac{rV^2}{GM}$ 是轨道上任意一点处两倍动能和势能的比值。

将式(3－43)代入式(3－42)，得

$$(1-\nu_k\cos^2\theta_k)\cos\beta_c+\nu_k\cos^2\theta_k\tan\theta_k\sin\beta_c=1-\frac{r_k\nu_k\cos^2\theta_k}{R_0} \tag{3-44}$$

为了得到统一的 β_c 表达式，利用三角函数的万能公式

$$\cos\beta_c=\frac{1-\tan^2\dfrac{\beta_c}{2}}{1+\tan^2\dfrac{\beta_c}{2}}$$

$$\sin\beta_c=\frac{2\tan\dfrac{\beta_c}{2}}{1+\tan^2\dfrac{\beta_c}{2}}$$

替换式(3－44)中的三角函数 $\cos\beta_c$ 和 $\sin\beta_c$，并化简得到

$$[2R_0(1+\tan^2\theta_k)-\nu_k(R_0+r_k)]\tan^2\frac{\beta_c}{2}-2\nu_kR_0\tan\theta_k\tan\frac{\beta_c}{2}+\nu_k(R_0-r_k)=0 \tag{3-45}$$

接下来利用式(3－45)求射程偏导数。将式(3－45)写成函数形式

$$F(r_k,\nu_k,\theta_k,\beta_c)=[2R_0(1+\tan^2\theta_k)-\nu_k(R_0+r_k)]\tan^2\frac{\beta_c}{2}-$$
$$2\nu_kR_0\tan\theta_k\tan\frac{\beta_c}{2}+\nu_k(R_0-r_k)=0 \tag{3-46}$$

对上式进行偏微分，得

$$\frac{\partial F}{\partial r_k}\mathrm{d}r_k+\frac{\partial F}{\partial v_k}\mathrm{d}v_k+\frac{\partial F}{\partial\theta_k}\mathrm{d}\theta_k+\frac{\partial F}{\partial\beta_c}\mathrm{d}\beta_c=0 \tag{3-47}$$

由于能量比是位置和速度的函数，即 $\nu=f(r,V)$，则

$$\mathrm{d}\nu_k=\frac{\partial\nu_k}{\partial V_k}\mathrm{d}V_k+\frac{\partial\nu_k}{\partial r_k}\mathrm{d}r_k$$

将上式代入式(3－47)，可得

$$\left(\frac{\partial F}{\partial r_k}+\frac{\partial F}{\partial \nu_k}\frac{\partial \nu_k}{\partial r_k}\right)\mathrm{d}r_k+\frac{\partial F}{\partial \nu_k}\frac{\partial \nu_k}{\partial V_k}\mathrm{d}V_k+\frac{\partial F}{\partial \theta_k}\mathrm{d}\theta_k+\frac{\partial F}{\partial \beta_c}\mathrm{d}\beta_c=0$$

从上式可解出 $\mathrm{d}\beta_c$ 为

$$\mathrm{d}\beta_c=-\frac{1}{\dfrac{\partial F}{\partial \beta_c}}\left(\frac{\partial F}{\partial r_k}+\frac{\partial F}{\partial \nu_k}\frac{\partial \nu_k}{\partial r_k}\right)\mathrm{d}r_k-\frac{1}{\dfrac{\partial F}{\partial \beta_c}}\frac{\partial F}{\partial \nu_k}\frac{\partial \nu_k}{\partial V_k}\mathrm{d}V_k-\frac{1}{\dfrac{\partial F}{\partial \beta_c}}\frac{\partial F}{\partial \theta_k}\mathrm{d}\theta_k$$

则被动段射程角 β_c 的各个偏导数可表示为

$$\left.\begin{aligned}\frac{\partial \beta_c}{\partial r_k}&=-\frac{1}{\dfrac{\partial F}{\partial \beta_c}}\left(\frac{\partial F}{\partial r_k}+\frac{\partial F}{\partial \nu_k}\frac{\partial \nu_k}{\partial r_k}\right)\\ \frac{\partial \beta_c}{\partial V_k}&=-\frac{1}{\dfrac{\partial F}{\partial \beta_c}}\frac{\partial F}{\partial \nu_k}\frac{\partial \nu_k}{\partial V_k}\\ \frac{\partial \beta_c}{\partial \theta_k}&=-\frac{1}{\dfrac{\partial F}{\partial \beta_c}}\frac{\partial F}{\partial \theta_k}\end{aligned}\right\}\tag{3-48}$$

再由式(3-46),可求得其中的系数

$$\frac{\partial F}{\partial r_k}=-\frac{\nu_k}{\cos^2\dfrac{\beta_c}{2}}$$

$$\frac{\partial F}{\partial \nu_k}=-\frac{2R_0(1+\tan^2\theta_k)\tan^2\dfrac{\beta_c}{2}}{\nu_k}$$

$$\frac{\partial F}{\partial \beta_c}=\frac{\nu_k\left[(r_k-R_0)+R_0\tan\theta_k\tan\dfrac{\beta_c}{2}\right]}{\tan\dfrac{\beta_c}{2}\cos^2\dfrac{\beta_c}{2}}$$

$$\frac{\partial F}{\partial \theta_k}=\frac{2R_0\tan\dfrac{\beta_c}{2}\left(2\tan\theta_k\tan\dfrac{\beta_c}{2}-v_k\right)}{\cos^2\theta_k}$$

$$\frac{\partial \nu_k}{\partial r_k}=\frac{\nu_k}{r_k}$$

$$\frac{\partial \nu_k}{\partial V_k}=\frac{2\nu_k}{V_k}$$

将以上系数代入式(3-48),并考虑到被动段射程表达式为

$$L_c=R_0\beta_c$$

得到被动段射程偏导数表达式

$$\frac{\partial L_c}{\partial V_k}=\frac{4R_0(1+\tan^2\theta_k)\sin^2\dfrac{\beta_c}{2}\tan\dfrac{\beta_c}{2}}{\nu_k\left[(r_k-R_0)+R_0\tan\theta_k\tan\dfrac{\beta_c}{2}\right]V_k}$$

$$\frac{\partial L_c}{\partial r_k}=\frac{R_0\left[\nu_k+\dfrac{2R_0}{r_k}(1+\tan^2\theta_k)\sin^2\dfrac{\beta_c}{2}\right]\tan\dfrac{\beta_c}{2}}{\nu_k\left[r_k-R_0+R_0\tan\theta_k\tan\dfrac{\beta_c}{2}\right]}$$

$$\frac{\partial L_c}{\partial \theta_k}=\frac{2R_0^2(1+\tan^2\theta_k)\left(\nu_k-2\tan\theta_k\tan\dfrac{\beta_c}{2}\right)\sin^2\dfrac{\beta_c}{2}}{\nu_k\left[(r_k-R_0)+R_0\tan\theta_k\tan\dfrac{\beta_c}{2}\right]}$$

由于被动段(全部视为椭圆轨道)的射程由起点(关机点 K)的状态决定,同时,整体弹道的射程偏差也是关机点误差的函数,即关机点状态对被动段射程 L_c 的影响和对整体弹道射程 L 的影响相同,因此有

$$\frac{\partial L_c}{\partial V_k}=\frac{\partial L}{\partial V_k},\quad \frac{\partial L_c}{\partial r_k}=\frac{\partial L}{\partial r_k},\quad \frac{\partial L_c}{\partial \theta_k}=\frac{\partial L}{\partial \theta_k}$$

利用式(3-35),并将其表达形式由直角坐标(自变量为三轴位置 $[r_x\ \ r_y\ \ r_z]$、三轴速度 $[V_x\ \ V_y\ \ V_z]$ 和时间 t)转换为极坐标(自变量为位置大小 r、速度大小 V 和弹面内速度方向的极角 χ;自变量中不含弹面外速度方向的极角是因为飞行器保持在弹面内飞行,不含时间 t 是因为本节利用椭圆轨道理论导出的被动段射程表达式中不显含 t),以发射点坐标系 $O_gX_gY_gZ_g$ 为例,直角坐标和极坐标的关系如图 3-10 所示,可用如下方程联系

$$r=\sqrt{r_x^2+r_y^2+r_z^2}$$

$$V=\sqrt{V_x^2+V_y^2+V_z^2}$$

$$\tan\chi=\frac{V_y}{V_x}$$

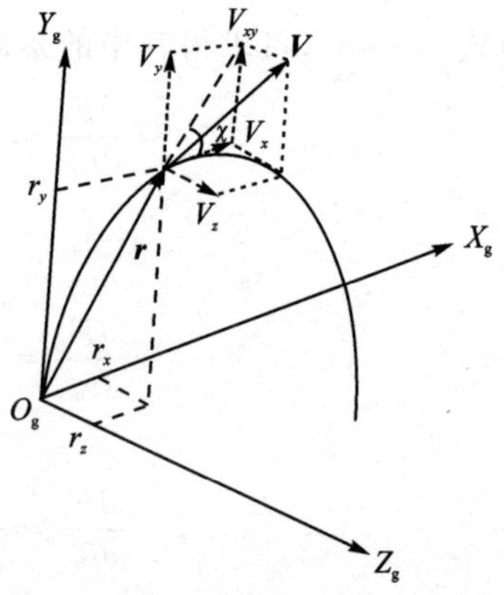

图 3-10 直角坐标和极坐标的关系

其中,角度 χ 是速度 $\mathbf{V}$ 在 $X_gO_gY_g$ 平面的投影 V_{xy} 和 O_gX_g 轴的夹角。

根据以上直角坐标和极坐标表示的转换,当主动段终点的状态量用极坐标 V_k、r_k、χ_k 表示时,式(3-35)中射程偏差 ΔL 的表达式可改写为极坐标形式

$$\begin{aligned}\Delta L&=\delta L(t_k)+\dot{L}(\overline{t_k})\Delta t_k\\&=\frac{\partial L}{\partial V_k}\delta V(t_k)+\frac{\partial L}{\partial r_k}\delta r(t_k)+\frac{\partial L}{\partial \chi_k}\delta\chi(t_k)+\\&\quad\left[\frac{\partial L}{\partial V_k}\dot{V}(\overline{t_k})+\frac{\partial L}{\partial r_k}\dot{r}(\overline{t_k})+\frac{\partial L}{\partial \chi_k}\dot{\chi}(\overline{t_k})\right]\Delta t_k\end{aligned}\tag{3-49}$$

由极角 χ 的定义可知,其与弹道倾角 θ 相等,即 $\chi=\theta$,因此式(3-49)中,$\dfrac{\partial L}{\partial\chi}=\dfrac{\partial L}{\partial\theta}$,$\delta\chi=\delta\theta$,$\dot{\chi}=\dot{\theta}$。

式(3-49)中 $\dot{V}$、$\dot{\chi}$ 和 $\dot{r}$ 的表达式,可由式(3-3)、式(3-8)和式(3-9)得到

$$\dot{V}=-g\sin\theta$$

$$\dot{\chi}=\dot{\theta}=-\frac{mg\cos\theta}{V}$$

$$\dot{r}=\frac{\mathrm{d}r}{\mathrm{d}\eta}\frac{\mathrm{d}\eta}{\mathrm{d}t}=\frac{\mathrm{d}\left[\dfrac{P}{1+e\cos(\eta+\eta_0)}\right]}{\mathrm{d}\eta}\frac{V}{r}\cos\theta$$

$$=\frac{Pe\sin(\eta+\eta_0)}{[1+e\cos(\eta+\eta_0)]^2}\frac{V}{r}\cos\theta$$

注：式(3－49)与式(3－35)相比没有$\frac{\partial L}{\partial t}\Delta t_k$项，是由于本节导出的射程表达式中不显含时间 t，根据链式求导法则只需对显变量 V_k、r_k、$\chi_k=\theta_k$ 分别求偏导即可，而式(3－35)中的表达式是通用的符号表示。

3.4.3.2　横向偏导数

由式(3－30)可知，被动段横程表达式为

$$H_c=R_0\sin\beta_c\sin\psi_\varphi$$

式中，ψ_φ 为落点相对发射点子午面的方位角。由于被动段射程 $L_c=R_0\beta_c$，则可将被动段横程表示为被动段射程 L_c 的函数，即

$$H_c=\frac{L_c}{\beta_c}\sin\beta_c\sin\psi_\varphi$$

进而利用前面推导出的被动段射程偏导数来求出被动段横向偏导数，即

$$\frac{\partial H_c}{\partial V_k}=\frac{\partial H_c}{\partial L_c}\frac{\partial L_c}{\partial V_k}=\frac{1}{\beta_c}\sin\beta_c\sin\psi_\varphi\frac{\partial L}{\partial V_k}$$

$$\frac{\partial H_c}{\partial r_k}=\frac{\partial H_c}{\partial L_c}\frac{\partial L_c}{\partial r_k}=\frac{1}{\beta_c}\sin\beta_c\sin\psi_\varphi\frac{\partial L}{\partial r_k}$$

$$\frac{\partial H_c}{\partial \chi_k}=\frac{\partial H_c}{\partial \theta_k}=\frac{\partial H_c}{\partial L_c}\frac{\partial L_c}{\partial \theta_k}=\frac{1}{\beta_c}\sin\beta_c\sin\psi_\varphi\frac{\partial L}{\partial \theta_k}$$

$$\frac{\partial H_c}{\partial \psi_\varphi}=\frac{L_c}{\beta_c}\sin\beta_c\cos\psi_\varphi$$

与前面相同，关机点状态对被动段横程 H_c 的影响和对整体弹道横程 H 的影响相同，因此有

$$\frac{\partial H_c}{\partial V_k}=\frac{\partial H}{\partial V_k},\quad \frac{\partial H_c}{\partial r_k}=\frac{\partial H}{\partial r_k},\quad \frac{\partial H_c}{\partial \chi_k}=\frac{\partial H}{\partial \chi_k}=\frac{\partial H_c}{\partial \theta_k}=\frac{\partial H}{\partial \theta_k},\quad \frac{\partial H_c}{\partial \psi_\varphi}=\frac{\partial H}{\partial \psi_\varphi}$$

将上式代入式(3－36)，并将主动段终点的状态量用极坐标 V_k、r_k、$\chi_k=\theta_k$、ψ_φ 表示，得横程偏差表达式为

$$\begin{aligned}\Delta H&=\delta H(t_k)+\dot{H}(\bar{t}_k)\Delta t_k\\&=\frac{\partial H}{\partial V_k}\delta V(t_k)+\frac{\partial H}{\partial r_k}\delta r(t_k)+\frac{\partial H}{\partial \chi_k}\delta\chi(t_k)+\frac{\partial H}{\partial \psi_\varphi}\delta\psi_\varphi(t_k)+\\&\quad\left[\frac{\partial H}{\partial V_k}\dot{V}(\overline{t_k})+\frac{\partial H}{\partial r_k}\dot{r}(\overline{t_k})+\frac{\partial H}{\partial \chi_k}\dot{\chi}(\overline{t_k})+\frac{\partial H}{\partial \psi_\varphi}\dot{\psi}_\varphi(\overline{t_k})\right]\Delta t_k\end{aligned}$$

式中，落点方位角的导数 $\dot{\psi}_\varphi(\overline{t_k})$ 表示的是在标准关机时刻 $\overline{t_k}$ 时被动段轨道面与发射点子午

面之间夹角的变化率，即轨道面的旋转角速度，可以用弹偏角的导数 $\dot{\sigma}(\overline{t_k})$ 来代替，由式(2-54)可知 $\dot{\sigma}$ 的表达式(飞行器被动段只受引力)为

$$\dot{\psi}_{\varphi}=\dot{\sigma}=\frac{g(-\cos\theta\sin\mu+\sin\theta\sin\sigma\cos\mu)}{V}$$

3.4.4 落点散布度计算

弹道导弹的运动受多种干扰因素影响，而干扰因素有确知部分(常值干扰)与不确知部分。对于常值干扰的影响，一般可以进行修正和补偿，但导弹的误差大部分是随机误差，也就是导弹的落点和制导系统的误差范围中心点是有差别的。所以，描述导弹的精度(或制导精度)须以概率为基础。一般情况下，实际落点相对标准(计算)值的偏差不大，因此，多发导弹的实际落点将分布在标准落点周围区域，而且离标准落点愈近则越密集。

落点的分布可以用概率分布函数来描述，即采用导弹命中预定(目标)点的概率大小来表示落点精度。因为导弹的误差是一系列干扰因素引起的，这些干扰因素可视为彼此不相关。根据概率论的"中心极限定理"，可以认为落点偏差的概率分布是正态分布。

定义目标坐标系 $O_tX_tY_tZ_t$：原点 O_t 为目标位置，O_tY_t 轴沿目标点水平面垂线指向地表外；O_tX_t 轴在目标点水平面内与 O_tY_t 轴垂直，指向发射方向；O_tZ_t 轴按右手系规则确定。

弹道导弹射击地面目标，射击误差在目标平面内是二维分布的，可用二维概率密度分布函数来表示落点散布度，如图 3-11 所示，其中落点在 O_tX_t 轴的分布称为纵向散布(射程误差)，落点在 O_tZ_t 轴的分布称为横向散布(横向误差)。

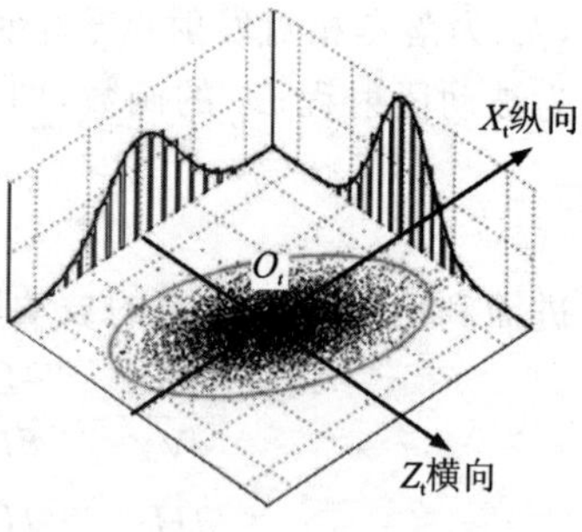

图 3-11　落点在平面内的散布

在正态分布情况下，一维射程误差 x 的概率密度函数为

$$f(x)=\frac{1}{\sqrt{2\pi}\sigma_x}\mathrm{e}^{\frac{(x-m_L)^2}{2\sigma_x^2}}$$

式中，m_L 为 x 分布偏离目标中心的平均值(数学期望值)；σ_x 为 x 分布的标准差。

当射程误差 x、横向误差 z 相互独立，且对目标中心点的误差平均值为零时，落点分布的概率密度函数

$$f(x,z)=\frac{1}{2\pi\sigma_x\sigma_z}\mathrm{e}^{-\frac{1}{2}\left(\frac{x^2}{\sigma_x^2}+\frac{z^2}{\sigma_z^2}\right)} \tag{3-50}$$

式中，σ_x、σ_z 分别表示随机变量 x、z 的标准差，它们表示落点沿射程和横向方向的散布程度，当 σ_x、σ_z 愈小，$f(x,z)$分布愈靠近中心点，即概率分布 $P(x,z)=\int f(x,z)\mathrm{d}x\mathrm{d}z$ 愈陡。

落点散布度通常用公算偏差(或称概率误差)表示。公算偏差的定义是：有 50%落点在某一范围的边界值。

对于一维分布，概率分布值

$$P(x)=\int_{-B_L}^{B_L}f(x)\mathrm{d}x=0.5$$

时，变量值 $\pm B_L$ 即称为公算偏差。

最常用的表示导弹落点散布度的是圆概率误差(CEP)，又称圆公算偏差。它的定义是：有 50% 的导弹落在以目标中心点为圆心，以 R 为半径的圆内，此 R 值称为圆概率误差，即

$$P(R)=\int_0^x\int_0^z f(x,z)\mathrm{d}x\mathrm{d}z=0.5$$

下面给出圆概率误差与标准差的关系。令 $\sigma_x=\sigma_z=\sigma$，即落点分布区域是圆形，且假设 σ_x、σ_z 相互独立，将式(3-50)表示成极坐标形式，有

$$\left.\begin{aligned} &f(x,z)\ \frac{1}{2\pi\sigma^2}\exp\left[-\frac{R^2}{2}\left(\frac{\cos^2\theta}{\sigma^2}+\frac{\sin^2\theta}{\sigma^2}\right)\right] \\ &P(R)=\frac{1}{2\pi\sigma^2}\int_0^R\int_0^{2\pi}\mathrm{e}^{-\frac{R^2}{2\sigma^2}}R\mathrm{d}R\mathrm{d}\theta \end{aligned}\right\} \tag{3-51}$$

式中，

$$\sigma_x=\sigma_z=\sigma$$

$$x^2+z^2=R^2,\quad x=R\cos\theta,\quad z=R\sin\theta$$

对式(3-51)的第二式积分，得圆概率误差

$$P(0.5)=1-\mathrm{e}^{-\frac{R^2}{2\sigma^2}}=0.5$$

由上式可解出

$$\frac{R^2}{\sigma^2}=1.386\ 29$$

则圆概率误差(CEP)与标准差 σ 的关系为

$$\mathrm{CEP}=R=1.177\ 4\sigma$$

为保证导弹落点准确度和运载火箭入轨准确度，在设计中作为要求指标给出标准差 σ 或概率误差 B 以及最大误差($\pm 2.7\sigma$ 或 $\pm 4B$)的允许值。在控制系统误差为正态分布的情况下，最大误差值相当于出现的误差概率为 99.3%。

对导弹，习惯用最大偏差来表示，即用射程最大偏差($\Delta L_{\max}$)和横向最大偏差($\Delta H_{\max}$)来衡量落点散布度。这样，由最大偏差作为半长轴和半短轴构成的椭圆形落点区域中，有99.3%的导弹或弹头落在这里。椭圆半长轴为 $\Delta L_{\max}=2.7\sigma_L$，半短轴为 $\Delta H_{\max}=2.7\sigma_H$。但是，在一些场合，使用圆概率误差更为方便。所以可将散布椭圆换算成圆，其圆半径为圆概率误差 CEP 的比数，其概率误差等于椭圆概率误差。

根据上述几种制导误差的表示形式，可以写成如下的关系式：

最大偏差

$$\Delta L_{\max}=4B_L,\quad \Delta H_{\max}=4B_H$$

$$\Delta L_{\max}=2.7\sigma_L,\quad \Delta H_{\max}=2.7\sigma_H$$

标准差(均方偏差)

$$\sigma_L=1.482\ 6B_L,\quad \sigma_H=1.482\ 6B_H$$

圆概率偏差

$$\mathrm{CEP}=1.177\ 4\sigma\quad(\sigma_L=\sigma_H=\sigma)$$

$$\mathrm{CEP}=1.746B\quad(B_L=B_H=B)$$

式中，下标 L 和 H 分别表示射程方向和横向方向。

这些偏差对应的误差概率值是

$$P(|x| \leqslant \sigma) = \int_{-\sigma}^{\sigma} f(x)\mathrm{d}x = 0.6745$$

$$P(|x| \leqslant 2.7\sigma) = \int_{-2.7\sigma}^{2.7\sigma} f(x)\mathrm{d}x = 0.993$$

$$P(|x| \leqslant 3\sigma) = \int_{-3\sigma}^{3\sigma} f(x)\mathrm{d}x = 0.9973$$

通常称 $\pm 3\sigma$ 为极限偏差。

一般情况下，落点散布是椭圆形，但可以折合成圆概率误差表示，其表示式为

$$\mathrm{CEP} = 0.568\sigma_L + 0.609\sigma_H \quad (当\ \sigma_H > 0.348\sigma_L\ 时)$$

$$\mathrm{CEP} = 0.676\sigma_L + 0.84\frac{\sigma_H^2}{\sigma_L} \quad (当\ \sigma_H < 0.348\sigma_L\ 时)$$

对应于各类干扰的最大随机值所造成的落点偏差最大值为

$$\Delta L_{\max} = \sqrt{\sum_{i=1}^{n} \Delta L_{i\max}^2}$$

$$\Delta H_{\max} = \sqrt{\sum_{i=1}^{n} \Delta H_{i\max}^2}$$

式中，$L_{i\max}$ 和 $H_{i\max}$ 分别是第 i 个干扰源造成的最大射程误差和最大横向误差。

思考题

1. 弹道飞行器弹道的特性是什么？
2. 试阐述弹道导弹的落点计算的主要方法及其各自的优缺点。
3. 什么叫轨道方程？轨道方程通常在哪几种坐标系中建立？写出主动段的轨道方程。

第4章 导航系统

4.1 弹(箭)控制系统功能与原理

控制系统包括飞行控制系统和测试发射控制系统。

飞行控制系统的主要功能是实时测量飞行器运动参数并解算成某种坐标系的状态量，根据这些状态量和飞行前装订的量，通过飞行控制软件生成制导、姿态控制和时序的信号，控制飞行器状态和运动规律。制导信号用以控制飞行器质心运动，调节飞行轨道、控制发动机关机，使飞行器交会目标(或进入空间指定点)；姿态控制信号用以控制飞行器绕质心运动，保证姿态机动和飞行稳定性；时序信号用以控制飞行器按时间程序进行有序的动作。时序指令有实时的和固定的，固定性的时序指令是飞行前装订的，实时性的时序指令是飞行中产生的，其时间是浮动的。以上这些功能分别由导航、制导、姿态控制和时序、配电诸分系统完成。所以，飞行控制系统通常由导航、制导、姿态控制和电子综合四个分系统组成。每个分系统包含硬件和软件。

各分系统的信号生成、变换、分配、传输、驱动和控制的硬件，有的是单独一套，但一般是多分系统共用一套。利用这些硬件并在软件操作下，综合实现飞行控制功能。图4-1所示是飞行控制系统功能框图。

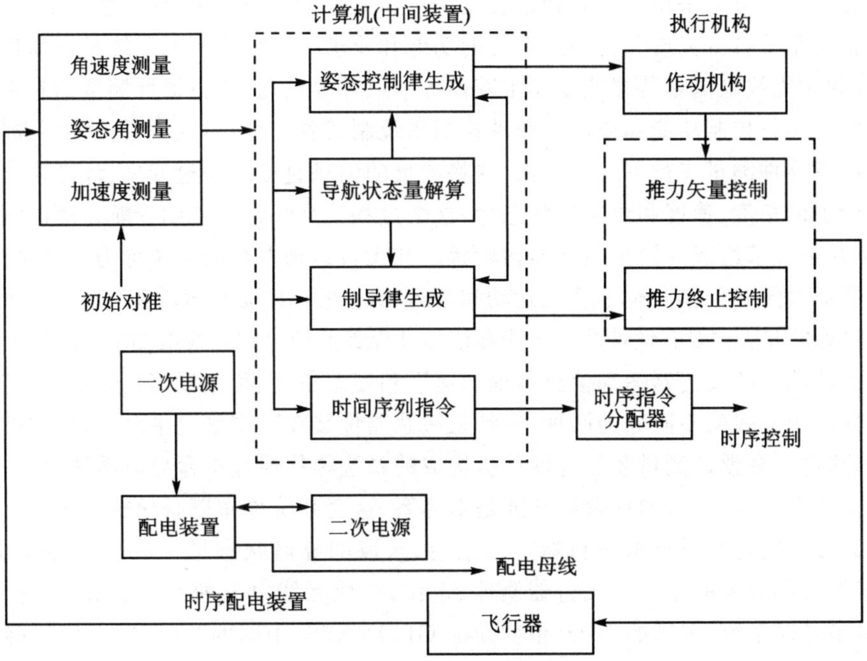

图4-1 飞行控制系统功能框图

飞行控制系统的敏感器件将测量的飞行器运动参数送入中间装置，经信息处理、运算生成导航状态量，然后按照制导律、控制律和综合软件产生制导、姿态控制和时序等指令。这些指令操纵执行机构和作动部件，实现控制飞行器的动作。通常利用一台弹（箭）载计算机完成导航状态量、制导律和控制律的计算以及编排时序和控制指令的任务。这些指令再经时序指令分配器进行分配、输出。配电装置既管理一次电源的供电，也分配并控制一次和二次电源的通、断。

测试发射控制系统是检查、测试飞行控制系统，确保飞行状态正确的手段，同时也是操纵导弹（运载火箭）发射的监视控制的中枢，其主要功能是在地面对飞行控制系统进行功能检查、参数测试及发射过程的状态监视和控制，操纵飞行器点火发射。系统包含测试、监视和发射控制三个部分，本书中不对其做详细介绍。

从控制系统应具备的功能和所处的环境来看，有以下特点：

① 飞行主动段终点的弹道参数决定了被动段轨道，所以，飞行控制系统的功能要求主要在主动段。

② 主动段的飞行时间虽然较短，但飞行控制系统经受的环境却是恶劣、严苛的，除力学环境、自然环境作用外，还有空间辐射环境（含核爆炸辐射）的影响，且这些环境一般是综合作用。

③ 弹道式飞行器（导弹、运载火箭）的全程飞行轨道位于发射点、落点和地心三点构成的地球引力场的平面内。实际飞行轨道偏离预计轨道不大，因此，飞行控制系统功能、作用有一定范围。除特殊机动轨道，一般情况下则利用制导、姿态控制和时序等综合控制，在小范围内改变飞行轨道来达到控制有效载荷的落点或空间入轨点的要求。

④ 飞行控制系统的设备装在飞行器上，其中多数装在控制舱（段），是一次性使用的产品，应具有高可靠性和轻小等特点。

飞行控制系统可以采用自主式和组合式。自主式控制系统是控制装置装在弹（箭）上，依靠这套装置由系统自身完成飞行控制系统的功能和要求。组合式控制系统是以惯性测量装置为基础，并利用无线电测量装置或星光跟踪器等获取外界信息，实行惯性测量信息和外界信息相组合来实现飞行控制功能和要求。两种控制系统制式各有所长，根据具体需要选择应用。

利用敏感器件测量飞行器运动参数，并将测量的信息直接或经过变换、计算来表征飞行器在某种坐标系的角度、速度和位置等状态量，这个过程就是通常定义的导航。而由测量、传递、变换、计算几个环节组成并给出飞行器初始状态和飞行运动参数的系统称为导航系统。

飞行器是六自由度运动体，包含线运动和角运动，一般称作质心运动和绕质心运动。飞行器运动参数的测量方法主要有惯性测量方法和依靠外界参照信息的无线电测量、光学测量方法等。

惯性器件测量的飞行器运动信息是视加速度和姿态角度、角速度，其测量参照基准一般根据惯性器件使用方式的不同分为两种：一种是敏感器件装在陀螺稳定平台上，以惯性坐标系为参照基准，这样一套惯性测量装置与计算机构成的系统称作惯性平台导航系统；另一种是惯性器件固连安装在飞行器上，测量参照基准是本体系，这套系统称作捷联导航系统。

利用无线电装置测量获取飞行器运动信息，求取的导航状态量一般是质心运动的参数。早期，根据多普勒效应的原理对飞行器测速、定位，组成无线电导航系统。20 世纪 70 年代以来，全球卫星导航系统（美国的 GPS、俄罗斯的 GLONASS、中国的“北斗”）可用于确定飞行器的空间位置、速度和地面运动体的位置、速度。全球卫星导航系统也属于无线电导航系统。

此外，天文导航系统能够测量飞行器的姿态和位置，是航天器上常用的自主导航方式。本章详细介绍飞行器上的惯性导航和天文导航基本原理。

4.2　惯性导航系统

4.2.1　平台惯导的姿态角测量

三轴稳定平台可提供一个相对惯性坐标系不转动的真实常平架，给出测量加速度定向基准和测角参考轴。

图 4-2 所示为三轴平台结构模型，包含 3 个转轴（3 个框架），每个转轴（框架）上均装有力矩马达，在各环架轴上还安装有角度传感器。中间的稳定平台上有 3 个单自由度陀螺仪，敏感轴相互正交，它们的指向构成了平台坐标系（$O_pX_pY_pZ_p$）。陀螺的输出经信息分配和放大后分别馈入每个转轴（框架）上的力矩马达，控制相应环架的角运动。

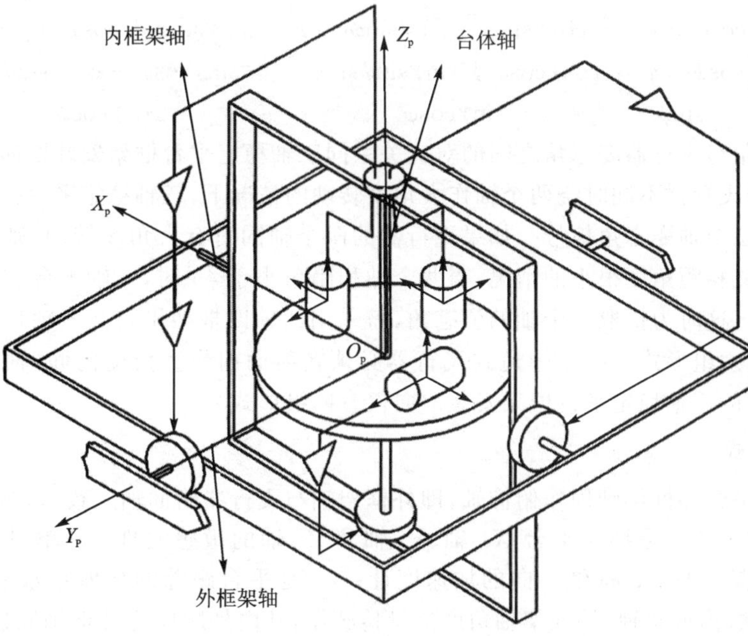

图 4-2　三轴稳定平台结构模型

飞行器在空间的姿态，一般用本体系（$O_1X_bY_bZ_b$）相对飞行器转动前的初始坐标系（导航系）之间的夹角来表示，这些角就是欧拉角。装在飞行器上的陀螺稳定平台的框架角一般不是飞行器的俯仰角 φ、偏航角 ψ、滚动角 γ，而是平台内框架相对台体轴的转角、外框架相对内框架的转角、平台基座相对外框架的转角，通常称作台体框架角、内框架角和外框架角。

平台基座与飞行器固连，平台框架角是飞行器运动带动平台框架转动的结果。对于飞行器某一时刻的姿态，可看作飞行器从初始位置，首先绕本体系中与台体轴相重合的某一轴旋转一个角度，此时飞行器带动外、内框架绕台体轴转过同一角度，即台体框架角；其次，飞行器又绕本体系中与内框架轴相重合（或相近）的另一轴转一角度，与此同时飞行器带动外框架绕内框架轴转过同一角度，即内框架角；最后，飞行器绕本体系中与外框架轴相重合的第三个轴转过一角度，这时飞行器带动平台基座绕外框架轴转过同一角度，即外框架角。这些框架角是本体系从某一初始位置依次绕相应的飞行器轴转过的同一角度。于是，一组平台框架角唯一地确定了飞行器的姿态角。利用导航系（平台台体坐标系 $O_pX_pY_pZ_p$ 与其重合）和本体系 $O_1X_bY_bZ_b$ 之间的转换矩阵，可以得到两者角度对应的表示关系。导航系可以选为惯性系或当地地理系等。本节内容以发射点惯性系作为导航系。

绕不同的非重合轴依次转动三次就给出了欧拉角旋转变换。本书中均采用“3—2—1”的欧拉角转序来描述飞行器相对导航系的姿态，即先俯仰角 φ，再偏航角 ψ，最后滚动角 γ，导航系（发射点惯性系）与本体系间的转换矩阵为

$$\boldsymbol{T}_{\mathrm{i}}^{\mathrm{b}}=\boldsymbol{L}_x(\gamma)\mathrm{L}_y(\psi)\mathrm{L}_z(\varphi)$$

$$=\begin{bmatrix}\cos\psi\cos\varphi & \cos\psi\sin\varphi & -\sin\psi\\ -\cos\gamma\sin\varphi+\sin\gamma\sin\psi\cos\varphi & \cos\gamma\cos\varphi+\sin\gamma\sin\psi\sin\varphi & \sin\gamma\cos\psi\\ \sin\gamma\sin\varphi+\cos\gamma\sin\psi\cos\varphi & -\sin\gamma\cos\varphi+\cos\gamma\sin\psi\sin\varphi & \cos\gamma\cos\psi\end{bmatrix}$$

$$\boldsymbol{T}_{\mathrm{b}}^{\mathrm{i}}=(\boldsymbol{T}_{\mathrm{i}}^{\mathrm{b}})^{\mathrm{T}}$$

$$=\begin{bmatrix}\cos\psi\cos\varphi & -\cos\gamma\sin\varphi+\sin\gamma\sin\psi\cos\varphi & \sin\gamma\sin\varphi+\cos\gamma\sin\psi\cos\varphi\\ \cos\psi\sin\varphi & \cos\gamma\cos\varphi+\sin\gamma\sin\psi\sin\varphi & -\sin\gamma\cos\varphi+\cos\gamma\sin\psi\sin\varphi\\ -\sin\psi & \sin\gamma\cos\psi & \cos\gamma\cos\psi\end{bmatrix} \tag{4-1}$$

平台框架角与飞行器姿态角之间的对应关系同三轴稳定平台框架安装取向有关。对于弹道式飞行器，当飞行器不同时绕两个轴作大角度转动的情况下，三轴稳定平台作为角测量装置可提供飞行器三个轴姿态角信号。如果飞行器的两个轴同时有大角度转动，则平台会出现两个框架轴重合或相距角度很小的情况，当两个轴相距角小于 45°时，三轴平台实际上只起到两轴平台的作用。这时为拾取三个轴的姿态角，需采用四轴四框架平台。三轴稳定平台的框架安装取向，可有六组形式。由于弹道式飞行器必须在射面内作大角度俯仰（轴）程序转弯，因此，实际可采用的三轴稳定平台框架安装取向仅有四组形式。

1. 安装形式一

三轴稳定平台外框架轴用作俯仰轴，即外框架轴与飞行器俯仰轴一致，如图 4-3 所示。

图 4-3 中 1、2、3 是稳定平台 X_p 轴、Y_p 轴和 Z_p 轴的敏感元件——单自由度陀螺 G_x、G_y、G_z；4、5、6 是 Y 向、X 向和 Z 向的加速度计；7、8 是平台跟踪的导航系水平面调平摆；9、10、11 是台体轴、内框架轴、外框架轴角度测量传感器，其内外顺序为外框轴固连在基座上，内框轴跨在外框轴上，台体轴跨在内框轴上。

飞行器姿态角可利用平台的三个框架轴角度按下述方法求取。

按照“台体轴—内框轴—外框轴”的转角顺序，先绕台体轴 X_p 转动角 β_x，再绕经过转动后的内框轴 Y_{bp} 转动角 β_y，最后绕外框轴 Z_b 转动角 β_z，如图 4-4 所示。

由此可以得到平台系到本体系的转换关系为

$$O_pX_pY_pZ_p\xrightarrow[X]{\beta_x}\xrightarrow[Y]{\beta_y}\xrightarrow[Z]{\beta_z}O_1X_bY_bZ_b$$

$$\boldsymbol{T}_{\mathrm{p}}^{\mathrm{b}}=\boldsymbol{L}_z(\beta_z)\boldsymbol{L}_y(\beta_y)\boldsymbol{L}_x(\beta_x)$$

$$=\begin{bmatrix}\cos\beta_y\cos\beta_z & \cos\beta_x\sin\beta_z+\sin\beta_x\sin\beta_y\cos\beta_z & \sin\beta_x\sin\beta_z-\cos\beta_x\sin\beta_y\cos\beta_z\\ -\cos\beta_y\sin\beta_z & \cos\beta_x\cos\beta_z-\sin\beta_x\sin\beta_y\sin\beta_z & \sin\beta_x\cos\beta_z+\cos\beta_x\sin\beta_y\sin\beta_z\\ \sin\beta_y & -\sin\beta_x\cos\beta_y & \cos\beta_x\cos\beta_y\end{bmatrix}$$

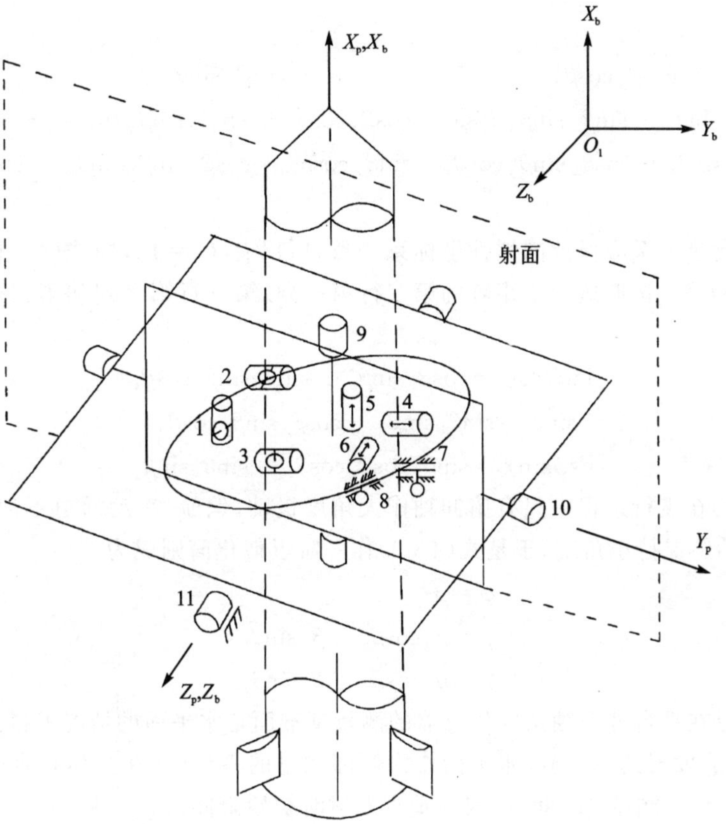

图 4-3　三轴稳定平台框架安装形式一(外框架用作俯仰轴)

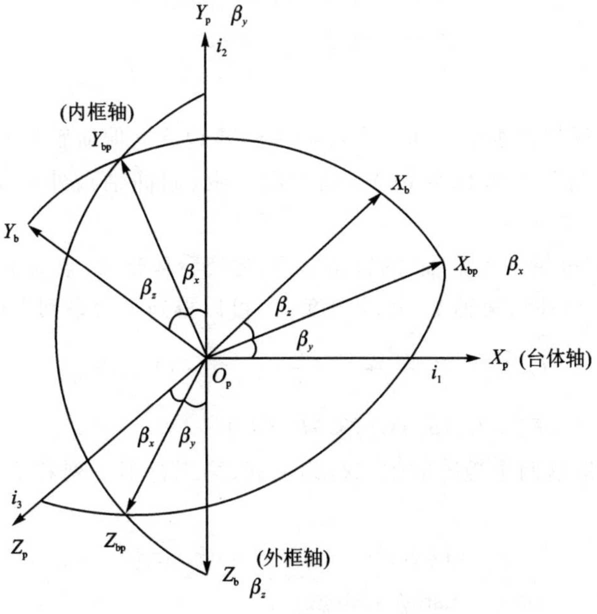

图 4-4　外框轴作俯仰轴的三框架平台各轴输出角转换

取转置后有

$$
\boldsymbol{T}_{\mathrm{b}}^{\mathrm{p}}=(\boldsymbol{T}_{\mathrm{p}}^{\mathrm{b}})^{\mathrm{T}}
=\begin{bmatrix}
\cos\beta_y\cos\beta_z & -\cos\beta_y\sin\beta_z & \sin\beta_y \\
\cos\beta_x\sin\beta_z+\sin\beta_x\sin\beta_y\cos\beta_z & \cos\beta_x\cos\beta_z-\sin\beta_x\sin\beta_y\sin\beta_z & -\sin\beta_x\cos\beta_y \\
\sin\beta_x\sin\beta_z-\cos\beta_x\sin\beta_y\cos\beta_z & \sin\beta_x\cos\beta_z+\cos\beta_x\sin\beta_y\sin\beta_z & \cos\beta_x\cos\beta_y
\end{bmatrix}
\tag{4-2}
$$

选取的平台坐标系应保持同惯性坐标系一致，所以有 $\boldsymbol{T}_{\mathrm{b}}^{\mathrm{p}}=\boldsymbol{T}_{\mathrm{b}}^{\mathrm{i}}$，即式(4-1)和式(4-2)的矩阵元素对应相等。选取这两个矩阵的第二行第一列、第三行第一列和第三行第二列对应元素列出等式，有

$$
\left.\begin{aligned}
\sin\varphi\cos\psi&=\cos\beta_x\sin\beta_z+\sin\beta_x\sin\beta_y\cos\beta_z\\
-\sin\psi&=\sin\beta_x\sin\beta_z-\cos\beta_x\sin\beta_y\cos\beta_z\\
\cos\psi\sin\gamma&=\sin\beta_x\cos\beta_y\cos\beta_z+\sin\beta_y\sin\beta_z
\end{aligned}\right\}
\tag{4-3}
$$

如果弹(箭)在飞行过程中只有俯仰轴作大角度机动，偏航、滚动通道不加飞行程序角，则 ψ,γ 和 β_x,β_y 始终保持小角度，于是式(4-3)作一阶近似化简则成为

$$
\left.\begin{aligned}
\varphi&=\beta_z\\
\psi&=\beta_y\cos\beta_z-\beta_x\sin\beta_z\\
\gamma&=\beta_x\cos\beta_z+\beta_y\sin\beta_z
\end{aligned}\right\}
\tag{4-4}
$$

式(4-4)是在平台外框轴角度传感器的测量基准面是水平面的情况下得到的。一般情况下，弹(箭)是垂直发射的，如仍以水平面作为俯仰测量的零位(即在弹体垂直时，$\beta_z=0$)，则用 $\beta_z+90°$ 替换式(4-4)中的 β_z 即可(因为垂直发射时初始俯仰角 $\varphi_0=90°=\beta_{z0}$)，有

$$
\begin{cases}
\varphi=\beta_z+90°\\
\psi=-(\beta_x\cos\beta_z+\beta_y\sin\beta_z)\\
\gamma=\beta_y\cos\beta_z-\beta_x\sin\beta_z
\end{cases}
$$

2. 安装形式二

三轴稳定平台外框架轴水平方向与飞行器法向轴 O_1Y_{b}(偏航轴)一致，内框架轴向上(滚动轴)，台体轴水平并与平台坐标系 $O_{\mathrm{p}}Y_{\mathrm{p}}$ 轴方向一致(俯仰轴)，外框架随飞行器绕 O_1X_{b}、O_1Z_{b} 轴转动，如图4-5所示。

按照“台体轴—内框轴—外框轴”的转角顺序，先绕台体轴 Z_{p} 转动角度 β_z，再绕内框架轴 X_{p} 转动角度 β_x，最后绕外框架轴 Y_{p} 转动角度 β_y，可以得到平台系到本体系的转换关系为

$$
O_{\mathrm{p}}X_{\mathrm{p}}Y_{\mathrm{p}}Z_{\mathrm{p}}\xrightarrow[Z]{\beta_z}\xrightarrow[X]{\beta_x}\xrightarrow[Y]{\beta_y}O_1X_{\mathrm{b}}Y_{\mathrm{b}}Z_{\mathrm{b}}
$$

$$
\boldsymbol{T}_{\mathrm{p}}^{\mathrm{b}}=\boldsymbol{L}_y(\beta_y)\boldsymbol{L}_x(\beta_x)\boldsymbol{L}_z(\beta_z)
$$

由于 $\boldsymbol{T}_{\mathrm{b}}^{\mathrm{p}}=\boldsymbol{T}_{\mathrm{b}}^{\mathrm{i}}$，选取这两个矩阵的第二行第一列、第三行第一列和第三行第二列对应元素列出等式，有

$$
\begin{aligned}
\sin\varphi\cos\psi&=\sin\beta_z+\sin\beta_x\sin\beta_y\\
-\sin\psi&=\sin\beta_y\\
\cos\psi\sin\gamma&=\sin\beta_x
\end{aligned}
$$

当在弹面内飞行 ψ、γ、β_x 和 β_y 为小角度时，姿态角近似为

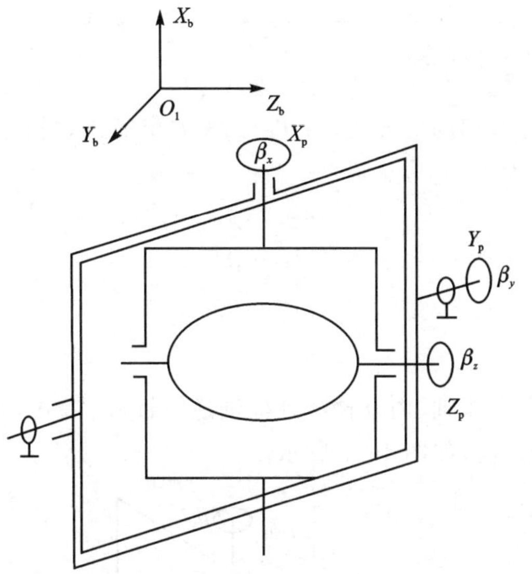

图 4-5　三轴稳定平台框架安装形式二(外框架用作偏航轴)

$$\begin{cases} \varphi = \beta_z \\ \psi = -\beta_y \\ \gamma = \beta_x \end{cases}$$

3. 安装形式三

将安装形式二的平台框架绕台体轴逆时针方向转 90°,使外框架轴向上与飞行器纵轴 O_1X_b 方向一致,如 4-6 所示。

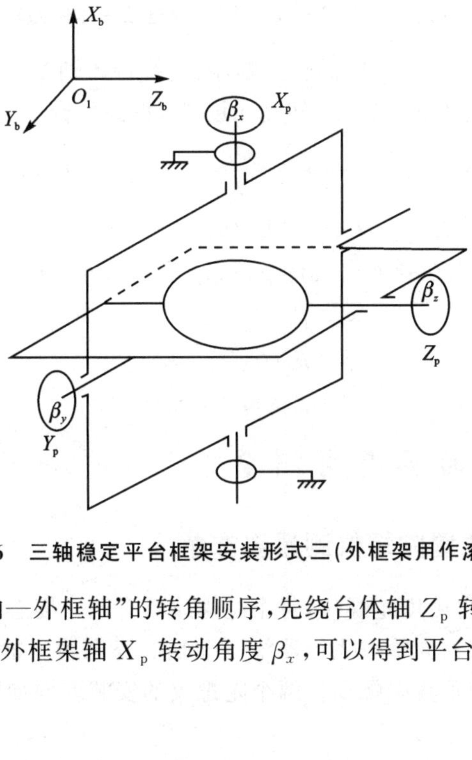

图 4-6　三轴稳定平台框架安装形式三(外框架用作滚动轴)

按照“台体轴—内框轴—外框轴”的转角顺序,先绕台体轴 Z_p 转动角度 β_z,然后绕内框架轴 Y_p 转动角度 β_y,最后绕外框架轴 X_p 转动角度 β_x,可以得到平台系到本体系的转换关系为

$$O_pX_pY_pZ_p \xrightarrow[Z]{\beta_z} \xrightarrow[Y]{\beta_y} \xrightarrow[X]{\beta_x} O_1X_bY_bZ_b$$

$$\boldsymbol{T}_p^b=\boldsymbol{L}_x(\beta_x)\boldsymbol{L}_y(\beta_y)\boldsymbol{L}_z(\beta_z)$$

采用与之前的安装方式相同的方法，由 $\boldsymbol{T}_b^p=\boldsymbol{T}_b^i$ 列出等式，当在弹面内飞行 ψ、γ、β_x 和 β_y 为小角度时，姿态角近似为

$$\begin{cases}\varphi=\beta_z\\ \psi=\beta_y\\ \gamma=\beta_x\end{cases}$$

4. 安装形式四

将安装形式一的平台台体轴、内框轴绕外框轴逆时针旋转 90°，则得到另一种平台框架取向形式，即台体轴成水平方向，如图 4-7 所示。

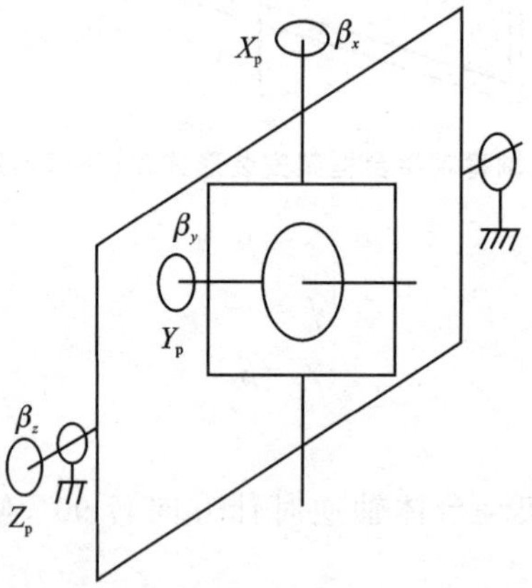

图 4-7　三轴稳定平台框架安装形式四(外框架用作俯仰轴、台体轴水平)

按照“台体轴—内框轴—外框轴”的转角顺序，先绕台体轴 Y_p 转动角度 β_y，然后绕内框架轴 X_p 转动角度 β_x，最后绕外框架轴 Z_p 转动角度 β_z，得到平台系到本体系的转换关系为

$$O_pX_pY_pZ_p \xrightarrow[Y]{\beta_y} \xrightarrow[X]{\beta_x} \xrightarrow[Z]{\beta_z} O_1X_bY_bZ_b$$

$$\boldsymbol{T}_p^b=\boldsymbol{L}_z(\beta_z)\boldsymbol{L}_x(\beta_x)\boldsymbol{L}_y(\beta_y)$$

由 $\boldsymbol{T}_b^p=\boldsymbol{T}_b^i$ 列出等式，当在弹面内飞行 ψ、γ、β_x 和 β_y 为小角度时，姿态角近似为

$$\begin{cases}\varphi=\beta_z\\ \psi=\beta_x\cos\beta_z-\beta_y\sin\beta_z\\ \gamma=\beta_x\sin\beta_z+\beta_y\cos\beta_z\end{cases}$$

4.2.2 捷联惯导的姿态角测量

4.2.2.1 利用角位置陀螺仪测量姿态角

飞行器上安装两个二自由度陀螺仪，每个陀螺仪具有两个姿态角测量轴，所以两个陀螺仪可以提供四个测量轴，能够共同拾取飞行器绕三个轴的姿态角。根据两个陀螺仪安装方式不同，分别称为水平陀螺仪和垂直陀螺仪。两个陀螺仪的安装取向如图 4-8 所示。

二自由度陀螺仪亦称自由陀螺仪，它有三个互相垂直的轴：转子轴、内环轴、外环轴。转子轴（H 轴）保持陀螺定轴性，不能给出测量角度信息，只有内、外环轴能够测出飞行器的姿态角。按图 4－8 所示的陀螺仪安装取向，水平陀螺仪的外环轴用以测量俯仰角，垂直陀螺仪的内环轴测量滚动角，外环轴测量偏航角，水平陀螺仪的内环轴可以作为测量冗余轴。两个自由陀螺仪测量姿态角的原理与三轴陀螺稳定平台相似，转子轴视为平台台体轴，转子轴、内环轴、外环轴保持互相垂直。陀螺仪内、外环轴测量的欧拉角对应飞行器运动的姿态角。欧拉角旋转顺序是以二自由度陀螺仪的转子轴旋转起，再绕内环轴旋转，最后绕外环轴旋转，经这样旋转后得到的一组欧拉角就是测量的姿态角。

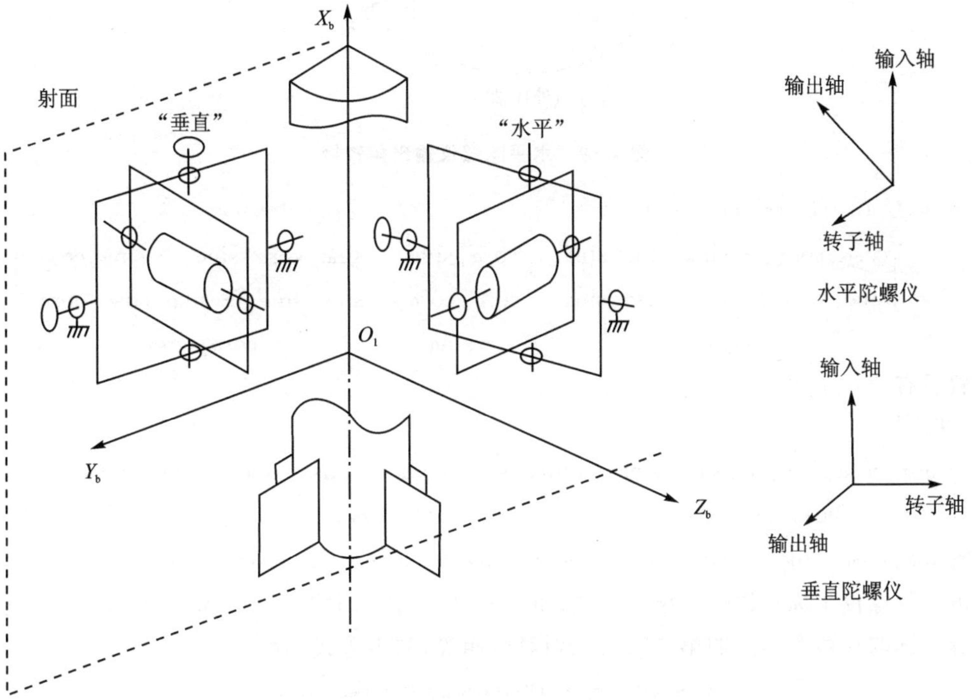

图 4－8　水平陀螺仪、垂直陀螺仪在飞行器上的安装取向

飞行器运动时，陀螺仪内、外轴传感器测出的转角是欧拉角组中的两个角度。这两个欧拉角与姿态角的对应关系取决于陀螺仪坐标系与本体系之间的取向位置，即取决于陀螺仪转子轴、内环轴和外环轴的安装取向。

1. 水平陀螺仪输出角

在水平陀螺仪转子轴发射时与射面平行的情况下（如图 4－8 所示），其欧拉角转动次序是：先绕轴 OY_p（陀螺仪转子轴）转动 α_y 角（水平陀螺的外框在飞行器上的安装角，是一个定值），再绕轴 OX'（内框轴）转动 α_x 角（内框测量角），最后绕 OZ_b 轴（外框轴）转动 α_z 角（外框测量角），转角关系如图 4－9 所示。

由此可以得到陀螺仪坐标系 $O_pX_pY_pZ_p$（与惯性系一致）到本体系的转换关系为

$$O_pX_pY_pZ_p \xrightarrow[Y]{\alpha_y} \quad \xrightarrow[X]{\alpha_x} \quad \xrightarrow[Z]{\alpha_z} O_1X_bY_bZ_b$$

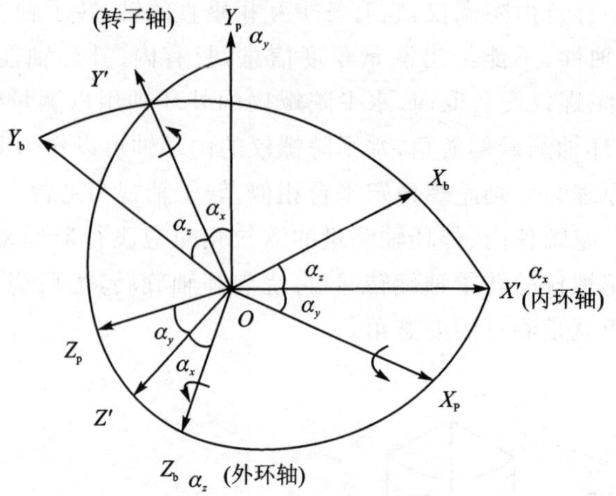

图 4-9　水平陀螺仪输出角转换

$$
\begin{aligned}
\boldsymbol{T}_{\mathrm{p}}^{\mathrm{b}} &= \boldsymbol{L}_z(\alpha_z)\boldsymbol{L}_x(\alpha_x)\boldsymbol{L}_y(\alpha_y) \\
&= \begin{bmatrix}
\cos\alpha_y\cos\alpha_z + \sin\alpha_x\sin\alpha_y\sin\alpha_z & \cos\alpha_x\sin\alpha_z & \sin\alpha_x\cos\alpha_y\sin\alpha_z - \sin\alpha_y\cos\alpha_z \\
\sin\alpha_x\sin\alpha_y\cos\alpha_z - \cos\alpha_y\sin\alpha_z & \cos\alpha_x\cos\alpha_z & \sin\alpha_y\sin\alpha_z + \sin\alpha_x\cos\alpha_y\cos\alpha_z \\
\cos\alpha_x\sin\alpha_y & -\sin\alpha_x & \cos\alpha_x\cos\alpha_y
\end{bmatrix}
\end{aligned}
$$

取转置后有

$$
\begin{aligned}
\boldsymbol{T}_{\mathrm{b}}^{\mathrm{p}} &= (\boldsymbol{T}_{\mathrm{p}}^{\mathrm{b}})^{\mathrm{T}} \\
&= \begin{bmatrix}
\cos\alpha_y\cos\alpha_z + \sin\alpha_x\sin\alpha_y\sin\alpha_z & \sin\alpha_x\sin\alpha_y\cos\alpha_z - \cos\alpha_y\sin\alpha_z & \cos\alpha_x\sin\alpha_y \\
\cos\alpha_x\sin\alpha_z & \cos\alpha_x\cos\alpha_z & -\sin\alpha_x \\
\sin\alpha_x\cos\alpha_y\sin\alpha_z - \sin\alpha_y\cos\alpha_z & \sin\alpha_y\sin\alpha_z + \sin\alpha_x\cos\alpha_y\cos\alpha_z & \cos\alpha_x\cos\alpha_y
\end{bmatrix}
\end{aligned} \tag{4-5}
$$

由于陀螺仪坐标与惯性坐标系一致，所以有 $\boldsymbol{T}_{\mathrm{b}}^{\mathrm{p}} = \boldsymbol{T}_{\mathrm{b}}^{\mathrm{i}}$，即式(4-1)和式(4-5)矩阵元素对应相等。选取这两个矩阵的第二行第二列对应相等，列出等式，有

$$\cos\gamma\cos\varphi + \sin\gamma\sin\psi\sin\varphi = \cos\alpha_x\cos\alpha_z$$

当在弹面内飞行时，ψ、γ 较小，水平陀螺仪内环测量 α_x 较小，则对上式取一阶近似，有

$$\cos\varphi = \cos\alpha_z \Rightarrow \varphi = \alpha_z$$

上式表明，水平陀螺仪外环轴传感器测出的转角是飞行器俯仰角。如利用内环轴输出角，用式(4-1)和式(4-5)矩阵元素第二行第三列列出等式，得

$$-\sin\alpha_x = -\sin\gamma\cos\varphi + \cos\gamma\sin\psi\sin\varphi$$

ψ、γ 小角度一阶近似情况下，有

$$\alpha_x = \gamma\cos\varphi - \psi\sin\varphi$$

2. 垂直陀螺仪内、外环轴的输出角

在垂直陀螺仪转子轴发射时与射面垂直的情况下(如图 4-8 所示)，其转角关系如图 4-10 所示，其欧拉角转动次序是：先绕轴 OZ_{p}(陀螺仪转子轴)转动 α_z 角(垂直陀螺的外框在飞行器上的安装角)，再绕轴 OX'(内框轴)转动 α_x 角(内框测量角)，最后绕 OY_{b} 轴(外框轴)转动 α_y 角(外框测量角)。

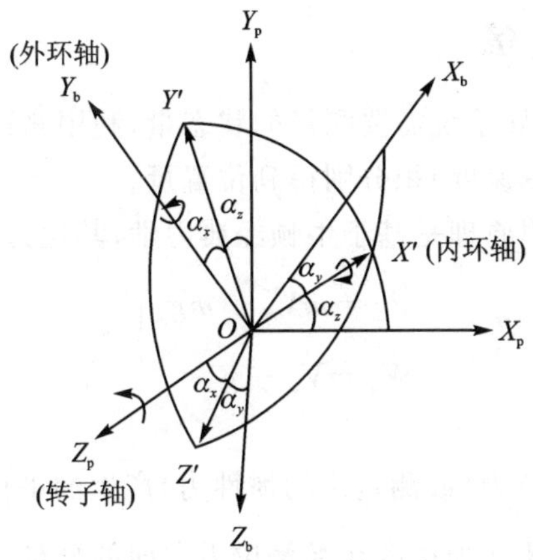

图 4-10　垂直陀螺仪输出角转换

由此可以得到陀螺仪坐标系 $O_pX_pY_pZ_p$(与惯性系一致)到本体系的转换关系为

$$O_pX_pY_pZ_p \xrightarrow[Z]{\alpha_z} \xrightarrow[X]{\alpha_x} \xrightarrow[Y]{\alpha_y} O_1X_bY_bZ_b$$

$$\boldsymbol{T}_p^b = \boldsymbol{L}_y(\alpha_y)\boldsymbol{L}_x(\alpha_x)\boldsymbol{L}_z(\alpha_z)$$

转换阵为

$$\boldsymbol{T}_b^p = (\boldsymbol{T}_p^b)^T = \begin{bmatrix} \cos\alpha_z\cos\alpha_y - \sin\alpha_z\sin\alpha_y\sin\alpha_x & -\sin\alpha_z\sin\alpha_x & \cos\alpha_z\sin\alpha_x + \sin\alpha_z\cos\alpha_y\sin\alpha_x \\ \sin\alpha_z\cos\alpha_y + \cos\alpha_z\sin\alpha_y\sin\alpha_x & \cos\alpha_z\cos\alpha_x & \sin\alpha_z\sin\alpha_y - \cos\alpha_z\cos\alpha_y\sin\alpha_x \\ \cos\alpha_z\sin\alpha_y\sin\alpha_x - \sin\alpha_y\cos\alpha_z & \sin\alpha_x & \cos\alpha_y\cos\alpha_x \end{bmatrix} \tag{4-6}$$

由于 $\boldsymbol{T}_b^p = \boldsymbol{T}_b^i$,即式(4-1)和式(4-6)矩阵元素对应相等。选取这两个矩阵的第三行第一列和第三行第二列列出等式,有

$$-\sin\psi = -\sin\alpha_y\cos\alpha_x$$
$$\cos\psi\sin\gamma = \sin\alpha_x$$

取小角度一阶近似(弹面内飞行时,ψ、γ、α_y、α_x 为小角)后,得

$$\begin{cases} \psi = \alpha_y \\ \gamma = \alpha_x \end{cases}$$

4.2.2.2　利用角速度陀螺仪测量姿态角

角速度陀螺仪传感器测出飞行器角速度或角增量时,经适当计算变换可得到姿态角。利用飞行器每个轴上捷联安装的角速度陀螺仪测出绕飞行器对应惯性主轴的角速度,再由式(2-47)中欧拉角速度与本体系下 3 轴角速度的关系式,求得欧拉角的微分方程为

$$\begin{bmatrix} \omega_{xb} \\ \omega_{yb} \\ \omega_{zb} \end{bmatrix} = \begin{bmatrix} \dot{\gamma} - \dot{\varphi}\sin\psi \\ \dot{\psi}\cos\gamma + \dot{\varphi}\sin\gamma\cos\psi \\ -\dot{\psi}\sin\gamma + \dot{\varphi}\cos\gamma\cos\psi \end{bmatrix} \Rightarrow \begin{bmatrix} \dot{\varphi} \\ \dot{\psi} \\ \dot{\gamma} \end{bmatrix} = \begin{bmatrix} 0 & \sec\psi\sin\gamma & \sec\psi\cos\gamma \\ 0 & \cos\gamma & -\sin\gamma \\ 1 & -\sin\gamma\tan\psi & \cot\gamma\cot\psi \end{bmatrix} \begin{bmatrix} \omega_{xb} \\ \omega_{yb} \\ \omega_{zb} \end{bmatrix}$$

式中,本体系下的 3 轴角速度 $[\omega_{xb} \quad \omega_{xb} \quad \omega_{zb}]^T$ 由角速率陀螺测量。对上式数值积分即可得到 3 个欧拉角 $[\varphi \quad \psi \quad \gamma]^T$。

4.2.3 惯性测速定位

飞行器的速度、位置是制导系统需要测量的状态量，利用测速元件测量获取飞行器的加速度（或速度）量，再对加速度（或速度）积分则得到位置量。

惯性加速度计的测量作用原理是基于牛顿经典力学，其比力方程为

$$\left.\begin{aligned} F_\alpha &= m\dot{V}_\alpha - mg_\alpha \\ \dot{W}_\alpha &= \dot{V}_\alpha - g_\alpha \end{aligned}\right\} \tag{4-7}$$

式中，α——x，y，z；

F_α——加速度计的弹簧拉力（或测量头的惯性力）产生的平衡力；

$\dot{V}_\alpha$——加速度计载体的惯性加速度在弹簧拉力方向的分量；

g_α——加速度计测量方向的地球重力加速度；

$\dot{W}_\alpha$——加速度计的测量值，称为比力或视加速度；

m——加速度计测量头质量。

飞行器在惯性坐标系下的力学平衡方程可写成

$$\left.\begin{aligned} M\dot{\boldsymbol{V}} &= \boldsymbol{P} + \boldsymbol{R} + M\boldsymbol{g} \\ \dot{\boldsymbol{V}} &= \frac{\sum \boldsymbol{F}_i}{M} + \boldsymbol{g} \end{aligned}\right\} \tag{4-8}$$

式中，$\boldsymbol{P}$——发动机推力矢量；

$\boldsymbol{R}$——气动力矢量；

M——飞行器质量；

$\sum \boldsymbol{F}_i$——不包含引力的合外力。

对比式（4-7）和式（4-8），可得视加速度 $\dot{\boldsymbol{W}} = \dfrac{\sum \boldsymbol{F}_i}{M}$，可以看出飞行器飞行中加速度计的测量值中不包含地球引力加速度，即仅能测量对应外力的视加速度，若想获得真实加速度，还需要知道测量点的引力模型。

装在陀螺稳定平台上的测速元件一般是三个正交安装的加速度计，分别测量飞行器在惯性坐标系三个轴向的视加速度，然后利用地球引力场模型和加速度计输出量来计算真速度 $\boldsymbol{V}$、真位置 $\boldsymbol{r}$，其表达式为

$$\begin{cases} \boldsymbol{V} = \int_0^t (\dot{\boldsymbol{W}} + \boldsymbol{g})\,\mathrm{d}t \\ \boldsymbol{r} = \int_0^t \boldsymbol{V}\mathrm{d}t \end{cases}$$

在捷联式控制系统中，加速度计固连安装于飞行器上，敏感测量飞行器加速度的方向与本体系一致，要获取惯性坐标系上的量需经过本体系向惯性坐标系转换。两坐标系转换的角度中间参量由速率型陀螺仪输出角增量或角位置陀螺仪输出角得到。利用加速度量测量和姿态角量测量，可建立加速度测量的转换关系为

$$\dot{\boldsymbol{W}} = \boldsymbol{T}_{\mathrm{b}}^{\mathrm{i}}\dot{\boldsymbol{W}}_{\mathrm{b}}$$

式中，$\dot{\boldsymbol{W}}_b$——捷联安装在飞行器上的 3 轴加速度计量测量；

$\dot{\boldsymbol{W}}$——转换到惯性系的视加速度。

惯导导航系统的位置、速度计算流程如图 4-11 所示。其中，$\boldsymbol{r}(t_0)$、$\boldsymbol{V}(t_0)$是位置、速度的初值。

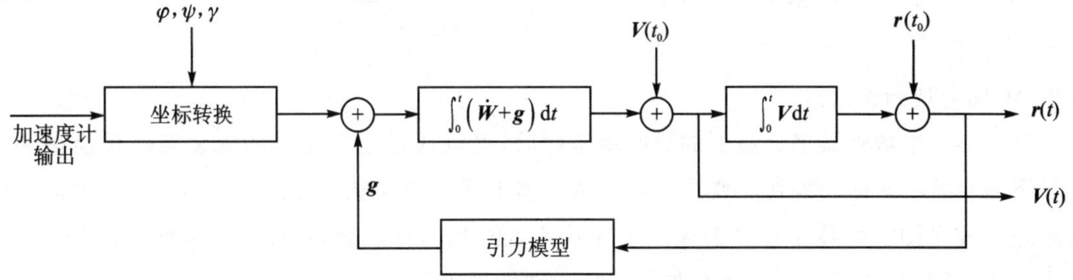

图 4-11　惯导位置、速度计算流程

4.3　天文导航系统

4.3.1　天文导航的姿态测量

在弹(箭)飞行轨道的自由段，由于不受发动机推力和其他外界的干扰，弹(箭)体稳定，此时可以采用天文导航来校准惯导的陀螺漂移，与惯导构成组合导航系统实现高精度的自主姿态测量。

天文导航定姿主要是运用星敏感器测量导航星得到载体相对于地心惯性坐标系的姿态。相比于惯导，定姿精度具有不随时间漂移的优点。

星敏感器通过敏感星体的辐射能量(可见光或红外)来测量飞行载体的某一基准轴与该颗已知星体的星光之间的夹角，因此星敏感器可以测量获取载体相对于惯性空间的姿态方位信息。星敏感器成像测量原理如图 4-12 所示。

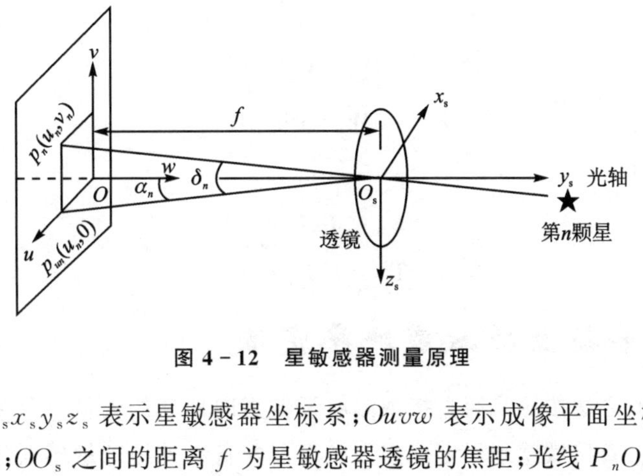

图 4-12　星敏感器测量原理

图 4-12 中，$O_sx_sy_sz_s$ 表示星敏感器坐标系；$Ouvw$ 表示成像平面坐标系；y_s 与 w 重合并沿光轴 OO_s 方向；OO_s 之间的距离 f 为星敏感器透镜的焦距；光线 P_nO_s 在 Ouw 平面的投影为 $P_{un}O_s$；$P_{un}O_s$ 与 OO_s 之间的夹角为 α_n；$P_{un}O_s$ 与 P_nO_s 之间的夹角为 δ_n。

首先定义两个概念:观测矢量和参考矢量。

对导航星在 CCD 面阵上的投影光点进行质心提取,得到其像点坐标为(u_n, v_n),这样便可得到导航星星光 $\boldsymbol{P}_n\boldsymbol{O}_s$ 的单位矢量。该矢量在星敏感器坐标系 $O_s x_s y_s z_s$ 中的表示为

$$\boldsymbol{W} = \begin{bmatrix} \cos\delta_n \sin\alpha_n \\ \cos\delta_n \cos\alpha_n \\ \sin\delta_n \end{bmatrix} = \frac{1}{\sqrt{u_n^2 + v_n^2 + f^2}} \begin{bmatrix} u_n \\ f \\ v_n \end{bmatrix} \tag{4-9}$$

式中,$\boldsymbol{W}$ 称为观测矢量。

在获得了星敏感器坐标系下的导航星坐标后,可以通过星敏感器的安装矩阵转换得到本体系下的导航星坐标。现在需要获得在星敏感器上成像的导航星在惯性坐标系下的坐标。通过星跟踪或星图识别技术在导航星库中查找所观测到的导航星,可以得到导航恒星的赤经 λ 和赤纬 δ。该导航恒星星光的单位矢量在地心惯性系下的位置坐标表示为

$$\boldsymbol{V} = \begin{bmatrix} \cos\lambda\cos\delta \\ \sin\lambda\cos\delta \\ \sin\delta \end{bmatrix} \tag{4-10}$$

式中,$\boldsymbol{V}$ 称为参考矢量。

式(4-9)和式(4-10)是同一个矢量在不同坐标系下的坐标,其关系为

$$\boldsymbol{W} = \boldsymbol{T}_b^s \boldsymbol{T}_i^b \boldsymbol{V}$$

式中,$\boldsymbol{T}_i^b$ 为待求的姿态矩阵;$\boldsymbol{T}_b^s$ 为星敏感器的安装矩阵。

姿态矩阵 $\boldsymbol{T}_i^b$ 的求解可以采用双矢量定姿法。在每一时刻星敏感器可以敏感到两个不共线的星光矢量,通过这两个不共线的星光矢量进行飞行器的姿态确定。假设给定两个不平行的惯性系下的参考矢量 $\boldsymbol{V}_1$、$\boldsymbol{V}_2$ 和其对应的星敏感器坐标系下的互不平行的观测矢量 $\boldsymbol{W}_1$、$\boldsymbol{W}_2$,构造一个与二个星光矢量正交的矢量为

$$\boldsymbol{V}_3 = \boldsymbol{V}_1 \times \boldsymbol{V}_2$$
$$\boldsymbol{W}_3 = \boldsymbol{W}_1 \times \boldsymbol{W}_2$$

记

$$\boldsymbol{F}_v = [\boldsymbol{V}_1 \quad \boldsymbol{V}_2 \quad \boldsymbol{V}_3]$$
$$\boldsymbol{F}_w = [\boldsymbol{W}_1 \quad \boldsymbol{W}_2 \quad \boldsymbol{W}_3]$$

则可解出姿态矩阵 $\boldsymbol{T}_i^b$

$$\boldsymbol{F}_w = \boldsymbol{T}_b^s \boldsymbol{T}_i^b \boldsymbol{F}_v$$
$$\boldsymbol{T}_i^b = \boldsymbol{T}_s^b \boldsymbol{F}_w \boldsymbol{F}_v^{-1}$$

4.3.2 天文导航直接敏感地平定位

天文导航定位的方法按照是否直接观测航天器指向地球的矢量可分为两类:直接敏感地平和间接敏感地平。直接敏感地平定位需要航天器配备红外地球敏感器,通过测量地球大气边缘的红外辐射确定航天器指向地球的矢量方向;间接敏感地平定位则是测量被地球大气折

射的恒星矢量来确定航天器指向地球的矢量方向。

直接敏感地平方法的观测量有如下几类：

1. 星光角距

星光角距指从飞行器上观测到的导航恒星的矢量方向与地心矢量方向之间的夹角 α，如图 4－13 所示，其中使用星敏感器观测导航恒星方向矢量 $\boldsymbol{s}$，使用红外地球敏感器观测地心矢量 $\frac{\boldsymbol{r}}{r}$。星光角距的表达式为

$$\alpha=\arccos\left(-\frac{\boldsymbol{r}\cdot\boldsymbol{s}}{r}\right) \tag{4-11}$$

2. 星光仰角

星光仰角是指从飞行器上观测到的导航恒星矢量方向 $\boldsymbol{s}$ 与地球边缘的切线方向之间的夹角 γ，如图 4－14 所示。星光仰角的表达式为

$$\gamma=\arccos\left(-\frac{\boldsymbol{r}\cdot\boldsymbol{s}}{r}\right)-\arcsin\left(\frac{R_{\mathrm{e}}}{r}\right) \tag{4-12}$$

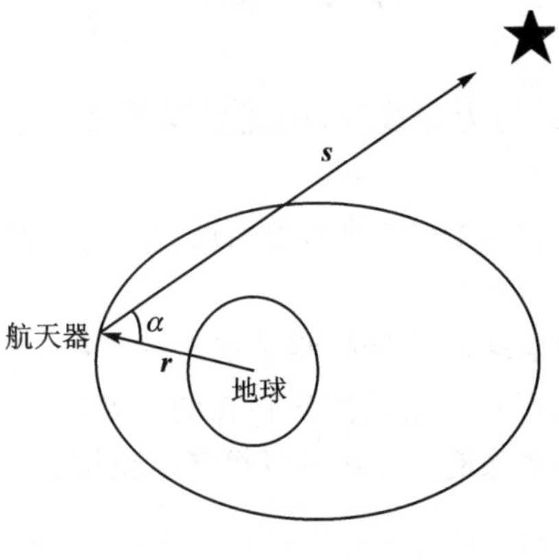

图 4－13　星光角距观测方法

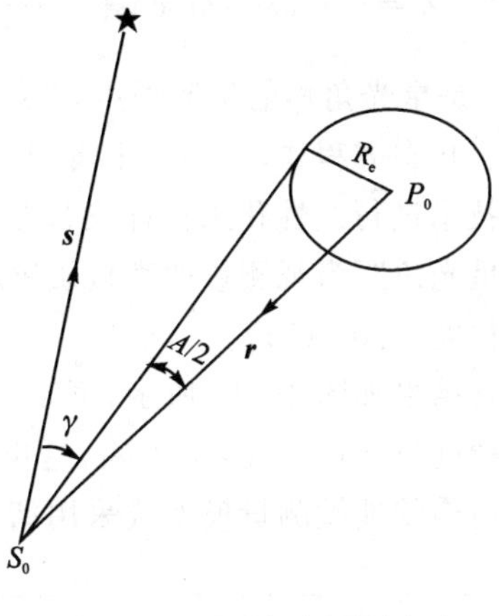

图 4－14　星光仰角观测方法

3. 地心方向矢量

只采用地球敏感器测量地球方向矢量，可得观测量表达式

$$\frac{\boldsymbol{r}}{r}=\frac{[x\quad y\quad z]^{\mathrm{T}}}{\sqrt{x^{2}+y^{2}+z^{2}}} \tag{4-13}$$

式中，$[x\quad y\quad z]^{\mathrm{T}}$ 是飞行器的三轴位置。

可以看出，直接敏感地平的观测量表达式都较为简单，但均为飞行器的三轴位置坐标的非线性函数。在实际定位解算时，天文观测量一般不足 3 个，因此不能通过求解方程组的方法来确定飞行器的位置矢量 $\boldsymbol{r}$，而是采用卡尔曼滤波技术，在已知飞行器的质心运动动力学方程（由轨道参数确定）的情况下，由上述 3 种天文观测量中的一个量测值就能估计出位置矢量 $\boldsymbol{r}$。式(4－14)是考虑了 J_2 引力摄动的轨道动力学方程，可以作为直接敏感地平定位中卡尔曼滤波的状态方程

$$\left.\begin{aligned}
&\frac{\mathrm{d}x}{\mathrm{d}t}=v_x\\
&\frac{\mathrm{d}y}{\mathrm{d}t}=v_y\\
&\frac{\mathrm{d}z}{\mathrm{d}t}=v_z\\
&\frac{\mathrm{d}v_x}{\mathrm{d}t}=-GM\,\frac{x}{r^3}\left[1-J_2\left(\frac{R_e}{r}\right)\left(7.5\,\frac{z^2}{r^2}-1.5\right)\right]+\Delta F_x\\
&\frac{\mathrm{d}v_y}{\mathrm{d}t}=-GM\,\frac{y}{r^3}\left[1-J_2\left(\frac{R_e}{r}\right)\left(7.5\,\frac{z^2}{r^2}-1.5\right)\right]+\Delta F_y\\
&\frac{\mathrm{d}v_z}{\mathrm{d}t}=-GM\,\frac{z}{r^3}\left[1-J_2\left(\frac{R_e}{r}\right)\left(7.5\,\frac{z^2}{r^2}-4.5\right)\right]+\Delta F_z
\end{aligned}\right\}\tag{4-14}$$

式(4－11)～式(4－13)中等号左侧是天文观测设备的量测信号，右侧是关于位置状态量$[x\quad y\quad z]^{\mathrm{T}}$的函数，因此在加入仪器的量测噪声项后可以直接作为卡尔曼滤波中的量测方程，以星光角距观测为例，量测方程可写为

$$Z=\alpha+v_a=\arccos\left(-\frac{\boldsymbol{r}\cdot\boldsymbol{s}}{r}\right)+v_a=\arccos\left(-\frac{xs_x+ys_y+zs_z}{\sqrt{x^2+y^2+z^2}}\right)+v_a\tag{4-15}$$

式中，v_a是星光角矩的量测噪声，$\|\boldsymbol{s}\|=1$。

由于状态方程式(4－14)和量测方程式(4－15)均为非线性，因此采用扩展卡尔曼滤波(EKF)技术进行线性化来估计飞行器位置和速度。

以星光角距为观测量的直接敏感地平仿真条件：星敏感器的测角精度：3″(1σ)；红外地球敏感器精度：0.05°(1σ)。

仿真结果如图4－15所示，可以看出，由于受到地球敏感器的测量误差的影响，滤波结果中位置精度只能达到3 km左右，这也是目前直接敏感地平定位方法存在的主要问题，通过研究更加精确的地敏测量模型或采用精度更高的间接敏感地平方法可以提高定位精度。

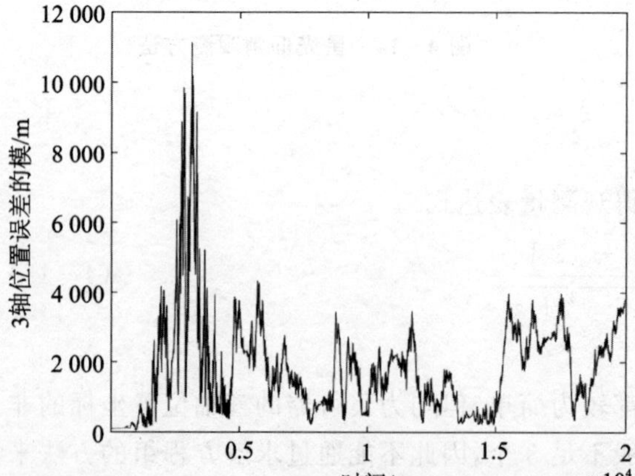

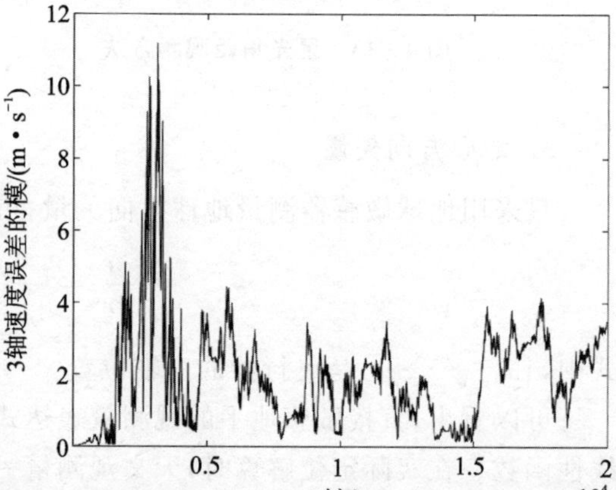

图4－15　直接敏感地平仿真结果

4.3.3　天文导航间接敏感地平定位

间接敏感地平法是利用星敏感器来敏感被地球大气折射后的星光，然后通过星光大气折射模型来确定载体在惯性空间中的位置矢量。其相比直接敏感地平方法的优点是不需要精度较低的地球红外敏感器，但存在折射星不容易捕获的问题。

由于大气密度呈球壳状分布，当星光通过地球大气时，其光线将会向地心方向弯曲。从轨道上看时，当恒星的真实位置已经从地平线上方下沉时（或将要从地平线下方升起时），其视位置保持在地平之上。如图 4－16 所示，从航天器上观测的折射光线相对于地球的视高度为 h_a，而实际上它距离地面在一个略低的高度 h_g。

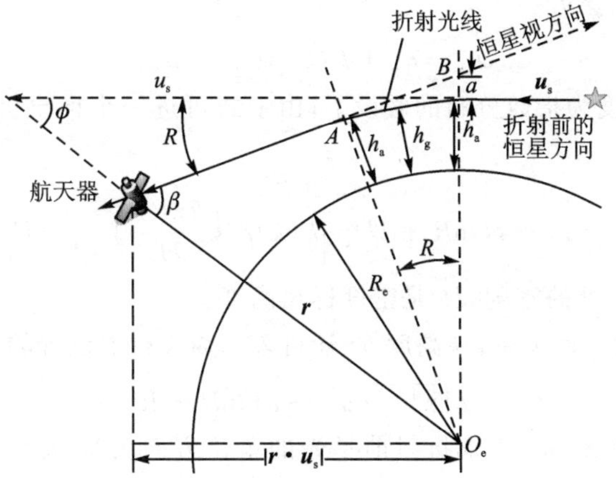

图 4－16　星光折射示意图

折射在距离地球表面越近处越强烈，随着高度的增加越来越弱。一束星光在经过球状分层的大气时，由大气密度的变化决定了星光弯曲的程度。

地球表面的大气密度与海拔高度近似成指数关系，即

$$\rho = \rho_0 \exp\left[-\frac{h-h_0}{H}\right] \tag{4-16}$$

式中，ρ 是高度 h 处的密度；ρ_0 是高度 h_0 处的密度；H 是密度标尺高度，它按照下式定义：

$$H = \frac{R_g T_m}{M_0 g + R_g\left(\dfrac{\mathrm{d}T_m}{\mathrm{d}h}\right)}$$

式中，R_g 为普适气体常数；T_m 为分子标尺温度；M_0 为海平面处的大气分子量；g 是重力加速度。通过对式（4－16）转换，可得到密度标尺高度更直观的表达式为

$$H = (h - h_0)/\ln(\rho_0/\rho)$$

对于理想大气，由于重力加速度和分子标尺温度 T_m 随高度而发生变化，H 也相应地随高度而变化。然而在一个有限的高度范围内，H 的变化是非常小的。如果高度 h_g 处的 H 值在更高的高度处都保持不变，那么星光折射角的一个近似值可以表示为

$$R \approx (\mu_g - 1)\left[\frac{2\pi(R_e + h_g)}{H_g}\right]^{\frac{1}{2}} \tag{4-17}$$

式中,R 为折射角;h_g 为折射光线的切向高度;R_e 为地球半径,μ_g 为高度 h_g 处的折射率系数;H_g 为高度 h_g 处的密度标尺高度。

根据 Gladstone - Dale 定律,折射指数 μ 和大气密度 ρ 的关系为

$$\mu - 1 = k(\lambda)\rho$$

式中,$k(\lambda)$为 Gladstone - Dale 系数,它仅与光波波长 λ 有关。因此,式(4-17)中的折射角可以用大气密度 ρ_g 和折射切向高度 h_g 表示为

$$R \approx k(\lambda)\rho_g \left[\frac{2\pi(R_e + h_g)}{H_g}\right]^{\frac{1}{2}}$$

在地球大气为球状分层大气的假设下,根据球状折射率场的折射定律,可以推导出折射高度 h_g 与视高度 h_a 的关系为

$$h_a = h_g + k(\lambda)\rho(R_e + h_g)$$

进一步,在大气密度为指数分布的假设下,由上式可进一步推出折射视高度 h_a 关于折射角 R 的函数关系为

$$h_a(R,\rho_0) = h_0 - H\ln R + H\ln\left[k(\lambda)\rho_0\left(\frac{2\pi R_e}{H}\right)^{\frac{1}{2}}\right] + R\left(\frac{HR_e}{2\pi}\right)^{\frac{1}{2}} \tag{4-18}$$

式中,ρ_0 是任意高度 h_0 处的密度,H 是密度标尺高度。

根据图 4-16 中的几何关系,视高度 h_a 还可表示为飞行器位置的函数,即

$$h_a = \sqrt{|\boldsymbol{r}|^2 - u^2} + u\tan R - R_e - a \tag{4-19}$$

式中,$\boldsymbol{r}$ 为飞行器位置矢量;$\boldsymbol{u}_s$ 为未折射前星光的单位方向矢量;$u = |\boldsymbol{r} \cdot \boldsymbol{u}_s|$;$a = (1/\cos R)(R_e + h_a)$。

联立式(4-18)和式(4-19),可得关于飞行器位置矢量 $\boldsymbol{r}$ 的方程为

$$\sqrt{|\boldsymbol{r}|^2 - u^2} + u\tan R - R_e - a = h_0 - H\ln R + H\ln\left[k(\lambda)\rho_0\left(\frac{2\pi R_e}{H}\right)^{\frac{1}{2}}\right] + R\left(\frac{HR_e}{2\pi}\right)^{\frac{1}{2}}$$

通过星敏感器观测折射星并确定折射角 R,代入上式可以得到位置矢量 $\boldsymbol{r}$ 的一个表达式。由于折射星的观测条件较为严格,一般情况下只能观测到一颗折射星,需要与航天器的轨道动力学方程一同进行卡尔曼滤波来估计航天器位置矢量 $\boldsymbol{r}$,同时还能够估计出航天器的速度矢量 $\dot{\boldsymbol{r}}$。

采用折射定位的仿真条件:轨道半长轴:$a = 7\ 136.635$ km;偏心率:$e = 1.809 \times 10^{-5}$;轨道倾角:$i = 65.00°$;升交点赤经:$\Omega = 0.00°$;近升角距:$\omega = 1.00°$;滤波时的轨道动力学方程摄动:取至 J_2 项;采样周期:$T = 3$ s;星敏感器量测精度:$3''(1\sigma)$;航天器轨道环境仿真:STK 软件计算高保真轨道。

由于滤波的状态方程(带 J_2 摄动的轨道动力学方程)和间接敏感地平的量测方程均为非线性,采用扩展卡尔曼滤波方法(EKF)得到航天器 3 轴位置和速度的估计均方误差的仿真结果,如图 4-17 所示。当 EKF 滤波进入稳态后,3 轴位置的均方误差估计平均值为 250 m;3 轴速度的均方误差估计平均值为 0.24 m/s。

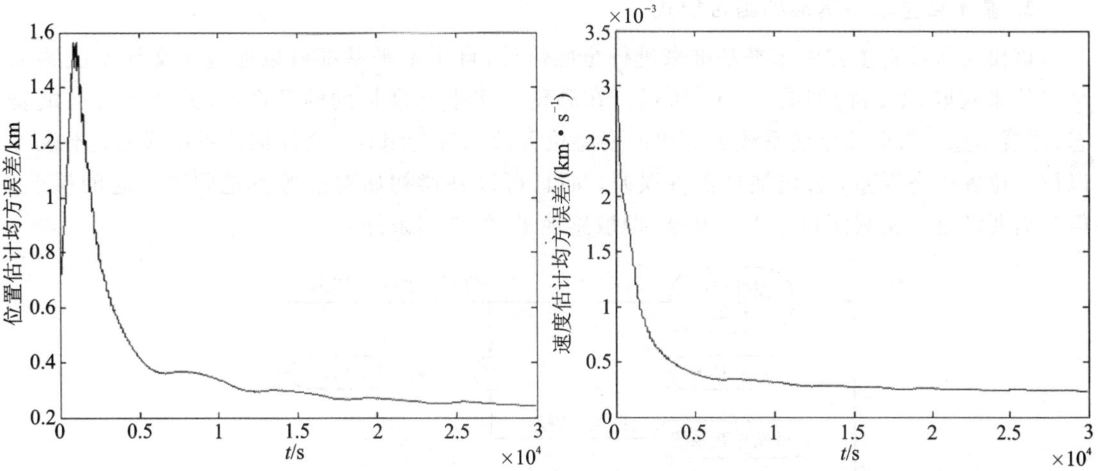

图 4-17　间接敏感地平的仿真结果

4.3.4　惯导/天文组合导航系统

惯导系统具有输出连续和纯自主的优点，但存在误差随时间漂移的问题，天文导航系统的误差不随时间累积且自主性强，但输出频率较低，利用卡尔曼滤波技术将惯导与天文导航系统组合构成惯导/天文(INS/CNS)组合导航系统，利用天文导航误差不随时间漂移的特点校正惯导的陀螺漂移，能够实现高精度的定姿和定位，且惯导和天文导航均是自主导航方式，二者构成的组合导航系统具有可靠性高的优点，对于弹道导弹这类具有战略意义的飞行器至关重要。

4.3.4.1　惯导/天文组合模式介绍

目前惯导/天文组合导航可分为三种组合模式：基于惯导水平基准的组合模式、基于自主水平基准的组合模式和深度组合模式。

1. 基于惯导水平基准的组合模式

该模式是目前应用最广泛的惯导/天文组合导航方式，其结构如图 4-18 所示。惯导系统独立工作，提供姿态、位置、速度等各种导航数据；天文导航系统解算出所需的姿态和位置，直接对惯导系统输出的位置、姿态信息进行校正。这种组合模式在国内外已得到广泛应用，如 NAS-26 惯性/天文组合导航系统。其缺点是导航误差会随着惯导水平基准的漂移而逐步发散。

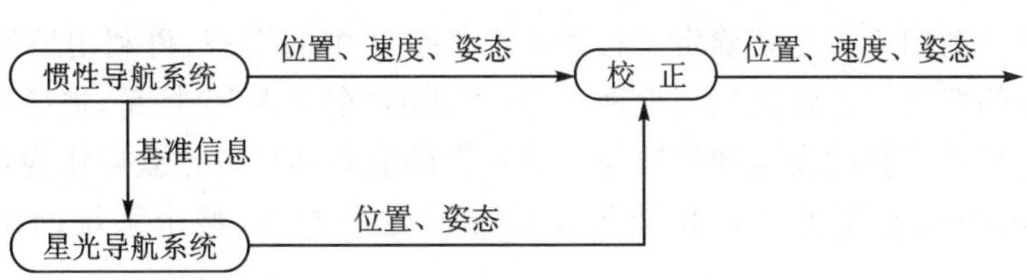

图 4-18　基于惯导水平基准组合模式的结构

2. 基于自主水平基准的组合模式

该模式通过自主提供水平基准来进行全面估计，自主水平基准可以通过天文导航敏感地平定位来获取，其结构如图 4－19 所示。在高精度水平基准辅助的条件下，天文导航提供姿态、位置信息，与惯性导航系统解算出的姿态位置信息进行组合，全面估计系统误差，不仅可以校正位置姿态误差，补偿惯性器件误差，而且可以补偿初始对准等其他因素引起的误差。但其需要满足天文观测自主水平基准(即敏感地平)的观测条件。

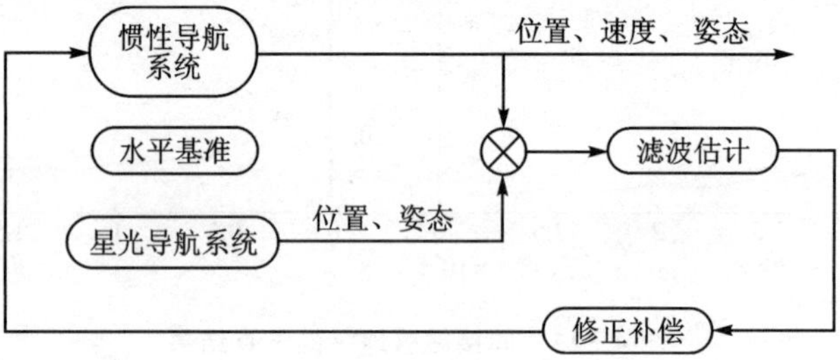

图 4－19　基于自主水平基准组合模式的结构

3. 深度组合模式

该模式中惯性导航系统和天文导航系统相互辅助进行导航，其结构如图 4－20 所示。天文导航系统利用惯导提供的不精确的位置和姿态信息辅助进行星图成像、星图识别、导航解算等功能，惯性导航系统则利用天文导航系统解算出的姿态位置信息进行惯性器件误差补偿。从未来发展趋势看，该模式最具有发展前景，但目前仍处于理论研究阶段。

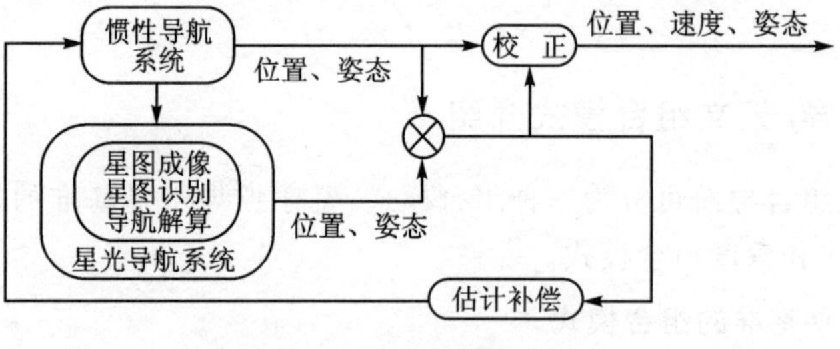

图 4－20　深度组合模式的结构

4.3.4.2　基于自主水平基准的惯导/天文组合导航方法

弹道式飞行器在自由段运行时可以通过天文导航直接或间接敏感地平并结合轨道动力学滤波确定飞行器的位置，从而可以确定一个不随时间发散的水平基准(当地的水平面在惯性空间中的指向)；然后利用天文定姿确定飞行器在惯性空间中的姿态；再利用惯导解算的经纬度将天文导航解算的惯性姿态转换到当地地理系(当地的"东北天"坐标系，惯导解算姿态常用此坐标系)；最后将惯导解算的姿态和位置与天文解算的姿态和位置作差后作为观测量送入卡尔曼滤波器，估计出的状态误差可以快速校正惯导的陀螺漂移，整个系统的结构如图 4－21 所示。

图 4－21 中的天文导航敏感地平定位可以利用 4.3.2 和 4.3.3 小节的方法求解，天文定姿可以利用 4.3.1 小节的方法求解。

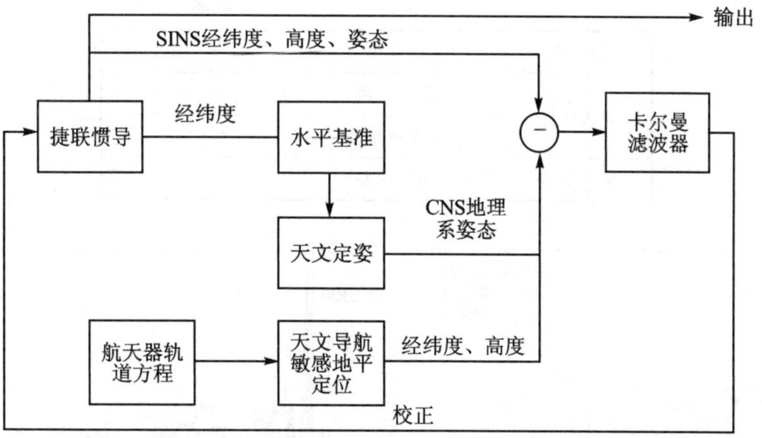

图 4-21　基于自主水平基准的惯导/天文组合导航结构框图

组合导航系统的卡尔曼滤波器中，状态方程采用惯导系统的误差状态方程，是一组线性常微分方程组，其中的状态量就是惯导系统待修正的参数。惯导误差状态方程为

$$\dot{\boldsymbol{X}} = \boldsymbol{F}\boldsymbol{X} + \boldsymbol{G}\boldsymbol{W}$$

式中，$\boldsymbol{F}$ 为系统矩阵，$\boldsymbol{W}$ 是陀螺和加速度计的随机噪声向量，$\boldsymbol{G}$ 是噪声驱动矩阵，$\boldsymbol{F}$ 和 $\boldsymbol{G}$ 的具体形式见参考文献[5]，$\boldsymbol{X}$ 是惯导误差状态向量，其表达式为

$$\boldsymbol{X} = [\delta L \quad \delta\lambda \quad \delta h \quad \delta v_{\mathrm{E}} \quad \delta v_{\mathrm{N}} \quad \delta v_{\mathrm{U}} \quad \phi_x \quad \phi_y \quad \phi_z \quad \varepsilon_x \quad \varepsilon_y \quad \varepsilon_z \quad \nabla_x \quad \nabla_y \quad \nabla_z]^{\mathrm{T}}$$

式中，δL、$\delta\lambda$、δh——纬度误差、经度误差和高度误差；

δv_{E}、δv_{N}、δv_{U}——当地地理系中的东向速度误差、北向速度误差和天向速度误差；

ϕ_x、ϕ_y、ϕ_z——平台误差角的 3 轴分量；

ε_x、ε_y、ε_z——三轴陀螺常值漂移误差；

∇_x、∇_y、∇_z——三轴加速度计常值零偏。

卡尔曼滤波器中的量测方程为

$$\boldsymbol{Z} = \boldsymbol{H}\boldsymbol{X} + \boldsymbol{V}$$

式中，$\boldsymbol{V}$ 是量测噪声向量，$\boldsymbol{H}$ 是量测矩阵，表达式为

$$\boldsymbol{H} = \begin{bmatrix} \boldsymbol{I}_{3\times3} & \boldsymbol{0}_{3\times3} & \boldsymbol{0}_{3\times3} & \boldsymbol{0}_{3\times6} \\ \boldsymbol{0}_{3\times3} & \boldsymbol{0}_{3\times3} & \boldsymbol{M}_{\phi}^{\delta} & \boldsymbol{0}_{3\times6} \end{bmatrix}$$

式中，$\boldsymbol{M}_{\phi}^{\delta}$ 是飞行器姿态误差角与惯导的平台误差角之间的转换矩阵，具体形式见参考文献[6]。

由于状态方程和量测方程均为线性，因此采用标准的卡尔曼滤波来估计惯导误差状态。仿真中的器件误差参数如表 4-1 所列，滤波结果如图 4-22 所示。可以看出，采用组合导航后，惯导的误差累积问题被解决，姿态和位置误差均收敛到了较高的精度，对惯性器件的误差估计也收敛到了真值附近。

表 4-1　器件误差参数

器　件	误差项	参　数
陀螺仪	常值漂移	0.02 (°)/h
	白噪声误差	0.01 (°)/h

续表 4-1

器　件	误差项	参　数
加速度计	常值零偏	$0.5\times10^{-4}g$
	白噪声误差	$0.5\times10^{-5}g$
星敏感器	测角误差	15″

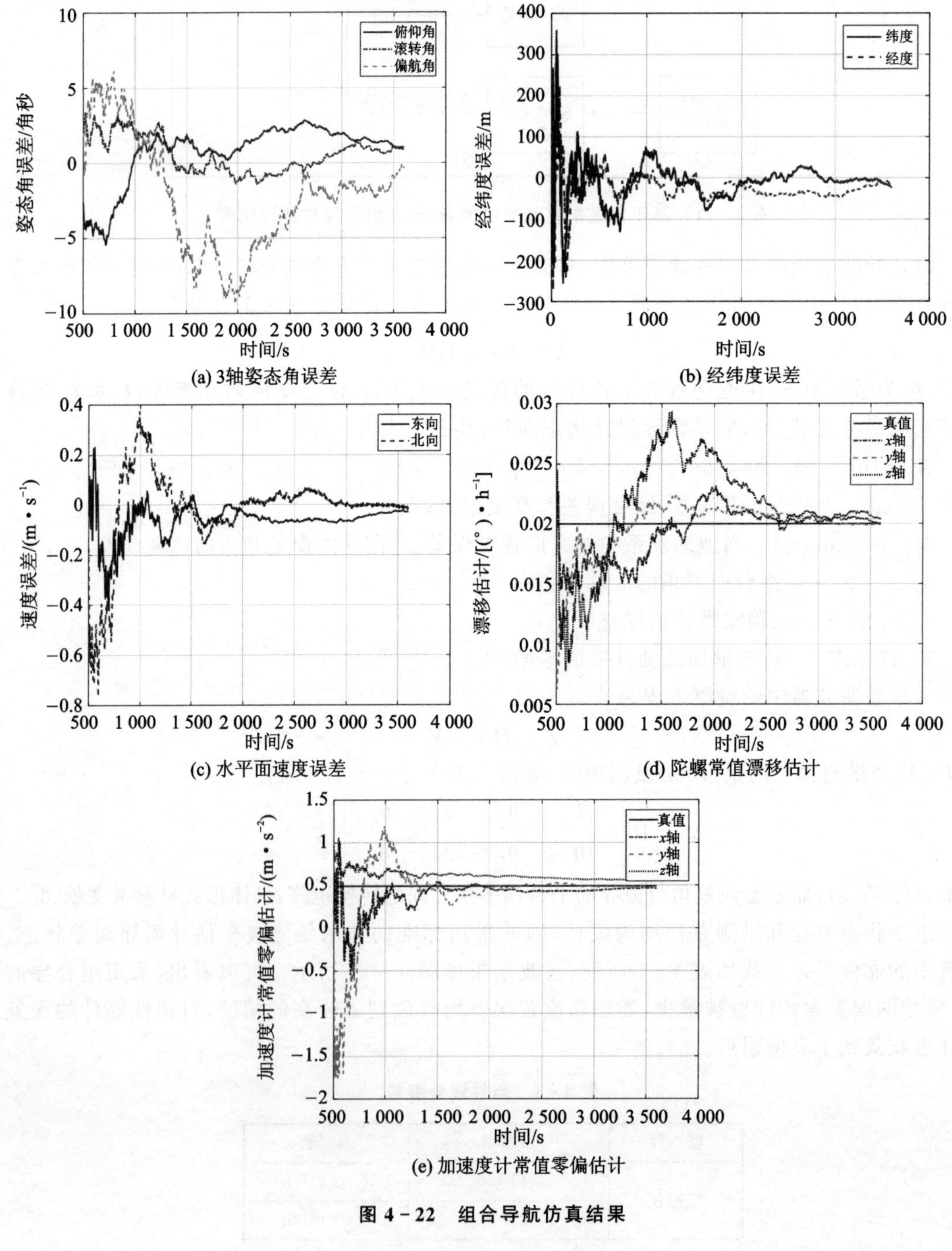

图 4-22　组合导航仿真结果

思考题

1. 简述三轴稳定平台在弹(箭)上的安装形式以及姿态角的获取原理。
2. 阐述单框架捷联惯导系统获取姿态角原理。

第5章　飞行器的制导方法

5.1　制导系统概述

制导系统的主要功能是利用导航系统提供的飞行器运动参数，对质心运动进行控制，按照制导律使飞行器从某一飞行状态达到要求状态的轨道机动，并达到期望的终端条件以保证弹头命中目标或空间有效载荷进入预定轨道。惯性制导是基于惯性方法测得导航状态量，复合制导是以惯性测量运动参数为基础，辅以无线电测量或其他方式测量，获得导航状态量，构成制导律，对飞行器推力实行控制（推力调节、推力终止）和质心运动导引。导引是通过推力矢量控制来完成。

弹道式飞行器在实际飞行中，由于内、外干扰的作用往往偏离目标点（对于空间有效载荷，其预计入轨点可视为目标点），通常可将偏离目标的偏差分解为飞行航路平面内的偏差和偏离这个平面的横向偏差。对于导弹的落点失准，可将偏差分解为射面内的射程偏差（或称纵向偏差）和偏离射面的横向偏差（或称射向偏差）。因而制导的作用可归结为对飞行器运动实行射程控制和横向运动控制。射程控制是实现交会目标的第一条件，追求射程偏差最小。横向控制是实现交会目标的第二条件，使横向偏差小于容许值。

落点的射程偏差和横向偏差是由制导误差和非制导误差造成的。制导误差是因为制导系统存在软件误差和硬件误差所引起，非制导误差是导弹在被动段飞行中由于不进行制导所形成的误差（制导以外的其他误差也列为非制导误差）。

制导误差又分为制导方法误差和制导工具误差。制导方法误差是由于在外干扰作用下，制导方法不完全，软件实现不完善引起的，即软件误差。制导工具误差是由于制导器件不精确引起的，即硬件误差。

非制导误差包括：发动机后效冲量偏差造成的落点偏差，通常叫做后效误差；发射点、目标点的坐标定位误差；重力异常误差，这是由于在计算引力加速度时，把地球看成匀质的椭球体，但实际地球是非匀质的，这样引起引力加速度计算误差。

传统的弹道式飞行器仅在主动段进行制导和控制，但为了实现更高的命中精度，目前先进的弹道飞行器已经在被动段（自由段和再入段）和末段引入了制导和控制。弹（箭）在不同的飞行阶段采用的制导方法也不同，本章按照主动段、被动段（自由段和再入段）和末段来分别介绍各段弹道的制导方法，其中重点介绍主动段的制导方法。

5.2　主动段制导

弹（箭）主动段制导方法可按图5－1所示进行分类。

弹（箭）的标准弹道是没有干扰的弹道，在干扰作用下，弹（箭）会偏离标准弹道。在扰动不太大的情况下，弹（箭）的偏离量可以看作在标准弹道附近的摄动，这种应用摄动理论来解决制导问题的方法称为摄动制导。

与摄动制导方案不同，全量式制导(一些资料上也将全量式制导称作显式制导)方案是以某些参数，例如理论弹道关机点的弹道参数或卫星入轨点参数等作为制导的终端条件，控制弹(箭)的运动，使之满足给定的条件，这样可以保证偏差最小。

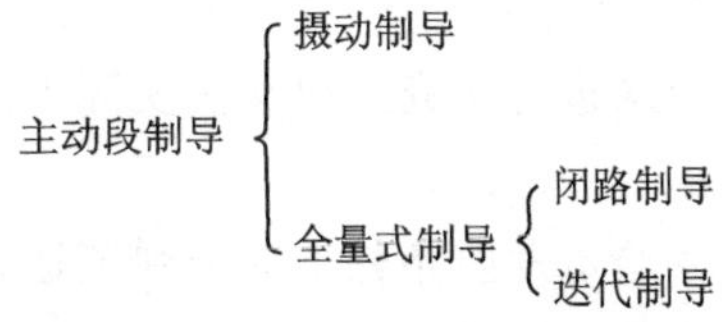

图 5－1　主动段制导方法分类

全量式制导主要有两种方式：一是闭路制导，即根据目标参数计算出弹(箭)在每个时刻的需要速度，在制导期间将飞行器速度向需要速度导引，当达到需要速度时，发出关机信号，这种方案也称为轨道自适应制导方案；二是最优制导，也叫迭代制导，即采用事先计算好的理论弹道，按照理论弹道关机点参数作为迭代条件，这样去保证计算过程与理论弹道基本一致。

我国的长征系列运载火箭的制导方法起步于外干扰补偿制导(早期的制导方法)，历经了摄动制导，逐步过渡到目前的闭环最优制导(迭代制导和其改进方法)。

5.2.1　摄动制导

5.2.1.1　摄动法的基本思想

飞行器动力学给出了飞行器的运动特性，由动力学方程可以计算出飞行弹道。从理论上说，如果知道了发射条件，也就是给出运动方程的一组起始条件，则可以唯一地确定一条弹道。实际上，影响其运动的因素很多，诸如飞行运动的环境条件、弹体本身的特征参数、发动机与控制系统的特性，都会对弹道产生影响，因此，即使给定了发射条件，也无法准确地确定实际运动轨迹，事先只能给出运动的某些平均规律，设法使实际运动规律对这些平均运动规律的偏差是小量，那么就可在平均运动规律的基础上，利用小偏差理论来研究这些偏差对弹体运动特性的影响，称为弹道摄动理论。

为了能反映出飞行器质心运动的“平均”运动情况，需要作出标准条件和标准弹道方程的假设，利用标准弹道方程在标准条件下计算出来的弹道叫标准弹道。

标准条件和标准弹道方程会随着研究问题的内容和性质的不同而有所不同。不同的研究内容，可以有不同的标准条件和标准弹道方程，目的在于保证实际运动弹道对标准弹道的小偏差。

标准条件可以概括为以下三方面：

① 地理条件：地球形状、旋转、重力加速度。

② 气象条件：大气、气温、气压、密度。

③ 弹道条件：弹的尺寸、空气动力系数、重量、发动机推力以及控制系统放大系数等。

把实际弹道飞行条件和标准弹道飞行条件的偏差叫做“摄动”或“扰动”。扰动包括瞬时扰动与经常扰动，或称随机扰动与系统扰动。

研究“扰动”与弹道偏差的关系有两种方法：

① 求差法：分别求解标准条件下的弹道方程和实际条件下的弹道方程，将实际弹道参数和标准弹道参数求差。其优点是不论干扰大小都可避免运动稳定性问题；缺点是计算工作量大；扰动小时，仅仅是两个大数相减，会带来较大的计算误差，要求计算机有较长字长；不便于分析干扰与弹道偏差之间的关系，不方便应用于实际的制导系统。

② 摄动法:亦称微分法,一般情况下扰动较小,可将实际弹道在标准弹道附近展开,取到一阶项来进行研究。摄动法实际上就是线性化法,但该方法存在线性近似带来的运动稳定性问题。

在给定发射条件下标准弹道通过目标,在实际情况下,由于各种扰动因素的影响,实际弹道将偏差标准弹道而产生落点偏差。影响落点偏差的因素很多,可分为两类:一是随机扰动因素,其特点是随机的、无法预知的,由此而引起落点对目标散布,可用数理统计的方法研究散布特性;二是系统扰动因素,其特点是非随机的,理论上说是确定的,但受条件的限制,不能确切掌握精确值,如起飞重量、燃料消耗后的质量等,在标准条件选择适当时,系统扰动为小量,可用摄动法来研究。

由于实际射程 L 是实际飞行条件的函数,也就是发射时的实际气温、气压、重力加速度、发动机推力、空气动力系数等一系列参数的函数,用 $\lambda_i(i=1,2,\cdots,n)$ 来表示这些参数,则射程偏差可以表示为

$$\Delta L = L(\lambda_1,\lambda_2,\cdots,\lambda_n) - \bar{L}(\bar{\lambda}_1,\bar{\lambda}_2,\cdots,\bar{\lambda}_n)$$

式中,$\bar{L}(\bar{\lambda}_1,\bar{\lambda}_2,\cdots,\bar{\lambda}_n)$ 是标准弹道的射程;$\bar{\lambda}_i$ 是标准参数。

将实际射程在标准射程附近进行泰勒展开,则有

$$\Delta L = \sum_{i=1}^{n} \frac{\partial L}{\partial \lambda_i} \Delta\lambda_i \tag{5-1}$$

用式(5-1)来研究由扰动 $\Delta\lambda_i$ 引起的射程偏差 ΔL 的方法就是摄动法。故摄动法的实质就是用线性函数来逼近非线性函数,或者说是用线性微分方程来逼近非线性微分方程。

由于弹(箭)在弹道不同段的运动情况不同,因而扰动也不同。自由段射程只与主动段终点参数有关,如果再近似地将再入段看成是自由段弹道的继续,可将射程写为主动段终点状态的函数

$$L = L(v_{xk},v_{yk},v_{zk},x_k,y_k,z_k,t_k)$$

L 的函数形式可以采用 3.2 节中的式(3-17),也可以采用其他更为精确的射程计算模型。

与被动段相比,主动段情况比较复杂,影响因素很多,最终的结果是引起主动段终点坐标与速度的偏差。因此,在进行摄动制导方法研究时,我们感兴趣的在于主动段终点弹道参数的偏差会引起多大的射程偏差。

5.2.1.2 摄动方程建立

由于摄动法是用线性函数来逼近非线性函数,首先需要建立线性化的摄动方程。

在只有主动段制导的情况下,飞行器质心运动可由下面的非线性微分方程描述:

$$\left.\begin{aligned}
&Y = f(\boldsymbol{X},t) \quad (\text{目标函数});\\
&\dot{\boldsymbol{X}} = f_x(\boldsymbol{X},\boldsymbol{U},t) \quad (\text{主动段方程});\\
&\boldsymbol{X}(t) = [X_1(t),X_2(t),\cdots,X_n(t)]^{\mathrm{T}}\\
&\boldsymbol{U}(t) = [U_1(t),U_2(t),\cdots,U_n(t)]^{\mathrm{T}}
\end{aligned}\right\} \tag{5-2}$$

式中,$\boldsymbol{X}(t)$ 是飞行器位置和速度状态矢量在给定坐标系中的投影;$\boldsymbol{U}(t)$ 是系统所受外界的强制作用。在惯性制导的情况下,这种外界强制作用可以用加速度计输出的视加速度表示,如发动机推力、气动力产生的视加速度。目标函数 Y 是状态量的组合值,用来描述制导作用下实

际弹道的某些特征，如射程、速度等。

设式(5－2)存在标准解 $\bar{\boldsymbol{X}}(t)$，它相当于有制导作用下的标准弹道，标准解的方程为

$$\dot{\bar{\boldsymbol{X}}}=f_x(\bar{\boldsymbol{X}},\bar{\boldsymbol{U}},\bar{t})$$
$$\bar{\boldsymbol{X}}(t_0)=\bar{\boldsymbol{X}}_0$$

则干扰作用下的实际弹道可写为

$$\begin{cases}\boldsymbol{X}(t)=\bar{\boldsymbol{X}}(t)+\Delta\boldsymbol{X}(t)\\ \boldsymbol{U}(t)=\bar{\boldsymbol{U}}(t)+\Delta\boldsymbol{U}(t)\end{cases}$$

假设干扰为小量，则实际弹道偏离标准弹道不大，可以在 $\bar{\boldsymbol{X}}(t)$、$\bar{\boldsymbol{U}}(t)$ 附近将运动方程进行泰勒展开，保留一阶项后，可以得到线性化的摄动方程为

$$\dot{\boldsymbol{X}}(t)=f_x(\bar{\boldsymbol{X}},\bar{\boldsymbol{U}},\bar{t})+\left.\frac{\partial f_x}{\partial\boldsymbol{X}}\right|_{\bar{\boldsymbol{X}},\bar{\boldsymbol{U}}}(\boldsymbol{X}-\bar{\boldsymbol{X}})+\left.\frac{\partial f_x}{\partial\boldsymbol{U}}\right|_{\bar{\boldsymbol{X}},\bar{\boldsymbol{U}}}(\boldsymbol{U}-\bar{\boldsymbol{U}})$$

移项后，得

$$\left.\begin{aligned}&\Delta\dot{\boldsymbol{X}}(t)=\boldsymbol{A}_0(t)\Delta\boldsymbol{X}+\boldsymbol{B}_0(t)\Delta\boldsymbol{U}\\&\Delta\boldsymbol{X}(t_0)=\Delta\boldsymbol{X}_0\end{aligned}\right\}\tag{5-3}$$

式中，

$$\boldsymbol{A}_0(t)=\left.\frac{\partial f_x}{\partial\boldsymbol{X}}\right|_{\bar{\boldsymbol{X}},\bar{\boldsymbol{U}}}$$
$$\boldsymbol{B}_0(t)=\left.\frac{\partial f_x}{\partial\boldsymbol{U}}\right|_{\bar{\boldsymbol{X}},\bar{\boldsymbol{U}}}$$

$\boldsymbol{A}_0(t)$和 $\boldsymbol{B}_0(t)$是按标准弹道状态变量 $\bar{\boldsymbol{X}}(\mathrm{t})$、$\bar{\boldsymbol{U}}(\mathrm{t})$计算的系数矩阵。由于标准状态变量 $\bar{\boldsymbol{X}}(t)$、$\bar{\boldsymbol{U}}(t)$是已知的时间函数，则矩阵 $\boldsymbol{A}_0(t)$和 $\boldsymbol{B}_0(t)$的元素都是已知量，所以式(5－3)是时变线性系统。将式(2－24)中的惯性系质心运动方程写成式(5－3)的摄动方程形式

$$\underbrace{\begin{bmatrix}\Delta\dot{V}_x\\\Delta\dot{V}_y\\\Delta\dot{V}_z\\\Delta\dot{x}\\\Delta\dot{y}\\\Delta\dot{z}\end{bmatrix}}_{\Delta\dot{\boldsymbol{X}}(t)}=\underbrace{\begin{bmatrix}0&0&0&\frac{\partial g_x}{\partial x}&\frac{\partial g_x}{\partial y}&\frac{\partial g_x}{\partial z}\\0&0&0&\frac{\partial g_y}{\partial x}&\frac{\partial g_y}{\partial y}&\frac{\partial g_y}{\partial z}\\0&0&0&\frac{\partial g_z}{\partial x}&\frac{\partial g_z}{\partial y}&\frac{\partial g_z}{\partial z}\\1&0&0&0&0&0\\0&1&0&0&0&0\\0&0&1&0&0&0\end{bmatrix}}_{\boldsymbol{A}_0(t)}\underbrace{\begin{bmatrix}\Delta V_x\\\Delta V_y\\\Delta V_z\\\Delta x\\\Delta y\\\Delta z\end{bmatrix}}_{\Delta\boldsymbol{X}(t)}+\underbrace{\begin{bmatrix}\Delta\dot{W}_x\\\Delta\dot{W}_y\\\Delta\dot{W}_z\\0\\0\\0\end{bmatrix}}_{\Delta\boldsymbol{U}}$$

通过摄动方程，可以把非线性系统问题转化为线性系统问题进行分析，在已知受力偏差 $\Delta\boldsymbol{U}$ 的情况下可以求出每一时刻的状态偏差 $\Delta\boldsymbol{X}$。

将动力学方程线性化后，将式(5－2)中的目标函数也进行线性化近似。在实际飞行弹道偏离预定弹道不大的情况下，将 $Y=f(\boldsymbol{X},t)$在标准状态 $\bar{\boldsymbol{X}}(t)$附近作一阶泰勒级数展开，得

$$Y=f(\bar{\boldsymbol{X}},t)+\frac{\partial f(\boldsymbol{X},t)}{\partial\boldsymbol{X}}\Delta\boldsymbol{X}+\frac{\partial f(\boldsymbol{X},t)}{\partial t}\Delta t$$

移项后，得

$$\Delta Y=\frac{\partial f(\boldsymbol{X},t)}{\partial \boldsymbol{X}}\Delta \boldsymbol{X}+\frac{\partial f(\boldsymbol{X},t)}{\partial t}\Delta t \tag{5-4}$$

5.2.1.3 射程控制方法

弹道导弹应能以所要求的精度命中在其射程范围内的目标，射程控制器则利用发射前装订的参数，根据所选定的制导方式进行射程控制，以保证导弹射程与发射点到目标之间的距离相等。

导弹的射程可以用发动机关机时刻 t_k 的运动参量来确定，与关机点的七个参量 $(v_{xk},v_{yk},v_{zk},x_k,y_k,z_k,t_k)$ 有关。要保证射程精度，最直接的方法是控制导弹沿标准弹道飞行，即控制主动段终点的飞行状态量与预先计算的标准值完全相等。但是，要在关机时刻同时保证七个参数都等于预定值是非常困难的。事实上这种要求是不必要的，因为在实际弹道上有可能找出一个合适的关机点，这个关机点的七个运动参数组合值可以与标准关机点的七个标准运动参数组合值相等，即使飞行弹道不同，也可以使 $\Delta L=0$。图 5-2 所示是不同飞行弹道而具有同一射程的弹道示意图。基于这样的特点，关机控制的指标函数选取综合值 ΔL，而不选择七个参量。

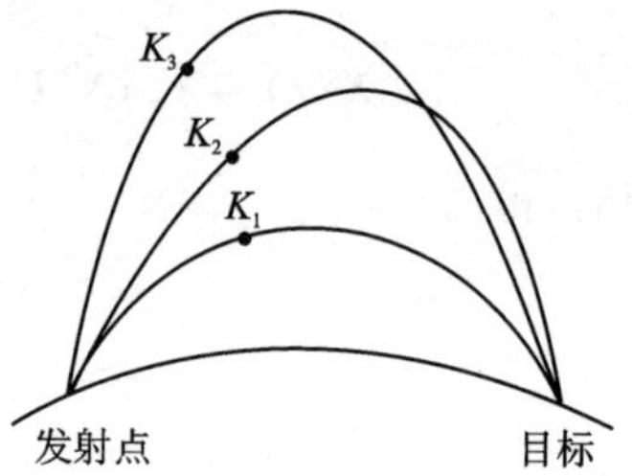

图 5-2 命中同一目标的弹道族

将式(5-4)中的目标函数取为射程，即令 $Y=L$，并把泰勒展开点设定在标准弹道的关机点 $\bar{\boldsymbol{X}}(\bar{t}_k)$，则射程偏差为

$$\begin{aligned}\Delta L=&\frac{\partial L}{\partial V_x}[V_x(t_k)-\bar{V}_x(\bar{t}_k)]+\frac{\partial L}{\partial V_y}[V_y(t_k)-\bar{V}_y(\bar{t}_k)]+\frac{\partial L}{\partial V_z}[V_z(t_k)-\bar{V}_z(\bar{t}_k)]+\\&\frac{\partial L}{\partial x}[x(t_k)-\bar{x}(\bar{t}_k)]+\frac{\partial L}{\partial y}[y(t_k)-\bar{y}(\bar{t}_k)]+\frac{\partial L}{\partial z}[z(t_k)-\bar{z}(\bar{t}_k)]+\frac{\partial L}{\partial t}(t_k-\bar{t}_k)\\=&J(t_k)-\bar{J}(\bar{t}_k)\end{aligned} \tag{5-5}$$

式中，

$$\begin{aligned}J(t_k)=&\frac{\partial L}{\partial V_x}V_x(t_k)+\frac{\partial L}{\partial V_y}V_y(t_k)+\frac{\partial L}{\partial V_z}V_z(t_k)+\\&\frac{\partial L}{\partial x}x(t_k)+\frac{\partial L}{\partial y}y(t_k)+\frac{\partial L}{\partial z}z(t_k)+\frac{\partial L}{\partial t}t_k\\\bar{J}(\bar{t}_k)=&\frac{\partial L}{\partial V_x}\bar{V}_x(\bar{t}_k)+\frac{\partial L}{\partial V_y}\bar{V}_y(\bar{t}_k)+\frac{\partial L}{\partial V_z}\bar{V}_z(\bar{t}_k)+\\&\frac{\partial L}{\partial x}\bar{x}(\bar{t}_k)+\frac{\partial L}{\partial y}\bar{y}(\bar{t}_k)+\frac{\partial L}{\partial z}\bar{z}(\bar{t}_k)+\frac{\partial L}{\partial t}\bar{t}_k\end{aligned}$$

式中，射程偏导数的推导及具体表达式见 3.4.3 小节。

式(5-5)表明，虽然关机点处七个运动参数与标准值不同，但其组合值 $J(t_k)$ 只要满足与标准射程的 $\bar{J}(\bar{t}_k)$ 相等，就可以使射程偏差为零。因此，定义 $J(t)$ 为关机特征量(也称关机控制泛函)，写成

$$J(t)=\sum_{i=1}^{7}K_iX_i \tag{5-6}$$

式中，$X_i(i=1,2,\cdots,7)$分别表示$V_x(t)$、$V_y(t)$、$V_z(t)$、$x(t)$、$y(t)$、$z(t)$和t；$K_i(i=1,2,\cdots,7)$分别表示式(5－5)中的系数(又称射程偏差系数)。关机特征量除采用射程外，也有速度和时间(如保证弹头再入速度大、卫星轨道运行周期长)。

从式(5－5)可以看出，摄动制导不需要飞行过程中将实际状态量与标准状态量作实时比较，而只需在关机点附近求取状态量并按式(5－6)计算关机特征量即可。这样，射程控制问题就归结为关机时间的控制。将实际的关机特征量$J(t)$与装订的标准值$\bar{J}(\bar{t}_k)$进行实时比较，当$J(t)$与装订的标准关机特征量相等或小于某一允许值ε时，则发出关闭发动机指令。这样，按摄动制导原理实现的制导方案，实时计算量小。$\bar{J}(\bar{t}_k)$及标准关机时刻的系数K_i可在飞行前计算好，在发射之前存储于弹(箭)载计算机里，从而使计算机功能简单，计算速度要求放宽。图 5－3 所示是摄动制导系统射程控制框图。

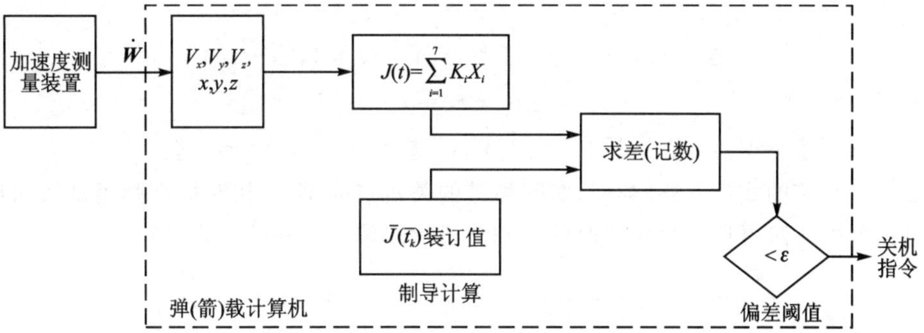

图 5－3　摄动制导射程控制系统框图

在某些情况下，存在飞行大干扰偏差，使得飞行器实际弹道偏离标准弹道较大，这时如果采用一般摄动制导的关机特征量将引起较大的射程偏差。因此，对要求较高制导精度的情况下，应考虑射程偏差泰勒级数展开式的二阶项，即关机特征量$J(t)$中须包含偏差量值较大的二阶偏差项。

5.2.1.4　导引方法

1. 法向导引

5.2.1.3 小节中摄动制导的射程关机控制一般是开路控制，不利用飞行运动状态量进行反馈控制，不调节运动参量。因此，在大干扰、远射程的情况下，主动段终点关机时刻附近，实际弹道偏离预计轨道的量可能较大，不利于满足摄动制导线性化的近似条件。为了实现关机特征量方程线性化，需要实际弹道靠拢标准弹道。对射程偏差系数的计算和分析表明，在二阶射程偏差系数中，偏导数$\dfrac{\partial^2 L}{\partial\theta^2}$、$\dfrac{\partial^2 L}{\partial V\partial\theta}$对落点偏差的影响最大($\theta$是弹道倾角)。因此，控制弹道倾角偏差$\Delta\theta$小于容许值是保证一阶摄动制导方程实现较高射程控制精度的前提。同时，对于减小纵向运动参数偏差对落点横向散布的影响也有作用，主要是减小在地球旋转情况下由于这些参数偏差引起的被动段飞行时间变化而导致的落点横向散布。

法向导引就是对飞行器在射面内质心运动的法向方向作控制。通过法向导引来控制质心运动的法向速度，达到控制 $\theta(t)$ 的目的。取预定弹道倾角 $\bar{\theta}(t)$ 作为参照标准，$\Delta\theta(t)$ 作为法向控制函数。在标准弹道的关机点处，将 $\theta(t)$ 进行一阶泰勒展开，得到实际弹道上关机时刻的弹倾角误差 $\Delta\theta(t_k)$

$$\begin{aligned}\Delta\theta(t_k) &= \frac{\partial\theta}{\partial V_x}[V_x(t_k)-\bar{V}_x(\bar{t}_k)]+\frac{\partial\theta}{\partial V_y}[V_y(t_k)-\bar{V}_y(\bar{t}_k)]+\frac{\partial\theta}{\partial V_z}[V_z(t_k)-\bar{V}_z(\bar{t}_k)]+\\ &\quad \frac{\partial\theta}{\partial x}[x(t_k)-\bar{x}(\bar{t}_k)]+\frac{\partial\theta}{\partial y}[y(t_k)-\bar{y}(\bar{t}_k)]+\frac{\partial\theta}{\partial z}[z(t_k)-\bar{z}(\bar{t}_k)]+\frac{\partial\theta}{\partial t}(t_k-\bar{t}_k)\\ &= \frac{\partial\theta}{\partial V_x}\Delta V_x(t_k)+\frac{\partial\theta}{\partial V_y}\Delta V_y(t_k)+\frac{\partial\theta}{\partial V_z}\Delta V_z(t_k)+\\ &\quad \frac{\partial\theta}{\partial x}\Delta x(t_k)+\frac{\partial\theta}{\partial y}\Delta y(t_k)+\frac{\partial\theta}{\partial z}\Delta z(t_k)+\frac{\partial\theta}{\partial t}\Delta t_k\\ &= \sum_{i=1}^{6}\frac{\partial\theta}{\partial\zeta_i}\Big|_{T_k}\Delta\zeta_i(t_k)+\frac{\partial\theta}{\partial t_k}\Big|_{T_k}\Delta t_k\end{aligned} \tag{5-7}$$

$$\Delta\zeta_i(t_k)=\zeta_i(t_k)-\bar{\zeta}_i(\bar{t}_k)\quad(i=1,2,\cdots,6)$$

$$\Delta t_k=t_k-\bar{t}_k$$

$$\zeta_1=V_x,\quad \zeta_2=V_y,\quad \zeta_3=V_z,\quad \zeta_4=x,\quad \zeta_5=y,\quad \zeta_6=z$$

与 3.4.2 小节的式(3-35)类似，实际弹道的关机点时刻 t_k 相对标准弹道的关机时刻 $\bar{t}_k$ 的状态量误差的一阶可近似写成等时偏差和关机时间偏差之和的形式，即

$$\left.\begin{aligned}\Delta\zeta_i &= \delta\zeta_i(t_k)+\frac{\partial\zeta_i}{\partial t}\Big|_{T_k}\Delta t_k=\delta\zeta_i(t_k)+\dot{\zeta}_i(\bar{t}_k)\Delta t_k\\ \delta\zeta_i(t_k) &= \zeta_i(t_k)-\bar{\zeta}_i(t_k)\end{aligned}\right\} \tag{5-8}$$

将式(5-8)代入式(5-7)，将弹道倾角偏差 $\Delta\theta(t_k)$ 也写成等时偏差和关机时间偏差之和的形式，得

$$\Delta\theta(t_k)=\delta\theta(t_k)+\dot{\theta}(t_k-\bar{t}_k) \tag{5-9}$$

式中，等时偏差为

$$\begin{aligned}\delta\theta(t_k) &= \frac{\partial\theta}{\partial V_x}[V_x(t_k)-\bar{V}_x(t_k)]+\frac{\partial\theta}{\partial V_y}[V_y(t_k)-\bar{V}_y(t_k)]+\frac{\partial\theta}{\partial V_z}[V_z(t_k)-\bar{V}_z(t_k)]+\\ &\quad \frac{\partial\theta}{\partial x}[x(t_k)-\bar{x}(t_k)]+\frac{\partial\theta}{\partial y}[y(t_k)-\bar{y}(t_k)]+\frac{\partial\theta}{\partial z}[z(t_k)-\bar{z}(t_k)]\\ &= \sum_{i=1}^{6}E_i\delta\zeta_i\end{aligned} \tag{5-10}$$

$$E_i=\frac{\partial\theta}{\partial\zeta_i}\Big|_{\bar{t}_k}$$

$$\delta\zeta_i=\zeta_i(t_k)-\bar{\zeta}_i(t_k)$$

俯仰角偏导数 E_i 可以通过俯仰角与飞行状态的函数模型求得，俯仰角函数模型可由被动段椭圆轨道几何关系求得。

由于摄动制导中关机时间 t_k 是由射程偏差控制的，则存在 t_k 使得射程偏差为零。采用式(3-35)中的形式，将射程偏差写成等时偏差和关机时间偏差之和，即

$$\Delta L=\delta L(t_k)+\dot{L}(\overline{t_k})(t_k-\bar{t}_k)=0$$

由上式可得关机时刻误差

$$t_k-\bar{t}_k=-\frac{\delta L(t_k)}{\dot{L}(\overline{t_k})} \tag{5-11}$$

将式(5-10)和式(5-11)代入式(5-9)，得弹道倾角偏差 $\Delta\theta(t_k)$ 的表达式为

$$\begin{aligned}\Delta\theta(t_k)&=\sum_{i=1}^{6}E_i\delta\zeta_i-\frac{\dot{\theta}}{\dot{L}(\bar{t}_k)}\delta L(t_k)\\&=\sum_{i=1}^{6}\left(E_i-\frac{\dot{\theta}}{\dot{L}(\bar{t}_k)}a_i\right)\delta\zeta_i(t_k)\end{aligned} \tag{5-12}$$

式中，射程偏差系数 $a_i=\left.\frac{\partial L}{\partial\zeta_i}\right|_{\bar{t}_k}$，$\zeta_1=V_x$，$\zeta_2=V_y$，$\zeta_3=V_z$，$\zeta_4=x$，$\zeta_5=y$，$\zeta_6=z$。

式(5-12)中的 $\Delta\theta(t_k)$ 是期望在关机时刻达到的误差量，由于质点运动的周期长，控制 $\Delta\theta(t)$ 最终达到 $\Delta\theta(t_k)$ 需要一个时间过程。所以，在远离关机点时间 t_k 之前的飞行过程中的某一时刻 t 就需开始法向导引。采用的法向控制函数为

$$I_\theta(t)=\Delta\theta(t)=\sum_{i=1}^{6}\left(E_i-\frac{\dot{\theta}}{\dot{L}(\bar{t}_k)}a_i\right)\delta\zeta_i(t)\quad t_\theta\leqslant t\leqslant t_k$$

式中，t_θ 是法向导引的起始时间。

法向导引信号 $I_\theta(t)$ 送入弹(箭)俯仰姿态控制系统，便可实现对法向质心运动的控制，由 2.2.6 小节中的式(2-53)可知，俯仰通道的控制方程为

$$\left.\begin{aligned}\delta_\varphi&=\alpha_0^\varphi\Delta\varphi+\alpha_1^\varphi\dot{\varphi}+k_u^\varphi u_\varphi\\\Delta\varphi&=\varphi-\varphi_{cx}(t)\end{aligned}\right\} \tag{5-13}$$

式中，φ_{cx}——俯仰通道程序角；

α_0^φ、α_1^φ——姿态控制回路静、动态增益系数；

$u_\varphi=I_\theta(t)$——法向导引函数；

k_u^φ——法向导引系数。

显然，当存在弹道倾角偏差时($I_\theta(t)\neq0$)，通过调整弹体姿态(控制发动机的综合摆角 δ_φ)，法向导引系统将逐渐使 $I_\theta(t)$ 减小，随着飞行时间接近 t_k，则 $\Delta\theta(t_k)\to0$。法向导引通过控制 $\theta(t)$ 保证了射面内的弹道接近标准弹道，从而保证了摄动制导的线性化条件。

在实际使用时，法向导引信号中若只含有弹道倾角偏差信息 $I_\theta(t)$，在干扰作用下的实际导引弹道会在标准弹道上来回振荡，解决这一问题的方法是额外引入与位置偏差 Δr 有关的导引信号，构成混合导引指令。

弹道上的位置偏差 Δr 也可以写成等时偏差和关机时间偏差之和的形式，即

$$\Delta r(t_k)=\delta r(t_k)+\dot{r}(\bar{t}_k)(t_k-\bar{t}_k) \tag{5-14}$$

式中，

$$\begin{aligned}\delta r(t_k)=&\frac{\partial r}{\partial V_x}[V_x(t_k)-\bar{V}_x(t_k)]+\frac{\partial r}{\partial V_y}[V_y(t_k)-\bar{V}_y(t_k)]+\frac{\partial r}{\partial V_z}[V_z(t_k)-\bar{V}_z(t_k)]+\\&\frac{\partial r}{\partial x}[x(t_k)-\bar{x}(t_k)]+\frac{\partial r}{\partial y}[y(t_k)-\bar{y}(t_k)]+\frac{\partial r}{\partial z}[z(t_k)-\bar{z}(t_k)]\end{aligned}$$

$$= \sum_{i=1}^{6} D_i \delta\zeta_i$$

$$D_i = \frac{\partial r}{\partial \zeta_i}\Big|_{\bar{t}_k}$$

$$\delta\zeta_i = \zeta_i(t_k) - \bar{\zeta}_i(t_k)$$

$$\dot{r} = \frac{\partial r}{\partial V_x}\frac{\partial V_x}{\partial t} + \frac{\partial r}{\partial V_y}\frac{\partial V_y}{\partial t} + \frac{\partial r}{\partial V_z}\frac{\partial V_z}{\partial t} + \frac{\partial r}{\partial x}\frac{\partial x}{\partial t} + \frac{\partial r}{\partial y}\frac{\partial y}{\partial t} + \frac{\partial r}{\partial z}\frac{\partial z}{\partial t} + \frac{\partial r}{\partial t}$$

$$= \sum_{i=1}^{6} D_i \dot{\zeta}_i(\bar{t}_k) + \frac{\partial r}{\partial t}$$

将式(5-11)代入式(5-14),得

$$\Delta r(t_k) = \sum_{i=1}^{6} D_i \delta\zeta_i - \frac{\dot{r}}{\dot{L}(\bar{t}_k)}\delta L(t_k)$$

$$= \sum_{i=1}^{6}\left(D_i - \frac{\dot{r}}{\dot{L}(\bar{t}_k)}a_i\right)\delta\zeta_i(t_k)$$

则位置导引函数为

$$I_r(t) = \sum_{i=1}^{6}\left(D_i - \frac{\dot{r}}{\dot{L}(\bar{t}_k)}a_i\right)\delta\zeta_i(t) \quad t_r \leqslant t \leqslant t_k$$

将弹道倾角和位置导引信号相加,构成法向混合导引信号为

$$k_{u1}^{\varphi} I_{\theta}(t) + k_{u2}^{\varphi} I_r(t)$$

在混合导引信号控制下,俯仰姿态控制方程(式(5-13))改写为

$$\delta_{\varphi} = \alpha_0^{\varphi}\Delta\varphi + \alpha_1^{\varphi}\dot{\varphi} + k_{u1}^{\varphi} I_{\theta}(t) + k_{u2}^{\varphi} I_r(t)$$

$$\Delta\varphi = \varphi - \varphi_{cx}(t)$$

2. 横向导引

飞行器实际飞行中在干扰作用下要偏离射面。为保证导弹落点横向偏差和运载火箭飞行轨道横向偏差小于容许值,需要采取横向控制,将飞行器导引回到射面内飞行。横向导引实质上是对飞行器质心横向运动的控制。导引是通过姿态控制回路来完成的,即通过发动机的推力矢量控制实现质心横向运动的控制。

横向运动控制的目标是使关机时刻的运动参数偏差满足横向偏差,即

$$\Delta H = 0$$

类似法向导引中射程偏差的表示方法,关机点时刻造成的落点横向偏差也可以写成等时偏差和关机时间偏差之和的形式,即

$$\Delta H = \delta H(t_k) + \dot{H}(\overline{t_k})(t_k - \bar{t}_k) \tag{5-15}$$

式中,

$$\delta H(t_k) = \sum_{i=1}^{6}\frac{\partial H}{\partial \zeta_i}\Big|_{\bar{t}_k}\delta\zeta_i(t_k) = b_i\delta\zeta_i(t_k)$$

$$\zeta_1 = V_x,\quad \zeta_2 = V_y,\quad \zeta_3 = V_z,\quad \zeta_4 = x,\quad \zeta_5 = y,\quad \zeta_6 = z$$

b_i 称为横向偏差系数(偏导数),其推导及具体表达式见 3.4.3 小节。

由于关机时刻由射程控制决定,因此用式(5-11)计算 $t_k - \bar{t}_k$,代入式(5-15)得

$$\Delta H = \delta H(t_k) - \frac{\dot{H}}{\dot{L}(\bar{t}_k)}\delta L(t_k)$$
$$= \sum_{i=1}^{6}\left(b_i - \frac{\dot{H}}{\dot{L}(\bar{t}_k)}a_i\right)\delta\zeta_i(t_k)$$

式中，

$$\dot{H} = \frac{\partial H}{\partial V_x}\frac{\partial V_x}{\partial t} + \frac{\partial H}{\partial V_y}\frac{\partial V_y}{\partial t} + \frac{\partial H}{\partial V_z}\frac{\partial V_z}{\partial t} + \frac{\partial H}{\partial x}\frac{\partial x}{\partial t} + \frac{\partial H}{\partial y}\frac{\partial y}{\partial t} + \frac{\partial H}{\partial z}\frac{\partial z}{\partial t} + \frac{\partial H}{\partial t}$$
$$= \sum_{i=1}^{6}\left[b_i\dot{\zeta}_i(\bar{t}_k) + \frac{\partial H}{\partial t}\right]$$

为控制横向偏差，其起控时刻应远离关机时间，因而采用的横向控制函数定义为

$$I_H(t) = \Delta H = \sum_{i=1}^{6}\left(b_i - \frac{\dot{H}}{\dot{L}(\bar{t}_k)}a_i\right)\delta\zeta_i(t) \quad t_H \leqslant t \leqslant t_k$$

式中，t_H 是法向导引的起始时间。

对于弹(箭)这类轴对称飞行器，横向导引通过偏航姿态控制系统实现对横向质心运动的控制，由 2.2.6 小节中的式(2-53)可知，偏航通道的控制方程为

$$\delta_\psi = \alpha_0^\psi\Delta\psi + \alpha_1^\psi\dot{\psi} + k_u^\psi u_\psi$$
$$\Delta\psi = \psi - \psi_{cx}(t)$$

式中，ψ_{cx}——偏航通道程序角；

α_0^ψ、α_1^ψ——偏航控制回路静、动态增益系数；

$u_\psi = I_H(t)$——横向导引函数；

k_u^ψ——横向导引系数。

显然，调整弹体姿态(控制发动机的综合摆角 δ_ψ)，横向导引系统将逐渐使 $I_H(t)$减小，当 $t \to t_k$ 时可使横向偏差 $\Delta H \to 0$。

由于弹道导弹发动机推力方向和大小均不能做大范围调整，因此法向导引和横向导引不能在同一时刻实现，一般采用先横向再纵向的规则，即横向导引的开启时间早于法向导引，$t_H \leqslant t_\theta$。

横向导引和法向导引均是闭路控制，利用位置、速度信息，经过导引计算，算出横(法)向控制函数，并产生与之成比例的导引信号。此信号连续送入姿态控制系统偏航(俯仰)通道，通过推力矢量控制环节的控制力改变偏航角(俯仰角)实现对质心运动的控制。横、法向导引是控制质心在射面(法向)和横向两个平面内的运动，因而一般可按两个独立控制通道来分析。导引系统框图如图 5-4 所示。

在工程上将导引信号引入姿态稳定回路的过程中，要进行限幅，以保证姿态稳定系统的正常工作。在刚开始加入导引信号时，用阶梯渐进的方式加入，以防止较大的导引信号(开始导引时偏差较大)对稳定回路的冲击。

摄动制导的导引信号取决于所选取的偏差信号(如本节所选取的偏差信号为 $\Delta\theta$、ΔH、Δr)，选择哪个偏差信号则该偏差在制导作用下会控制得非常好，而其他偏差的精度则相对差一些。因此，在摄动制导系统设计时，必须对重要参数、精度难以满足的参数优先进行导引，例如本节在设计法向导引的偏差信号时，选择弹道倾角 θ 是因为其对射程误差的影响最大。

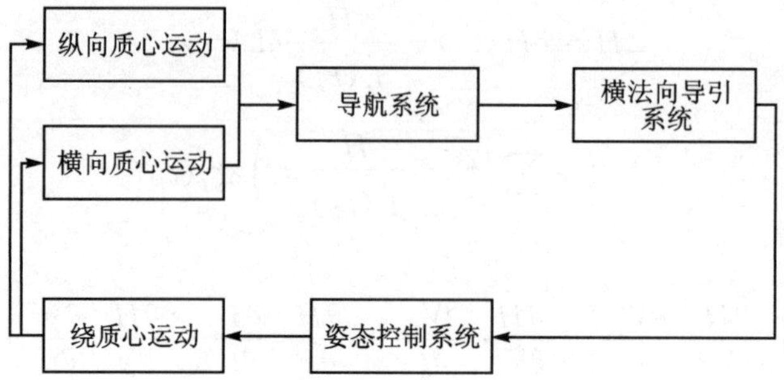

图 5-4　横(法)向导引系统框图

5.2.2 全量式制导

摄动制导虽然具有实施方便、对制导计算装置要求低、大量计算工作可放在设计阶段和发射之前进行的优点,但摄动制导是基于摄动思想给出的,其前提是实际弹道飞行条件相对标准条件之差应是小量。其制导方程也只有在此条件下才能够略去二阶以上的高阶项。尽管线性化处理可减少弹上计算量,简化制导方程的设计,但这种简化无疑会产生制导设计误差,而且这种误差会随着导弹射程的增加而增大。

随着弹道导弹能量管理、机动突防等制导要求的出现,导致姿态控制引起的弹道偏差越来越大,摄动制导的小干扰条件也越来越难以实现。随着大规模集成电路及弹上计算机性能的不断提高,在弹上实现高速制导计算不再是障碍,为适应弹道导弹飞行任务的多样性,满足较大弹道偏差条件下的精确制导要求,克服摄动制导的局限,提出了全量式制导。全量式制导比摄动制导有较大的灵活性,容许实际飞行轨道对预定轨道有较大的偏离,在大干扰条件下有较高的制导精度。

全量式制导指根据目标数据和导弹的现时运动参数,按控制泛函的显函数进行实时计算的制导方法。其思想即是利用测量装置实时地解算出飞行器现时的位置和速度矢量,即

$$\begin{cases}\boldsymbol{r}(t)=[x(t)\quad y(t)\quad z(t)]^{\mathrm{T}}\\ \boldsymbol{v}(t)=[\nu_x(t)\quad \nu_y(t)\quad \nu_z(t)]^{\mathrm{T}}\end{cases}$$

并利用 $\boldsymbol{r}(t)$ 和 $\boldsymbol{v}(t)$ 作为起始条件,实时地计算出对所要求的终端条件

$$\begin{cases}\boldsymbol{r}(t_s)=[x(t_s)\quad y(t_s)\quad z(t_s)]^{\mathrm{T}}\\ \boldsymbol{v}(t_s)=[\nu_x(t_s)\quad \nu_y(t_s)\quad \nu_z(t_s)]^{\mathrm{T}}\end{cases}$$

的偏差(t_s 为终端时刻),并据此构成制导指令,对导弹实时控制,消除终端偏差。当终端偏差满足制导任务要求时,发出指令关闭发动机。

因此,从更一般意义上看,全量式制导的问题可看成为多维的、非线性的两点边值问题。从弹道学中可知,上述问题可以通过弹道微分方程组的数值积分方法和弹道迭代的方法来求解,需要多次迭代的弹道数值积分方法计算量很大,因而解算两点边值问题对弹上计算机的性能要求非常高,所以,一般工程中要根据任务要求进行必要的简化。全量式制导当前的研究重点主要是如何改进弹道终端量的计算方法,以满足弹上实时计算的要求。

全量式制导的核心问题在于如何构造一个既满足精度要求又能快速完成被动段弹道计算的显函数。最直观的想法可能来源于曲线拟合,即在地面根据标准弹道的数据进行曲线拟合,

构造出一个拟合函数，弹上制导时代入导弹当前的速度和位置即可快速求解落点状态，这种方法显然具有相当高的计算速度，但遗憾的是，目前这些方法均难以达到一个足够高的计算精度，因此必须研究其他方法。由于全量式制导方法具有克服大扰动的优越性，该方面的研究相当活跃，许多研究人员在各种文献和资料中提出了多种全量式制导的实现方法，如基于增益速度的制导方法、基于中间轨道法的制导方法、基于标准弹道关机点参量的迭代制导方法等。

全量式制导的特点包括：根据现时状态和要求达到的终端状态直接组成制导指令公式。与摄动制导的小偏差约束不同，它没有预先的约束条件，故其伸缩性大、精准、灵活和适用性强，其唯一的要求是必须准确地给出所要求的终端条件。

按全量式制导基本思想而引出的制导方法，原则上说能进行制导，但在关机之前，并未规定弹（箭）沿什么路线运动。可以以达到标准关机状态作为目标来进行控制，或以被动段轨道通过目标点进行控制。前者与之相应的典型方法有迭代制导和其改进方法，后者与之相应的典型方法有需要速度或闭路制导方法等。

本书介绍两种常用的全量式制导方法：基于增益速度的闭路制导和迭代制导。前者利用简化的运动模型得到弹（箭）以椭圆轨道运行命中目标的需要速度，通过不断比较当前速度和需要速度的差值形成闭路导引信号。后者基于最优控制思想，通过求解两点边值问题，得到控制量将弹（箭）以最优性能指标控制到标准弹道关机点的状态，通过在每个制导周期不断根据新的当前状态更新最优控制指令形成闭环导引。

5.2.3　基于增益速度的闭路制导

5.2.3.1　增益速度制导的基本思想

基于增益速度的概念和思想提出的制导方法是全量式制导中最常见的方法，需要解决以下核心问题：

1. 被动飞行段入轨点的需要状态的确定

该问题实质是确定其需要速度 $\boldsymbol{v}_r$ 的值，它主要是通过“虚拟目标法”来对 J_2 引力摄动项以及再入大气阻力的影响加以修正。这里所谓“虚拟目标法”，即是指下述基本思想：

① 在不计 J_2 及再入大气阻力时，利用椭圆理论确定目标点对应的被动段入轨点的需要状态。

② 当计 J_2 及再入大气阻力的影响时，将产生较大的落点偏差，将其落点偏差加以修正后的目标即为虚拟目标。

③ 由此虚拟目标，利用椭圆理论确定需要状态或直接由此对原需要状态加以修正。

2. 导引控制信号的确定

即要求利用攻击虚拟目标的需要状态来进行导引控制。即根据其增益速度

$$\boldsymbol{v}_g = \boldsymbol{v}_r - \boldsymbol{v}$$

产生导引控制信号，从而改变其推力方向。式中，$\boldsymbol{v}_r$ 为需要速度，$\boldsymbol{v}$ 为当前速度。

显然当条件 $\boldsymbol{v}_g = 0$ 满足时，$\boldsymbol{v}_r = \boldsymbol{v}$，此时关闭发动机，被动入轨。

5.2.3.2　需要速度的概念

所谓需要速度，是指飞行器在当前位置矢量 $\boldsymbol{r}(t)$ 时，应该以什么样的速度 $\boldsymbol{v}_r(t)$ 关机，才

能保证完成其制导任务或满足其所要求的终端条件。这里的 $\boldsymbol{v}_r(t)$ 即定义为需要速度。

如图 5-5 所示，以远程弹道导弹为例，假设 OKT 为在惯性空间的绝对弹道，T 为命中目标瞬间点，$K(\boldsymbol{r}_k, \boldsymbol{v}_k)$ 为一瞬时计算点。

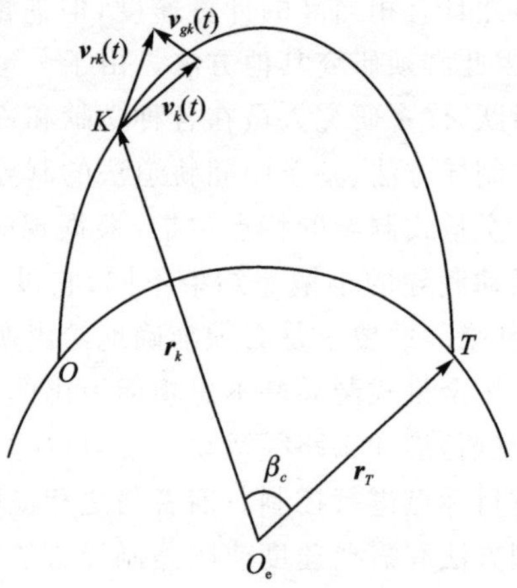

图 5-5　需要速度示意图

显然，我们制导的目的在于使弹道通过目标点 T。

问题在于：若使 KT 为只受引力作用的椭圆弹道，则过 K、T 点原则上可以有无穷多个椭圆，也就是说满足通过目标点 T 的飞行状态 $K(\boldsymbol{r}_k, \boldsymbol{v}_{rk})$ 有无穷多个。但是若给定某些指标（如最小时间、最优能量、指定的关机点弹道倾角等），则连接 K 点和 T 点之间的椭圆弹道被唯一确定。由于 $\boldsymbol{r}_k$ 已知，则需要速度 $\boldsymbol{v}_{rk}$ 可被唯一确定。

假设上升段制导时可忽略气动力的影响，仅考虑发动机推力作用，故视加速度可简单描述为

$$\dot{\boldsymbol{W}} = \frac{P}{m}\boldsymbol{a}_T^0$$

式中，m 为飞行器质量；P 为发动机推力；$\boldsymbol{a}_T^0$ 为发动机推力方向的单位矢量。

其闭路制导可依据增益速度 $\boldsymbol{v}_g = \boldsymbol{v}_r - \boldsymbol{v}$，控制 $\boldsymbol{a}_T^0$ 的方向与 $\boldsymbol{v}_g$ 相同，直到发动机推力终止时满足条件 $\boldsymbol{v}_g = 0$。

5.2.3.3　需要速度的确定方法

确定需要速度是增益速度闭路制导方法的核心问题。然而受弹（箭）计算机计算能力的限制，目前还不能在考虑被动段多种扰动情况下通过弹道数值计算和迭代计算方法快速确定出能够命中目标的关机点需要速度，因此必须对被动段弹道的计算方法进行简化。如把被动段看作椭圆轨迹的一部分，利用椭圆弹道的解析计算模型计算被动段弹道，进而迭代求解。

若将整个被动段视为椭圆轨道的一部分，根据轨道动力学，弹（箭）飞行中某时刻的飞行速度只与该点地心矢径有关，即

$$\nu = \sqrt{GM\left(\frac{2}{r} - \frac{1}{a}\right)} \tag{5-16}$$

式中，r——该点地心矢径；

a——椭圆轨道半长轴。

因此，要求解该点需要速度，只需求得椭圆轨道的长半轴 a 即可。

在图 5-6 中，K 为关机点，KT 为被动段椭圆轨道，β_c 为被动段射程角，θ 为关机点的弹道倾角，$\boldsymbol{v}_r$ 为关机点速度。根据椭圆几何关系，半长轴 a 可表示为射程角 β_c 和关机点弹道倾角 θ 的函数式，即

$$a = \frac{r_k}{2}\left[1 + \frac{r_T(1-\cos\beta_c)}{2\left[r_k\cos^2\theta - r_T\cos^2\left(\theta + \frac{\beta_c}{2}\right)\right]}\right] \tag{5-17}$$

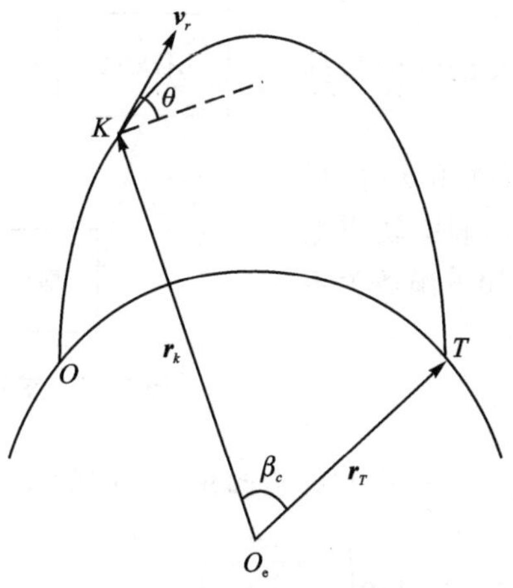

图 5-6　椭圆轨道示意图

将式(5-17)代入式(5-16)，可以得到需要速度为

$$\nu_r^2=\frac{2GMr_T(1-\cos\beta_c)}{r_Tr_k(1-\cos\beta_c)+2r_k\left[r_k\cos^2\theta-r_T\cos^2\left(\theta+\dfrac{\beta_c}{2}\right)\right]} \tag{5-18}$$

式(5-18)中的未知量有关机点弹道倾角 θ 和射程角 β_c，需要给出设计约束后才能确定具体的需要速度大小。本小节介绍采用两种约束条件来确定需要速度的方法。

1. 由关机点弹道倾角约束确定需要速度

关机点弹道倾角 θ 已知时，式(5-18)中 β_c 的计算需要预先确定被动段飞行时间(见式(3-27)的第三个方程)：

$$\cos\beta_c=\sin B_k\sin B_d+\cos B_k\cos(90^\circ-B_d)\cos(\lambda_d-\lambda_k+\omega_e t_n) \tag{5-19}$$

式中，λ_k、λ_d——关机时刻目标点和关机点在惯性球壳上的经度；

B_k、B_d——关机点和目标点的纬度；

t_n——被动段飞行时间。

根据椭圆理论，被动段飞行时间 t_n 可表示为

$$t_n=\frac{a^{\frac{3}{2}}}{\sqrt{GM}}\left[(E_T-E_k)-e(\sin E_T-\sin E_k)\right] \tag{5-20}$$

式中，E——椭圆轨道上某一点的偏近点角，且满足 $\cos E=\dfrac{1}{e}-\dfrac{r}{ea}$；

e——轨道偏心率。

显然，椭圆轨道飞行时间是弹(箭)所在点位置 r_k 和椭圆长半轴 a 的函数，而椭圆长半轴 a 又是射程角 β_c 的函数，要求出 β_c 又必须知道飞行时间 t_n，它们之间的关系如图 5-7 所示。因此，必须采用迭代方法求解需要速度 v_r 和自由飞行时间 t_n。比如首先假定一个飞行时间，然后计算射程角，接着计算需要速度和半长轴；再计算飞行时间，重复第二轮迭代，一般 2～3 次就可得到满意的收敛结果。

如前所述，给定图 5-7 中任意一个变量的初始猜测值后就可以进行迭代计算，进而得到需要速度。但由式(5-20)可知，被动段运行时间 t_n 的计算需要约束轨道偏心率 e，这是确定

关机点和落点之间唯一椭圆轨道的约束条件，一般由弹道设计者根据需要的性能指标给出。

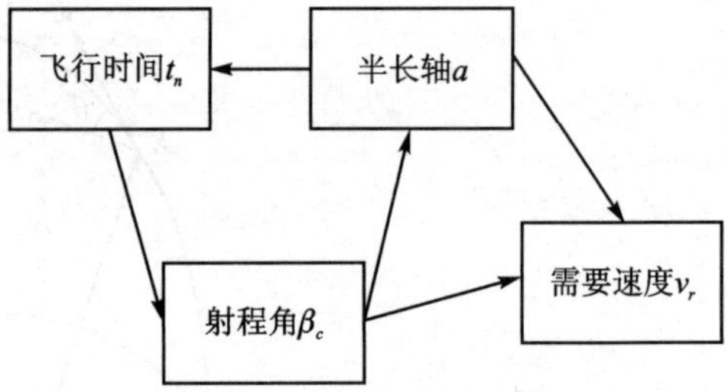

图 5-7 求需要速度的变量依赖关系

在约束条件为关机点弹道倾角 θ 时，根据轨道动力学知识(见 3.2 节)，椭圆轨道上弹道倾角 θ 和偏心率 e 之间有如下函数关系

$$e=\frac{1-\frac{P}{r}}{\cos\eta}$$

式中，η 是真近点角；P 是半通径。η、P 与弹道倾角 θ 之间的关系为

$$\eta=\arctan\left(\frac{\tan\theta}{1-\frac{r}{P}}\right)$$

$$P=\frac{r_T(1-\cos\beta_c)}{1-\frac{r_T}{r_k}(\cos\beta_c-\sin\beta_c\tan\theta)}$$

式中，r_k 和 r_T 是为了区分构成射程角 β_c 的两个不同的矢径(关机点矢径和目标点矢径)，θ 代表的是 r_k 矢径处的弹道倾角。

根据轨道动力学知识，式(5-20)中的偏近点角 E 可由偏心率 e 和真近点角 η 导出，a 可由半通径和偏心率算出，即

$$E=2\arctan\left(\sqrt{\frac{1+e}{1-e}}\tan\frac{\eta}{2}\right)$$

$$a=\frac{P}{1-e^2}$$

综上，在约束条件为关机点弹道倾角 θ 时，椭圆轨道上各变量间的依赖关系如图 5-8 所示。

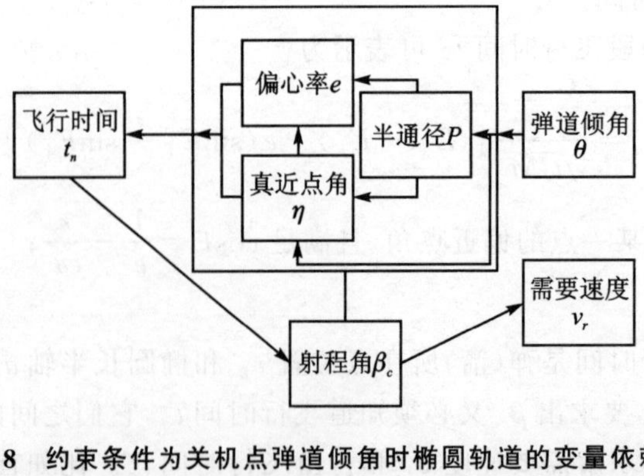

图 5-8 约束条件为关机点弹道倾角时椭圆轨道的变量依赖关系

由图 5-8 中的变量依赖关系，可以得到约束关机点弹道倾角时的被动段飞行时间迭代公式为

$$\beta_{cj}=\arccos\left[\sin B_k\sin B_d+\cos B_k\cos(90^\circ-B_d)\cos(\lambda_d-\lambda_k+\omega_e t_{nj})\right]$$

$$\theta_j = \begin{cases} \arctan\left(\dfrac{\sin\beta_{cj}}{\dfrac{r_k}{r_T} - \cos\beta_{cj}}\right) & \text{（最小能量轨道）} \\ \theta_r & \text{（根据需要给定）} \end{cases}$$

$$P_j = \frac{r_T(1-\cos\beta_{cj})}{1-\dfrac{r_T}{r_k}(\cos\beta_{cj} - \sin\beta_{cj}\tan\theta_j)}$$

$$\eta_{k_j} = \arctan\left(\frac{\tan\theta_j}{1-\dfrac{r}{P_j}}\right)$$

$$\eta_{T_j} = \beta_{cj} + \eta_{k_j}$$

$$e_j = \left(1-\frac{P_j}{r_k}\right)/\cos\eta_{kj}$$

$$E_{Tj} = 2\arctan\left(\sqrt{\frac{1+e_j}{1-e_j}}\tan\frac{\eta_{T_j}}{2}\right)$$

$$E_{kj} = 2\arctan\left(\sqrt{\frac{1+e_j}{1-e_j}}\tan\frac{\eta_{k_i}}{2}\right)$$

$$t_{n,j+1} = \frac{1}{\sqrt{GM}}\left(\frac{P_j}{1-e_j^2}\right)^{\frac{3}{2}}[E_{Tj} - E_{kj} + e_j(\sin E_{Tj} - \sin E_{kj})]$$

以上迭代式中，下标 j 表示迭代次数。使用时，将 r_k 代为计算瞬时地心到弹（箭）的矢径长度，r_T 代为地心到目标点的矢径长度。给出一个 t_n 初始的估计值后开始迭代（t_n 初始估计值应具有物理意义，如对应椭圆弧上的点到地心的距离应大于地球半径），当 $|t_{n,j+1} - t_{nj}| \leqslant \varepsilon$ 时停止迭代，ε 为一小量，将得到的 t_n 代入式(5-19)、式(5-18)后就可求出当前时刻的需要速度 ν_r。

假设计算瞬时的弹（箭）位置满足关机条件（$\nu_r = 0$），则被动段椭圆轨道面与关机点子午面间的夹角（被动段初始方位角 $\psi_{\beta c}$）为

$$\begin{cases} \sin\psi_{\beta c} = \dfrac{\sin B_d \sin(\lambda_d - \lambda_k + \omega_e t_n)}{\sin\beta_c} \\ \cos\psi_{\beta c} = \dfrac{\sin B_d - \cos\beta_c \sin B_k}{\sin\beta_c \cos B_k} \end{cases}$$

2. 由被动段飞行时间约束确定需要速度

在已知弹（箭）当前时刻位置的情况下，当目标运动时，可根据其在 t_{kT} 时间后预测的位置，求出能够命中目标的需要速度。这一问题就是约束了被动段飞行时间的制导问题，是一个 Lambert 问题（约束了初始位置、终点位置和转移时间的二体轨道转移问题），可应用于弹道导弹的中段拦截和航天器变轨。

由式(5-20)可计算关机点 K 和目标点 T 之间的椭圆轨道运行时间 t_n，现引入变量

$$Z = \frac{E_T - E_k}{2}$$

根据轨道动力学知识，则过 K、T 两点的飞行时间可进一步表示为 Z 的函数

$$t_n = A(B-\cos Z)^{\frac{1}{2}}\left[1+\frac{(2Z-\sin 2Z)(B-\cos Z)}{2\sin^3 Z}\right]$$

式中，

$$\begin{cases} A = \dfrac{2(r_k r_T)^{\frac{3}{4}}\cos^{\frac{3}{2}}\Delta f}{\sqrt{GM}} \\ B = \dfrac{(r_k + r_T)}{2r_k r_T \cos\Delta f} \\ \Delta f = \dfrac{\beta_{kT}}{2} \\ \beta_{kT} = \arccos(\sin B_k \sin B_d + \cos B_k \cos B_d \cos\Delta\lambda) \end{cases}$$

式中，β_{kT} 是 K、T 两点间在地球表面上的相对射程角；$\Delta\lambda$ 是 K、T 两点所在子午面之间的夹角；Z 是两偏近点角之差的一半。

约束被动段飞行时间 t_{kT} 就是寻找过 K、T 两点的唯一椭圆轨道，即求代数方程

$$t_n - t_{kT} = A(B-\cos Z)^{\frac{1}{2}}\left[1+\frac{(2Z-\sin 2Z)(B-\cos Z)}{2\sin^3 Z}\right] - t_{kT} = 0 \quad (5-21)$$

的根 Z。

式(5-21)是一个非线性方程，一般采用数值方法进行求解。常用的数值求根方法为牛顿迭代法，其求解方程 $f(x)=0$ 的迭代公式为

$$x_{j+1} = x_j + \frac{f(x)}{\partial f/\partial x}\bigg|_{x_j}$$

因此，利用牛顿迭代法求方程式(5-21)的根的迭代公式为

$$Z_{j+1} = Z_j - \frac{t_n - t_{kT}}{\partial t_n/\partial z}\bigg|_{Z_j}$$

式中，

$$\partial t_n/\partial z = t_n/(2B\sin Z - \sin 2Z)(1+5\cos^2 Z - 6B\cos Z) +$$
$$A(B-\cos Z)^{\frac{1}{2}}\left[(Z+2B\sin Z)/\sin^2 Z\right]$$

每一次迭代后用 Z_j 计算 t_{nj}，并判定迭代终止条件 $|t_{nj}-t_{kT}|\leqslant\varepsilon$（$\varepsilon$ 为一小量）是否满足。迭代初值 Z_0 可选为 $Z_0=\beta_{kT}/2$。

迭代终止后由求得的 Z 值计算需要速度 ν_r、关机点弹道倾角 θ 和被动段初始方位角 $\psi_{\beta c}$，其表达式为

$$\begin{cases} \nu_r = \sqrt{GM\left(\dfrac{2}{r_k}-\dfrac{1}{a}\right)} \\ \theta = \arccos\left(\dfrac{\sqrt{GMP}}{r_k \nu_r}\right) \\ \psi_{\beta c} = \arctan\left(\dfrac{\sin\psi_{\beta c}}{\cos\psi_{\beta c}}\right) \end{cases}$$

式中，

$$
\begin{cases}
a=\left(\dfrac{\sqrt{GM}A}{2}\right)^{\frac{2}{3}}\dfrac{B-\cos Z}{\sin^2 Z} \\
P=\dfrac{\sqrt{r_k r_T}\sin 2\Delta f}{(B-\cos Z)\cos\Delta f} \\
\sin\psi_{\beta c}=\dfrac{\cos B_T\sin(\lambda_d-\lambda_k)}{\sin\beta_{kT}} \\
\cos\psi_{\beta c}=\dfrac{\sin B_T-\cos\beta_{kT}\sin B_k}{\sin\beta_{kT}\cos B_k}
\end{cases}
$$

式中,a 为半长轴;P 为半通径。

5.2.3.4　导引实现方法

1. 导引信号

弹(箭)在实际飞行过程中,待增速度 $\boldsymbol{v}_g$ 是不可能瞬时增加的,而是通过控制发动机推力大小和方向来实现的。理论上可通过控制推力矢量(包含在视加速度 $\dot{\boldsymbol{W}}$ 中)使 $\boldsymbol{v}_g$ 收敛到零,但火箭发动机的推力大小和方向难以实现快速地调整。实际情况下,需要速度的大小和方向变化较小,在弹(箭)关机控制时,一般可以按照闭路制导的“燃料消耗最少”的原则实施,采用“使 $\boldsymbol{a}_T^0$ 与 $\boldsymbol{v}_g$ 一致”的原则进行导引($\boldsymbol{a}_T^0$ 为发动机推力方向的单位矢量),使飞行器速度朝需要速度 $\boldsymbol{v}_r$ 逼近,将是“燃料消耗最少”意义下的最优导引。根据 $\boldsymbol{v}_g$ 矢量的方向,可确定俯仰和偏航导引信号(跟踪信号)为

$$
\left.\begin{aligned}
\varphi_d&=\arctan\left(\frac{\nu_{gy}}{\nu_{gx}}\right)\\
\psi_d&=\arctan\left(\frac{-\nu_{gz}}{\sqrt{\nu_{gx}^2+\nu_{gy}^2}}\right)
\end{aligned}\right\}\qquad(5-22)
$$

将上式中的姿态跟踪信号与当前姿态值作差后送入姿态控制系统即可控制推力方向转向 $\boldsymbol{v}_g$ 方向,图 5－9 所示是增益速度闭路制导的实现框图。

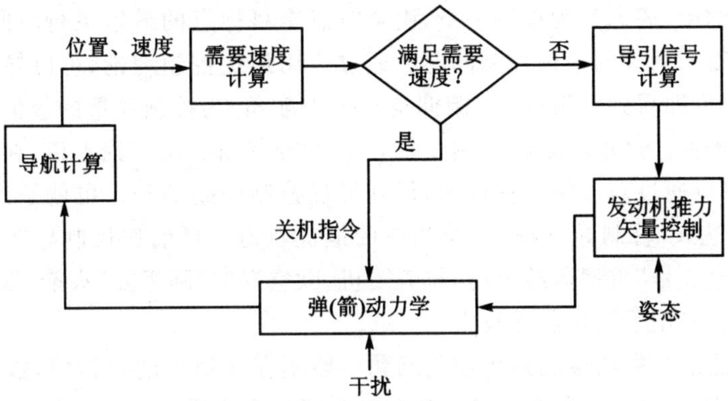

图 5－9　增益速度闭路制导框图

2. 虚拟目标的确定与需要速度的修正

5.2.3.3 所述的增益速度制导及闭路导引方法在求需要速度时，均是视地球为一均质圆球，其地球引力场为一与地心距平方成反比的有心力场，且忽略了飞行器受空气动力的影响，尤其是对飞行器再入稠密大气层飞行时所受大气阻力的作用影响加以忽略。

一般来说，地球扁率、再入段空气动力和其他干扰因素的影响，均会引起较大的落点偏差，那么如何对这些因素加以考虑，而仍然按前面所述的制导方案对飞行器进行制导控制呢？

解决这类关键问题的基本思想是：引入虚拟目标的概念，对落点坐标进行适当的修正。该方法是在考虑 J_2 摄动时，通过确定落点偏差和引力模型得到射程和横程修正量；在考虑再入段空气动力影响时，利用曲线拟合方法可得射程和被动段时间修正量。这里不再详细讲解修正方法。将两部分修正量相加后得到虚拟目标的位置，然后按照 5.2.3.3 中的方法由虚拟目标求校正后的需要速度。图 5-10 中 T_v 为修正过引力和阻力后的虚拟目标，T 为实际目标，KT_v 为被动段实际轨线，KT 为通过目标的椭圆轨道。

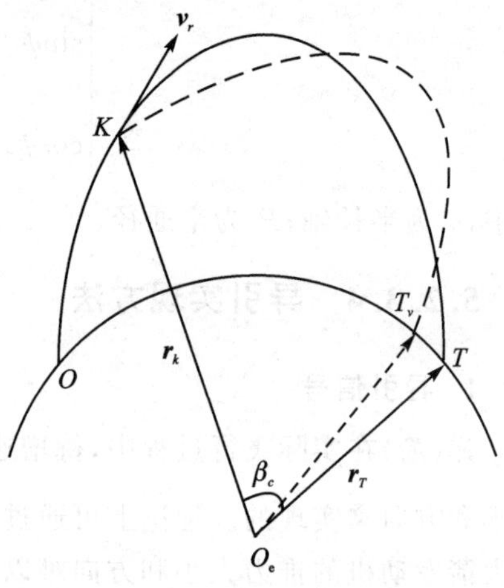

图 5-10 虚拟目标示意图

5.2.4 迭代制导

基于增益速度的闭路制导方法为了得到简单的需要速度的显式表达式，将被动段看成是椭圆弹道，然后再对地球扁率和再入段空气动力的影响进行修正，这样将带来一定的方法误差。

迭代制导方法则是利用标准弹道的关机点位置和速度矢量作为关机条件，当实际位置和速度矢量与标准弹道关机点位置和速度矢量一致时关机，这样就不需要对扁率和再入段空气动力的影响进行修正。

迭代制导方法把弹(箭)的质心运动方程转换成状态方程，以弹(箭)的瞬时状态为初值、目标点状态为终端约束、姿态角为控制矢量，由瞬时点至目标点的最短飞行时间为性能指标，提出了一个非线性时变系统的最优控制问题。通过应用最优控制理论，可以导出一组求解最优控制的必要条件，也即得到一组以 φ（俯仰角）、ψ（偏航角）为控制变量的极值条件、状态方程、伴随方程和横截条件。这里不妨称控制变量 φ、ψ 为控制角。从理论上讲，在确定了最优控制解的存在性后，可以通过对这组方程求解，得到最优控制问题的解。也就是说，得到一组最优控制角 φ、ψ 的表达式(称制导方程)以及相应的最优轨道。目前迭代制导在国外已得到广泛应用，美国的“土星 5 号”重型运载火箭、航天飞机、欧空局的“阿里安”火箭、俄罗斯的“能源号”重型运载火箭等都采用了迭代制导技术。

迭代制导中的带终端约束的最优控制问题一般不存在精确的解析解，数学上可以采用数值方法求解这一两点边值问题，常用的方法包括打靶法和有限差分法。但是在实际应用中，飞行器上的制导计算机无法在一个制导周期内完成两点边值问题的数值求解，为此，需要对最优控制方程组的某些参数作一些不影响制导精度和解最优性的简化，从而得到一组适用于制导计算机求解的制导方程。

5.2.4.1　弹(箭)空间运动方程的简化

对于发射点惯性系 $O_iX_iY_iZ_i$ 中的质心运动方程式(2-23),可以将其写成如下形式

$$\dot{\boldsymbol{V}}=\frac{1}{m}(\boldsymbol{R}_i+\boldsymbol{P}_i)+\boldsymbol{g}_i \tag{5-23}$$

通常弹(箭)在大气层内采用固定程序角飞行。假定：

① 从制导系统运行开始,飞行高度已经很高,飞行器在真空中飞行,气动力的影响可以忽略,即 $\boldsymbol{R}_i=0$。

② 控制是连续的,因此发动机的摆角不会很大,可近似认为推力总是沿着箭体纵轴方向,即本体系 $O_1X_bY_bZ_b$ 下的推力为 $\boldsymbol{P}_b=[P\quad 0\quad 0]^T$。

③ 由于姿态控制回路对滚动进行控制,故在飞行过程中,滚动角 γ 是很小的,可以忽略。

这样,式(5-23)简化后得到真空中的质心运动方程为

$$\dot{\boldsymbol{V}}=\frac{\widetilde{\boldsymbol{P}}_i}{m}+\boldsymbol{g}_i$$

式中,发射点惯性系下的近似推力 $\widetilde{\boldsymbol{P}}_i$ 与惯性系姿态角 φ、ψ 之间的关系为

$$\widetilde{\boldsymbol{P}}_i=\boldsymbol{T}_b^i\begin{bmatrix}P\\0\\0\end{bmatrix}=P\begin{bmatrix}\cos\psi\cos\varphi\\\cos\psi\sin\varphi\\-\sin\psi\end{bmatrix}$$

引入状态量

$$\begin{aligned}\boldsymbol{X}&=[x_1\quad x_2\quad x_3\quad x_4\quad x_5\quad x_6]^T\\&=[V_x\quad x\quad V_y\quad y\quad V_z\quad z]^T\end{aligned}$$

则真空中质心运动状态方程为

$$\dot{\boldsymbol{X}}=\begin{bmatrix}\dot{x}_1\\\dot{x}_2\\\dot{x}_3\\\dot{x}_4\\\dot{x}_5\\\dot{x}_6\end{bmatrix}=\begin{bmatrix}0&0&0&0&0&0\\1&0&0&0&0&0\\0&0&0&0&0&0\\0&0&1&0&0&0\\0&0&0&0&0&0\\0&0&0&0&0&0\end{bmatrix}\begin{bmatrix}x_1\\x_2\\x_3\\x_4\\x_5\\x_6\end{bmatrix}+\frac{P}{m}\begin{bmatrix}\cos\varphi\cos\psi\\0\\\sin\varphi\cos\psi\\0\\-\sin\psi\\0\end{bmatrix}+\begin{bmatrix}g_{xi}\\0\\g_{yi}\\0\\g_{zi}\\0\end{bmatrix}$$

5.2.4.2　最优控制问题的解

对于所希望的以最短飞行时间引导飞行器到达目标点的问题,由于弹(箭)发动机通常是一个恒值推力系统,因而这个时间最优控制问题等价于最少燃料消耗、弹道有效载荷为最大的控制问题。其性能指标函数可表示为

$$J=\int_0^{t_f}\mathrm{d}t$$

迭代制导中,弹(箭)的初始状态 $\boldsymbol{X}_0$ 是导航解算出的当前时刻的位置和速度,目标状态是标准弹道的关机条件 $\bar{\boldsymbol{X}}_k$,待求的控制量为弹(箭)的期望姿态 φ、ψ,则迭代制导可以用如下的最优控制问题来描述,即

$$\min_{\varphi,\psi} J=\int_0^{t_f}\mathrm{d}t$$

$$\text{s.t.}\ \dot{\boldsymbol{X}}=\begin{bmatrix}\dot{x}_1\\ \dot{x}_2\\ \dot{x}_3\\ \dot{x}_4\\ \dot{x}_5\\ \dot{x}_6\end{bmatrix}=\begin{bmatrix}0&0&0&0&0&0\\1&0&0&0&0&0\\0&0&0&0&0&0\\0&0&1&0&0&0\\0&0&0&0&0&0\\0&0&0&0&0&0\end{bmatrix}\begin{bmatrix}x_1\\x_2\\x_3\\x_4\\x_5\\x_6\end{bmatrix}+\frac{P}{m}\begin{bmatrix}\cos\varphi\cos\psi\\0\\\sin\varphi\cos\psi\\0\\-\sin\psi\\0\end{bmatrix}+\begin{bmatrix}g_{xi}\\0\\g_{yi}\\0\\g_{zi}\\0\end{bmatrix}$$

$$\boldsymbol{X}(0)=\boldsymbol{X}_0$$

$$\boldsymbol{X}(t_f)=\bar{\boldsymbol{X}}_k$$

求解此问题就是求控制量 φ、ψ 的变化规律，整个系统由初始状态以最短时间转移到终端状态，如果得出 φ、ψ 的变化规律，即可求得弹(箭)飞行姿态角指令。为求解这个最优控制问题，引入哈密尔顿函数

$$H=\lambda_1\left(\frac{P}{m}\cos\varphi\cos\psi+g_{xi}\right)+\lambda_2x_1+\lambda_3\left(\frac{P}{m}\sin\varphi\cos\psi+g_{yi}\right)+$$
$$\lambda_4x_3+\lambda_5\left(-\frac{P}{m}\sin\psi+g_{zi}\right)+\lambda_6x_5+1$$

根据最优控制理论的极值条件，可得

$$\frac{\partial H}{\partial\varphi}=\lambda_1\sin\varphi\cos\psi-\lambda_3\cos\varphi\cos\psi=0$$

$$\frac{\partial H}{\partial\psi}=\lambda_1\cos\varphi\sin\psi+\lambda_3\sin\varphi\sin\psi+\lambda_5\cos\psi=0$$

上式可解出

$$\begin{cases}\tan\varphi=\dfrac{\lambda_3}{\lambda_1}\\[2ex]\tan\psi=-\dfrac{\lambda_5}{\lambda_1\cos\varphi+\lambda_3\sin\varphi}\end{cases}$$

伴随条件为

$$\dot{\boldsymbol{\lambda}}=-\frac{\partial H}{\partial\boldsymbol{X}}$$

即

$$\begin{bmatrix}\dot{\lambda}_1\\\dot{\lambda}_2\\\dot{\lambda}_3\\\dot{\lambda}_4\\\dot{\lambda}_5\\\dot{\lambda}_6\end{bmatrix}=\begin{bmatrix}-\lambda_2\\0\\-\lambda_4\\0\\-\lambda_6\\0\end{bmatrix}$$

横截条件为

$$\boldsymbol{\lambda}\delta\boldsymbol{X}^{\mathrm{T}}\big|_{t_f}=0$$

式中，$\delta\boldsymbol{X}$ 是 $\boldsymbol{X}$ 的变分。由于约束条件中终态是固定值 $\boldsymbol{X}(t_f)=\bar{\boldsymbol{X}}_k$，则横截条件可写为

$$\boldsymbol{X}(t_f)=\bar{\boldsymbol{X}}_k$$

上述最优控制解的形式比较复杂，迭代制导以近似法来进行数值求解，这里不再详述，可参见参考文献[2-3]。迭代制导的实现流程如图 5-11 所示。

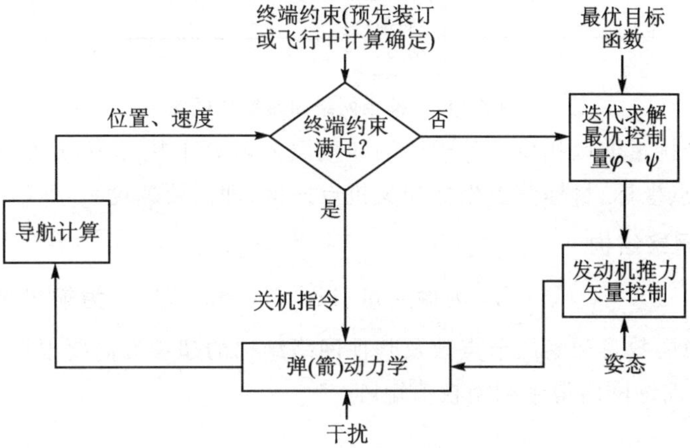

图 5-11　迭代制导框图

5.2.5　基于神经网络的闭路制导

近年来，随着人工智能技术的发展，尤其是多层神经网络训练算法的进步，一些新的飞行器制导方法开始出现，利用多层神经网络强大的拟合能力来拟合制导控制量和飞行器当前状态的映射关系，不仅能够减少制导计算机的实时计算量，而且能够提高制导精度。

这里介绍一种利用神经网络计算增益速度闭路制导中的需要速度的方法。

第 5.2.3 小节中的基于增益速度的闭路制导方法，需要通过多条椭圆弹道确定与当前状态接近的椭圆弹道，并获取对应的虚拟目标，在利用椭圆弹道计算虚拟目标及确定对应的椭圆弹道时，均存在一定的误差，且迭代过程中计算量较大。采用神经网络方法根据干扰弹道训练结果直接确定导弹需要速度，将克服椭圆弹道假设带来的误差，提高制导精度。

神经网络是一种监督学习方法，首先要进行训练。引入各种干扰生成关机点位置、速度的干扰弹道，则此时的关机点速度即为需要速度。运用多层神经网络逼近需要速度 $[\nu_{rx}\quad \nu_{ry}\quad \nu_{rz}]^{\mathrm{T}}$ 与目标落点坐标 $[x_T\quad y_T\quad z_T]^{\mathrm{T}}$ 及关机点位置 $[x_k\quad y_k\quad z_k]^{\mathrm{T}}$ 的映射关系，并将此种映射关系装订上弹，弹载计算机利用该网络在关机点附近每一个位置计算相应需要速度，而后利用闭路制导关机及导引方法实施控制，如图 5-12 所示。由于神经网络训练的样本是通过弹道数值解得到的，避开了椭圆弹道理论计算的简化误差，在确保需要速度计算时间的同时，减小了再入阻力及引力扁率的修正误差，提高了制导的精度。

神经网络制导的设计步骤如下：

1. 生成神经网络训练及测试样本

首先，在标准条件下求解标准弹道，在此基础上，加入推力偏差、起飞质量偏差和气动力偏

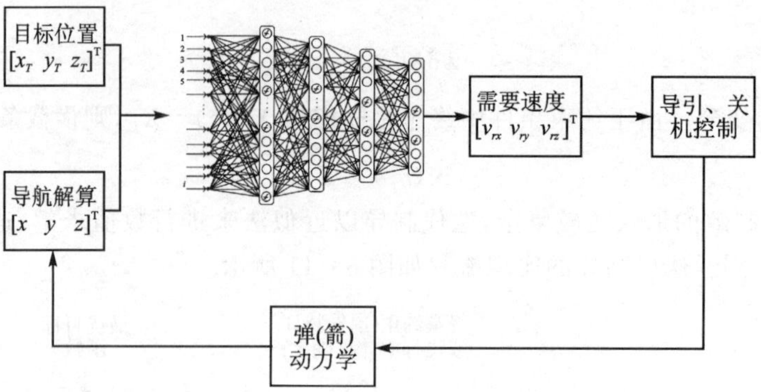

图 5-12　神经网络闭路制导框图

差计算模型。各干扰量取以相应统计规律的随机误差解算干扰弹道，从而得出训练样本及测试样本，记录关机点坐标、目标落点坐标和关机点速度(即需要速度)。

2. 构建神经网络结构

以 $[x\quad y\quad z\quad x_T\quad y_T\quad z_T]^T$ 为输入量、以 $[\nu_{rx}\quad \nu_{ry}\quad \nu_{rz}]^T$ 为输出量建立六输入三输出的神经网络。隐层数目和隐层节点数及其他网络结构的超参数需要根据经验进行选取。

采用 BP 方法训练网络得到网络权值矩阵。

3. 弹上装订

将训练得到的权值矩阵及目标点坐标 $[x_T\quad y_T\quad z_T]^T$ 装订到弹载计算机。

4. 弹上计算需要速度

在弹(箭)实际飞行时，根据装订的数据，代入当前位置和目标点位置坐标，由神经网络进行一次正向计算即可由输出层读出计算时刻的需要速度。

5. 闭路控制

根据输出的需要速度，按照闭路制导关机及导引方法对弹(箭)实施控制，控制方法与 5.2.3.4 介绍的方法相同。

5.3　被动段制导

5.3.1　中制导

随着弹道导弹命中精度要求的提高，仅仅依靠主动段制导将难以达到高的命中精度要求。采用其他导航手段对主动段制导误差进行修正，是提高弹道导弹命中精度的一种方法。

主动段制导的特点是在发动机关机以后不再对导弹实施制导，主动段制导产生的误差以及非制导误差(如发动机后效、发射点定位及引力异常等)都无法再进行修正。如果采用中制导，即在导弹飞行自由段引入制导，则可消除自由飞行段以前的误差，包括主动段制导误差，提高导弹命中精度。

理论计算表明，中制导对主动段引力异常可全部补偿，对自由飞行段的引力异常误差也能补偿大部分。这样，落点偏差将与主动段制导的各种误差因素无关，而是取决于中制导误差。

考虑到导弹自由飞行段飞行比较平稳，且远离了大气层影响，导航解算可以采用天文导航和卫星导航校正惯导的累积误差，这些因素使得自由段飞行的干扰远小于主动段，因此中制导误差也小于主动段制导。

中制导的关键问题是如何控制导弹完成制导任务。由于远离大气层，只能利用火箭发动机为导弹提供控制动力，所以，如何设计便于操控而又节省能量的中制导控制及伺服系统是实施中制导的关键。

这里以分导式多弹头为背景对中制导进行简要介绍。

多弹头制导是提高导弹突防能力的有效手段。早期多弹头只是一种霰弹式多弹头，即将原来单弹头换为一组较小的子弹头，装在一个母弹头中，同时释放并沿几条相近的弹道攻击同一目标，母弹和子弹上都不设制导和控制系统，既不做机动飞行也不能够分批释放攻击不同目标。随着反导技术的发展，霰弹式多弹头难以满足突防要求，因此从 20 世纪 60 年代便提出了分布区域更大、可改变轨道机动能力的分导式多弹头(MIRV)。分导式多弹头的子弹头虽然没有制导控制系统，但其母弹头有制导控制系统，可在自由段进行轨道变轨机动，在再入大气层以前，可按照预定程序将子弹头逐个释放到不同的轨道上，攻击同一目标或不同目标。图 5-13 所示为美国“民兵Ⅲ”导弹分导式弹头结构示意图。

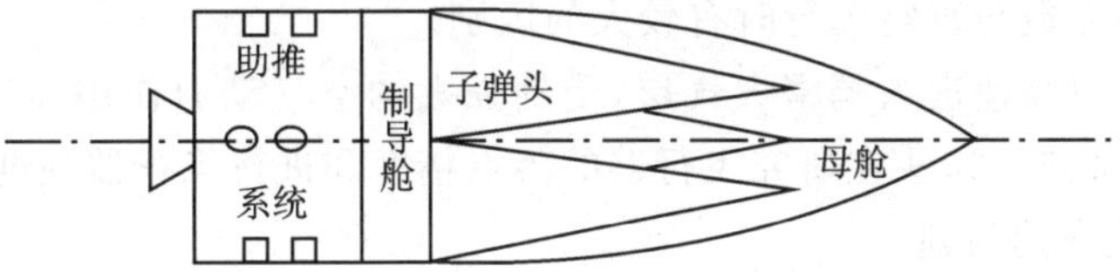

图 5-13　美国“民兵Ⅲ”导弹分导式弹头

这里给出一种简单的多弹头分导方案，即仅通过母舱机动来实现子弹头的分导，子弹头本身不安装控制系统。母舱内装有若干枚子弹头，并包含由制导舱和末助推推进舱组成的末助推推进系统。母舱在主动段关机后即与弹体分离，并沿自由弹道飞行。分导机动前，母舱姿态控制系统控制末助推发动机的推力到预先确定的程序方向。分导机动期间，母舱制导系统通过调整母舱姿态及控制发动机的启动和关闭，使母舱获取投放子弹头所需要的速度增量。投放出去的子弹头沿自由弹道飞行命中目标，就和单弹头导弹发动机熄火后的情况一样。

设标准情况下母舱分导的标准弹道如图 5-14 所示。

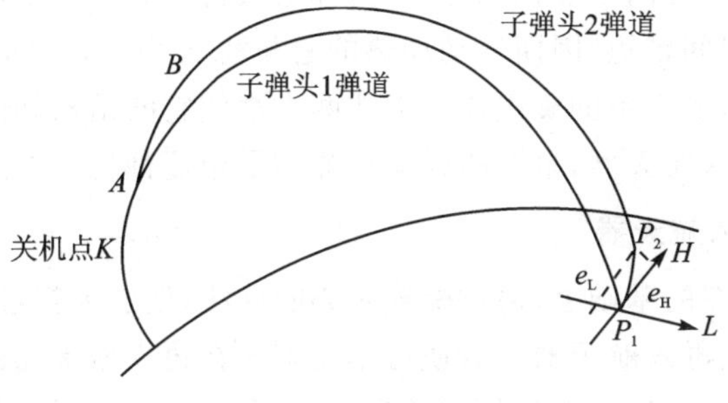

图 5-14　分导机动弹道

图中 A、B 分别是分导机动的始点和终点。A 点弹道参数所决定的自由飞行弹道是子弹头 1 的标准弹道，其落点 P_1 即子弹头 1 的目标。从 A 点开始末助推发动机工作，母舱弹道沿有推力弹道飞行。在 B 点，末助推发动机关闭，母舱沿 B 点弹道参数确定的自由弹道飞行。若忽略子弹头 2 与母舱分离时的微小冲量，这条弹道也是子弹头 2 的标准弹道，它的落地点 P_2 即子弹头 2 的目标点。

分导机动前的关键就在于确定这个推力方向，使之不但满足子弹头命中目标的要求，而且得到某种意义上的最佳性能。这就是中制导要解决的问题。在技术实现上，母舱分导机动的制导应与导弹主动段制导尽可能一致。这样，制导器件大部分通用，而且制导元件也基本一致，使整个系统简单、合理、可靠。本着这一原则，可以假定分导机动后，母舱弹道相对原来自由飞行弹道的改变足够小，则可以用摄动制导来处理母舱相对原始自由弹道而机动的控制问题。这里不再详细介绍，可参见参考文献[4]。

5.3.2 再入段制导

5.3.2.1 再入航天器分类

在再入段，飞行器受到地球引力、空气动力和空气动力矩的作用。由于空气动力的作用，使得飞行器在再入段具有以下特点：

① 飞行器运动参数与真空飞行时有较大的区别。

② 由于飞行器以高速进入稠密大气层，受到强大的空气动力作用而产生很大的过载，且飞行器表面也显著加热。这些在研究飞行器的落点精度和进行飞行器强度设计及考虑防热措施时，都是要予以重视的问题。

③ 可以利用空气动力的升力特性，进行再入机动飞行。

对于再入飞行器，无论是弹头，还是航天器（卫星、飞船和航天飞机），都涉及到再入弹道问题。飞行器以什么样的弹道再入，再入过程中是否对升力进行控制，与飞行器的特性和所要完成的任务有关。

目前，根据航天器的气动特征不同，航天器可分为三类：弹道式再入航天器、弹道-升力式再入航天器和升力式再入航天器。

1. 弹道式再入航天器

当再入过程以零攻角飞行时，再入过程只产生阻力不产生升力，或在零攻角下虽产生升力但制导系统对升力大小和方向不加控制，这称为弹道式再入。由于不产生升力，再入轨道比较陡峭，所经历的航程和时间较短，因而气动加热的总量也较小，防热问题较易处理。此外它的气动外形也不复杂，可做成简单的旋成体。上述两点都使它的结构和防热设计大为简化，因而成为最先发展的一类再入航天器，早期的弹道导弹均采用这种再入方式。

2. 弹道-升力式再入航天器

在弹道式再入航天器的基础上，通过配置质心的办法，使航天器进入大气层时产生一定的升力就称为弹道-升力式再入航天器。其质心不是配置在再入航天器的中心轴线上，而是配置在偏离中心轴线的一段很小的距离处，同时使质心在压心之前。这样，航天器在大气中飞行时，在某一个攻角下，空气动力对质心的力矩为零，这个攻角就称为配平攻角，记作 η，如图 5 - 15 所示。在配平攻角飞行状态下，航天器相应地产生一定的升力，此升力一般不大于阻力的一半，即升阻比≤0.5。

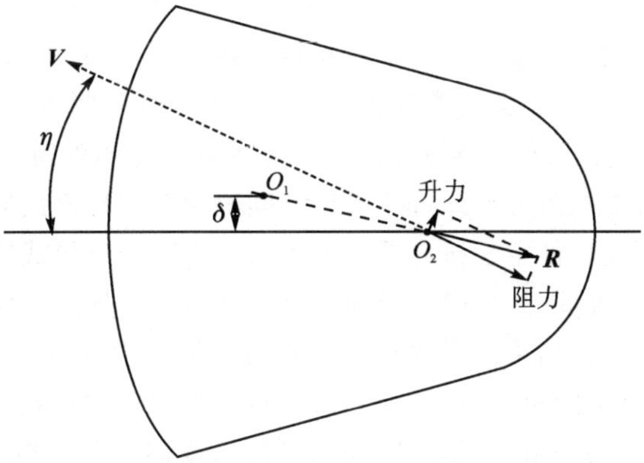

图 5-15　以配平攻角飞行时作用在航天器上的气动力

以配平攻角飞行时特性如下：

① 根据配平攻角的定义，空气动力 $\boldsymbol{R}$ 对质心 O_1 的力矩为 0，而 $\boldsymbol{R}$ 的压心为 O_2，故空气动力 $\boldsymbol{R}$ 通过航天器的压心和质心。

② 由于 $\boldsymbol{R}$ 通过航天器的压心和质心，且再入航天器为旋成体，其压心 O_2 在再入航天器的几何纵轴上，由于质心在飞行器纵向对称面内，因此 $\boldsymbol{R}$ 也在飞行器纵向对称面内，则侧滑角 $\beta=0$。

弹道-升力式再入航天器的外形为简单的旋成体，在再入飞行过程中，通过姿态控制系统将再入航天器绕本身纵轴转动一个角度，就可以改变升力在当地铅垂平面和水平平面的分量。因此，以一定的逻辑程序控制滚动角 γ，就可以控制航天器在大气中的运动轨道。从而在一定范围内可以控制航天器的着陆点位置，其最大过载也远小于弹道式再入时的最大过载。宇宙飞船（如阿波罗飞船）一般采用这种再入方式。

3. 升力式再入航天器

当要求再入航天器水平着陆时，例如航天飞机，必须给再入航天器足够大的升力。而能够实现水平着陆的升力式再入航天器的升阻比一般都大于 1，也就是说升力大于阻力，这样大的升力不能再用偏离对称中心轴线配置质心的办法获得。因此，升力式再入航天器不能再用旋成体，只能采用不对称的升力体外形。现有的和正在研制的升力式再入航天器都是带翼的升力体，形状与飞机相似，主要由机翼产生升力并由空气舵控制姿态，或采用反作用喷气与空气舵相结合的办法来控制它的机动飞行。

与弹道-升力式再入相比，升力式再入具有再入过载小、机动范围大和着陆精度高的三个特点，但对防热设计的要求更高。

5.3.2.2　有升力再入弹道特性

早期的弹道式再入飞行器其飞行轨迹固定，过载大，难以满足弹头突防对弹道机动的需要和返回式航天器对落点精度和过载的限制。下面分别以弹道导弹突防和返回式航天器再入为背景介绍升力式再入弹道的特点。

1. 弹头再入机动

随着弹道导弹武器的迅速发展，导弹的威力越来越大，命中精度也越来越高，目前已发展到携带多个数十万吨 TNT 当量子弹头的洲际导弹，其命中精度已达到近 100 m 的圆概率偏差，具有摧毁加固地下井的打击能力。为了对付攻方弹道导弹的袭击，出现了反弹道导弹的反导武器和反导防御体系。反导武器通常配置于所要保卫目标的附近，可成圆周形配置，也可配置于敌方可能实施突击的方向上。当预警雷达测得敌方来袭的弹道导弹参数后，将参数传送给反导系统，使反导系统能在敌方导弹进入防御空间时用高空拦截武器进行拦截，若有弹道导弹突破高空拦截区，还可使用低空拦截武器实施攻击。正因为反导武器的出现，势必刺激战略进攻武器的进一步完善和发展，要求弹道导弹具有突破对方反导防御体系的能力。

目前，主要的突防技术包括采用多弹头和施放诱饵等手段，而在大气中的再入突防，一种有效的办法是进行再入弹道的机动，在导弹弹头接近目标时，突然改变其原来的弹道，作机动飞行，亦称机动变轨，其目的是增加反导导弹的脱靶量，或避开反导拦截区的攻击目标。突防采用的弹道如图 5-16 所示。

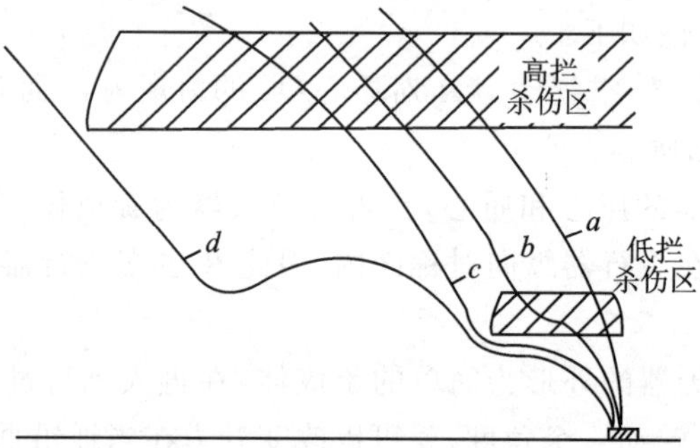

图 5-16　弹道导弹突防示意图

图 5-16 中，除弹道 a 外，其余的三条弹道均为机动弹道，分析如下：

① 弹道 a 以陡峭的再入角（速度方向与再入点水平面的夹角）Θ 进行弹道再入，即 $|\Theta|$ 较大，高速穿过杀伤区，以减少穿过杀伤区的时间，从而减小反导武器拦截的杀伤概率。

② 弹道 b，弹头的再入弹道经过杀伤区，弹头进入杀伤区后，利用弹道的机动，造成低空反导武器有较大的脱靶量。

③ 弹道 c，弹头的再入机动弹道避开低拦杀伤区去攻击目标。

④ 弹道 d，对高拦杀伤区和低拦杀伤区均采用再入机动弹道，避开这两个杀伤区。

在攻击地面固定目标时，为保证末制导系统良好的工作条件和弹头落地速度要求，某种具有末制导图像匹配系统的再入弹头采用的再入机动弹道示意图如图 5-17 所示。图中 L、h、t、n_y、α 分别为再入段射程、飞行高度、飞行时间、法向过载和攻角。

为实现弹头再入弹道的机动，可通过改变弹头的姿态产生一定的攻角来完成。而改变弹头的姿态，可以在弹头尾部装发动机；装伸缩块，或称为调整片、配平翼；或者利用质心偏移的方法来产生控制力矩。

2. 返回式航天器的再入

航天器要脱离运行轨道返回地面，可通过制动火箭给航天器一个速度增量 ΔV，使飞行器进入与地球大气相交的椭圆轨道，然后进入大气层。从进入大气层到着陆系统开始工作的这一飞行段称为再入段。

航天器在地球大气中可能的降落轨道有：弹道式轨道、升力式轨道、跳跃式轨道和椭圆衰

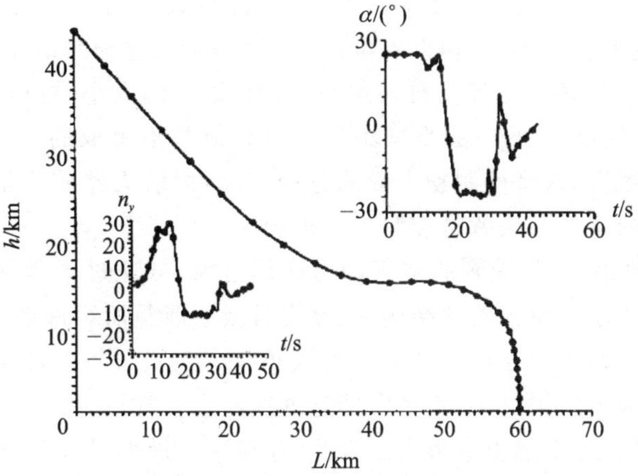

图 5-17　弹头再入机动弹道示意图

减式轨道。前三种轨道示意图如图 5-18 所示。

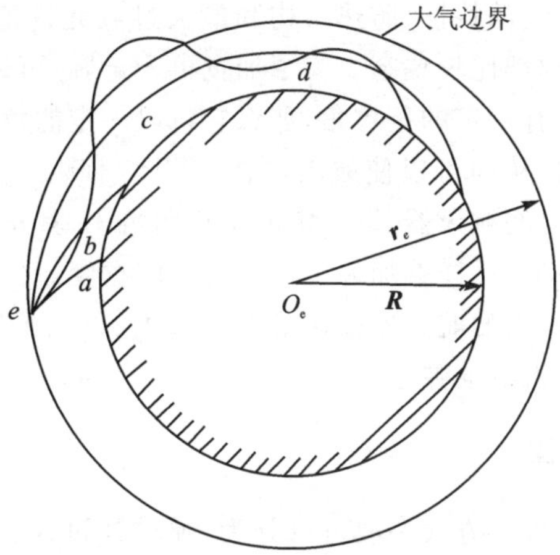

图 5-18　航天器可能的降落轨道

轨道 a 为沿陡峭弹道的弹道式再入，轨道 b 为沿倾斜弹道的弹道式再入，轨道 c 为升力式轨道，轨道 d 为跳跃式轨道。航天器以较小的再入角进入大气层后，依靠升力，再次冲出大气层，做一段弹道式飞行，然后再进入大气层，也可以多次出入大气层，每进入一次大气层就利用大气进行一次减速，这种返回轨道的高度有较大起伏变化，故称作跳跃式轨道。对进入大气层后虽不再跳出大气层，但靠升力使再入轨道高度有较大起伏变化的轨道，称作升力式轨道。对于弹道式再入和升力式再入，下面将予以介绍。

如果航天器采用弹道式再入，则存在以下问题：

① 着陆点散布大。由于航天器在大气层的运动处于无控状态，航天器落点位置的准确程度，主要取决于制动火箭的姿态和推力，而在制动结束后的降落过程中没有修正偏差的可能，因此需要有一个广阔的回收区。此外，还必须等到星下点轨迹恰好经过预想的落点上空。解决以上问题最可行的办法是在再入过程中，利用空气动力的升力特性来改变轨道，即通过控制升力，使航天器具有一定的纵向机动和侧向机动能力。

② 再入走廊狭窄。弹道式再入时，轨道的形状完全取决于航天器进入大气层时的初始条件，即取决于再入时的速度大小 v_e 和再入角 Θ_e，原因是再入过程的最小负加速度与运动参数 ν_e 和 Θ_e 有关。理论上讲，适当地控制再入角 Θ_e 和速度 ν_e 的大小，可以使最大过载不超过允许值。实际上，用减小速度 ν_e 的办法来减小最大过载值是不可取的。因为速度 ν_e 的减小有赖于离轨制动速度的增大，这将使制动火箭的总冲增加，使航天器质量增大，所以控制弹道式再入航天器最大过载的主要办法就是控制再入角 Θ_e。

若 $|\Theta_e|$ 过大，则轨道过陡，受到的空气动力作用过大，减速过于激烈，以致使航天器受到的减速过载和气动加热超过航天器的结构、仪器设备或宇航员所容许承受的过载，或使航天器严重烧蚀，不能正常再入，因此存在一个最大再入角 $|\Theta_e|_{\max}$。若 Θ_e 过小，可能使航天器进入大气层后受到的空气动力作用过小，不足以使它继续深入大气层，可能会在稠密大气层的边缘掠过而进入不了大气层，也不能正常再入。因此，存在一个最小再入角 $|\Theta_e|_{\min}$。

可见，为了实现正常再入，再入角 Θ_e 应满足下式

$$|\Theta_e|_{\min} \leqslant |\Theta_e| \leqslant |\Theta_e|_{\max}$$

称这个范围为再入走廊。$\Delta\Theta_e = |\Theta_e|_{\max} - |\Theta_e|_{\min}$ 为再入走廊的宽度。

不同的航天器有不同的气动特性、防热结构和最大过载允许值，因而有不同的再入走廊。一般来说，航天器的再入走廊都比较狭窄。为了加宽再入走廊，可通过使航天器再入时具有一定的升力来实现。当航天器有一定的负攻角，那么它将以一定的负升力进入大气层，负升力使航天器的再入轨道向内弯曲，从而可以使航天器在 $|\Theta_e| \leqslant |\Theta_e|_{\min}$ 的某些情况下也可实现再入。与此类似，一个具有升力的航天器，以一定的正攻角再入，其正升力可以使轨道变缓，从而可以降低最大过载和热流峰值，这样就加大了再入走廊的宽度。

综上所述，采用弹道式再入的航天器存在落点散布大、再入走廊狭窄等问题，而解决问题的方法就是采用有升力的再入机动弹道。

5.3.2.3 再入制导律

跨大气层再入飞行器的再入方式一般可以分为：弹道式再入、有升力再入（又可分为低升阻比再入和高升阻比再入），其相应的制导技术和方案也不同。弹道式再入主要是洲际导弹的再入方式，对运载器而言，弹道式再入主要是在再入初期（90 km 以上高空），升力和阻力非常小，制导系统还不能正常工作的时候采用，对于其他阶段是不适用的；低升阻比再入方式广泛用于飞船等不可重复使用的高超声速、跨大气层再入飞行器；而对于可重复使用的跨大气层再入飞行器而言，一般采用较大升阻比的再入方式。

采用何种规律来调整再入飞行器升力变化的问题，便是再入制导规律设计问题。再入制导律可分为标准轨道制导方法和预测制导方法两大类。

1. 标准轨道再入制导方法

标准轨道制导是一种比较直观而有效的制导方法，制导算法所需计算量较小、容易实现。标准轨道制导方法广泛用于弹道导弹、运载火箭以及飞船再入制导，航天飞机早期的制导方案也曾考虑过这种传统意义上的标准轨道制导方法。不过航天飞机再入制导扩展了这种标准轨道制导方法，可重复使用运载器再入标准轨道制导也是基于航天飞机再入制导技术的广义的标准轨道制导。

传统的再入标准轨道制导的基本原理是：预先计算出合乎要求的再入标准轨道，并将所需

的标准轨道参数(包括增益系数表)存储在计算机上;再入制导系统根据实际测量的飞行状态和标准轨道状态的关系,计算所需要的控制参数,控制飞行器按标准轨道再入飞行。

再入标准轨道制导的关键技术主要在于两个方面:①标准再入轨道设计;②再入制导控制规律。

标准再入轨道一般进行优化设计,用得较多的是非线性规划方法、极小值原理以及动态规划方法;再入制导要求存储标准再入轨道参数,可以根据经验确定制导控制规律,也可以建立状态误差的微分方程,运用经典自动控制方法、自适应控制方法、神经网络控制方法、模糊控制方法等,设计制导控制规律。

早期的标准再入轨道参数是以时间或速度为自变量存储的,研究表明,按速度存储的效果优于按时间存储。目前的再入制导方法往往按能量存储,其原因是速度变化不是单调的,而且航程与能量的关系更为密切。

有标准轨道的再入制导的目的是使运动参数接近标准再入轨道参数,使其着陆点满足要求。利用标准轨道的再入制导在实现中分成纵向制导和侧向制导,且以纵向制导为主。

总升力在弹道系中可表示为

$$\boldsymbol{L}=\boldsymbol{y}_{\mathrm{k}}^{0}L\cos\mu+\boldsymbol{z}_{\mathrm{k}}^{0}L\sin\mu$$

式中,$\boldsymbol{L}$ 为总升力矢量;L 为总升力大小;μ 为倾侧角;$\boldsymbol{y}_{\mathrm{k}}^{0}$、$\boldsymbol{z}_{\mathrm{k}}^{0}$ 为弹道坐标系 Y、Z 轴方向的单位向量。

$L\cos\mu$ 为总升力在弹道纵向的投影,它的大小直接影响到飞行器升降快慢。$L\sin\mu$ 为总升力在弹道横侧向的投影,它影响飞行器的横向运动和横程。

飞行器受到的热负荷、过载,主要取决于飞行器的下降速度,而下降速度又主要取决于升力的纵向投影 $L\cos\mu$,$L\cos\mu$ 的大小取决于攻角 α 和倾侧角 μ,在配平攻角不可调或攻角模型参数确定的条件下,决定 $L\cos\mu$ 大小的仅有控制变量 μ。纵向制导决定 μ 的大小,而 μ 的符号由侧向制导确定。

再入标准轨道制导一般是存储高度及其变化率、速度、阻力加速度以及航程等轨道参数,主要控制升阻比(L/D)。早期的标准轨道制导一般采用固定反馈增益控制,升阻比应满足

$$(L/D)_c=(L/D)_0+K_1\delta\nu+K_2\delta h+K_3\delta u+K_4\delta R\,|_t$$

或

$$(L/D)_c=(L/D)_0+K_1\delta\nu+K_2\delta h+K_4\delta R\,|_u$$

式中,δ 表示偏差;ν 为径向速度;u 为切向速度;R 为航程;$(L/D)_0$、$(L/D)_c$ 分别为升阻比的标准值和制导要求值。当实际飞行轨道对标准轨道的偏离较小时,采用上面制导方法,可能有几项反馈作用不大,这说明基本的再入动态特性具有一定的稳定性。研究表明,K_4 增大,则航程控制能力增强,随之系统的稳定裕度减小,必须同时调整 K_1、K_2 使控制系统稳定。对稳定性的研究表明,速度较高时 K_4 必定很小,只有在低速时才能增大。

2. 再入轨道预测制导方法

预测制导一般无需标准轨道,能够在线计算再入走廊、航程,在线辨识大气参数、气动系数及其他参数和模型,以对实际参数、模型进行修正,并在线预测轨道。再入轨道预测制导能够降低多种不确定因素对再入制导的可行性、可靠性以及制导精度的影响程度,从而提高飞行器的可靠性、安全性,加快再入制导系统的设计进程,减少再入操作、运营费用,降低运载成本。

预测制导的基本思想是：根据飞行器当前飞行状态，实时计算出满足一定要求的轨道，并根据得到的轨道信息对实际轨道进行控制，如将预测值与期望值进行比较，根据所得偏差信息对控制量进行估计、修正。

预测制导的关键技术之一是快速轨道预测，而根据轨道预测方法不同，预测制导一般可分为数值预测制导（也称快速运算预测）和解析预测（也称“闭式”预测）制导。其中数值预测制导主要采用数值积分方法进行轨道预测，而解析预测制导则在简化假设条件下，得到微分方程的解析解，从而近似预测再入轨道。

（1）快速运算预测再入制导

快速运算预测再入制导的基本思想是：依靠飞行器上的快速计算机，对轨道方程进行积分，获得再入轨道的状态信息，然后根据这些信息对轨道进行校正。快速运算预测制导方法要对预测值与期望值进行比较，根据所得偏差信息对控制量进行修正。

快速运算预测再入制导一般要建立简化的再入运动数学模型，例如早期快速积分预测制导主要是考虑纵平面的运动状态信息，并对其进行积分，同时对升阻比、弹道系数进行估计、修正。这种预测制导主要考虑阻力加速度对航程的影响，认为常升阻比再入，因此主要迭代修正阻力加速度。

快速积分预测制导也可积分三自由度轨道方程，并建立终端状态对制导参数的敏感度函数，以此校正迭代过程，获得所需要的控制变量。这种方法首先定义标准的倾侧角和攻角模型，通过更改制导模型参数，积分轨道方程得到终端状态信息，并与期望值进行比较，以获得终端状态误差对各个参数的敏感度函数。建立误差灵敏度函数是个离线过程，需要大量的计算。接着引入约束函数，在校正制导参数时，要求满足约束条件（温度、热流、过载、动压等）和终端条件。

快速运算预测制导的优点是它能够处理大范围的飞行条件，算法简单，通用性强、可移植性好，而且误差散布对制导方法的影响较小，制导精度也较高；其缺点则是计算量大，一般难以实时计算。

（2）解析预测再入制导

解析预测再入制导（也称“闭式”预测再入制导）的基本原理是对再入运动方程进行简化，得出近似的解析解，预测部分可能的轨道信息。解析预测制导往往假设某些参数不变，积分时忽略某些变化缓慢的变量。由于假设是有条件的，所以解析预测一般分段预测轨道，如在90 km以上采用牛顿关于二体运动的方程，可以得到很精确的预测，90 km以下则根据飞行特点进行简化。

解析预测制导的关键是对再入运动进行假设，而且制导能够控制飞行器接近假设的条件飞行，否则制导的精度较差。解析预测制导主要是对纵程进行预测，而对横程的预测只能局限在苛刻的条件下，也就是说，实际飞行路径往往会偏离假设，因此对横程预测的制导方法适应范围更窄。解析预测制导方法的优点是计算量小、速度快、所需内存少、对硬件要求低。其缺点是不能灵活处理偏离假设的情况，对误差比较敏感，鲁棒性差。

快速积分预测可以与解析预测结合起来，解析预测的结果可以作为快速积分预测的初值，这样能够提高快速积分预测的收敛性和收敛速度。

随着计算机技术的不断发展，制导计算机的运行速度将不断提高，数值积分运算所需时间将不再是制导方法所顾虑的主要因素，因此可以通过快速数值积分方法对再入轨道进行预测，以用于再入制导。由于快速运算预测制导需要在线积分再入运动微分方程，不依赖于对模型的各种假设，因此适应范围更广，将成为很有潜力的再入制导方法。

5.4 末制导

末制导是指导引头捕获目标后产生制导指令，导引导弹飞向目标的过程。末制导常用在飞行速度较低的飞航式导弹上，如巡航弹和空空弹，因为低速条件下有利于导引头探测目标，而高速条件下形成的等离子鞘会阻碍目标信号的接收。但近年来随着现代作战的需要，末制导已逐步引入到弹道导弹中，通过再入段的拉起阶段消耗能量从而将飞行器速度降低到末制导系统能够工作的条件，以提高命中精度和攻击移动目标的能力。

末制导需要探测目标相对弹体自身的运动，一种方法是通过制导站对目标和导弹进行测量，从而形成相应制导指令。其测量系统和指令形成装置一般不在弹上，而是在地面或其他载体上，指令通过无线或有线方式传到弹上实现闭环控制，这种方式称为遥控制导，优点是导弹上的设备简单，成本较低，缺点是制导站对目标和导弹的测量精度随距离增加而下降。另一种方式是利用安装在导弹上的导引头探测目标辐射或反射的信息（如无线电波、红外线、激光、可见光等），称为自动寻的制导。

任何物体都会发出红外辐射，因此自动寻的制导系统常用目标的红外辐射进行制导，即红外自动寻的制导系统。在自然光照或者人工光照良好的情况下，目标与周围背景的可见光反射或辐射不同，因此可以利用目标的可见光信息进行自动寻的制导，即电视成像制导系统。利用目标辐射或反射的无线电波进行制导的系统称为雷达自动寻的系统，其应用也十分广泛。很多重要军事目标本身就是强大的电磁辐射源，如雷达站、无线电干扰站、导航站、飞机等；大部分金属目标对于无线电波具有很强的反射特性，通过对其进行无线电照射，也可以获得足够的反射波。

5.4.1 末制导的导引方法

在末制导阶段，导弹能够通过导引头或者制导站实时获取目标的相对位置和运动信息，因此这一阶段的制导规律通常都被称为导引规律或者导引方法。

为了简化研究，假设导弹、目标始终在同一平面内运动。该平面通常被称为攻击平面，攻击平面可能是铅垂面，也可能是水平面或倾斜平面。

本书主要介绍末制导中的自动寻的制导。自动寻的制导的导弹具有可以自行完成探测目标和形成制导指令的功能，因此自动寻的制导的相对运动方程实际上就是描述导弹与目标之间相对运动关系的方程。如图 5－19 所示，假设某一时刻，目标位于 T 点，导弹位于 M 点，连线 MT 称为目标瞄准线（简称弹目视线）。选取参考基准线 MX 作为角度参考零位，通常可以选取水平线、惯性基准线或发射点坐标系的一个轴等。

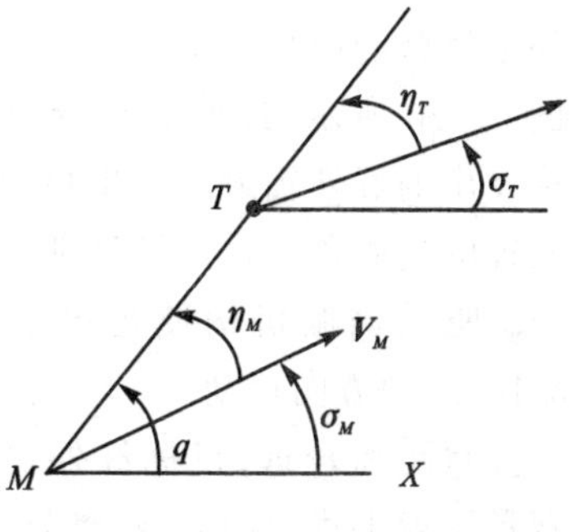

图 5－19　弹目相对运动关系

图 5－19 中，q 为目标方位角，$\boldsymbol{V}_M$、$\boldsymbol{V}_T$ 分别为导弹、目标的速度矢量，σ_M、σ_T 分别为导弹和

目标速度偏离基准轴的角，η_M、η_T 分别为导弹、目标速度矢量前置角。通常为了研究方便，将导弹和目标的运动分解到弹目视线和其法线两个方向，因此弹目相对运动方程可以写为

$$\frac{\mathrm{d}R}{\mathrm{d}t}=V_T\cos\eta_T-V_M\cos\eta_M$$

$$R\,\frac{\mathrm{d}q}{\mathrm{d}t}=V_M\sin\eta_M-V_T\sin\eta_T$$

$$q=\sigma_M+\eta_M$$

$$q=\sigma_T+\eta_T$$

$$\varepsilon_1=f$$

式中，R 为弹目相对距离；$\varepsilon_1=f$ 为描述导引方法的方程。自动寻的制导中常见的导引方法有：

① 追踪法：$\eta_M=0$，即 $\varepsilon_1=\eta_M=0$。

② 平行接近法：$q=q_0$（常数），即 $\varepsilon_1=\frac{\mathrm{d}q}{\mathrm{d}t}=0$。

③ 比例导引法：$\dot{\sigma}=K\dot{q}$，即 $\varepsilon_1=\dot{\sigma}_M-K\dot{q}=0$。

以上三种导引方法的具体原理在大部分末制导相关文献中均有涉及，本书不再详细介绍。

5.4.2 光学导引头

光学导引头探测目标根据光源的不同有红外、自然光和激光，根据测量信息的不同又可分为测角、测距和测速，此外根据是否识别目标还分为点源和成像探测。

5.4.2.1 红外点源导引头

所谓点源是指目标所发出的红外辐射在探测器上以点辐射源的形式体现，即等效为辐射强度，而不区分目标的形状、辐射分布等。这种点源制导方式对探测器的制作工艺和成本要求较低，适合于早期技术水平受限条件下的导弹研制，缺点是容易受到红外诱饵和红外干扰弹的影响。

如图 5-20 所示，红外点源导引头通过敏感目标发出的红外辐射测量出目标相对于导引头光轴的失调角 Δq，信号处理系统根据失调角 Δq 驱动伺服机构使得导引头光轴 OP 向减小 Δq 的方向运动。

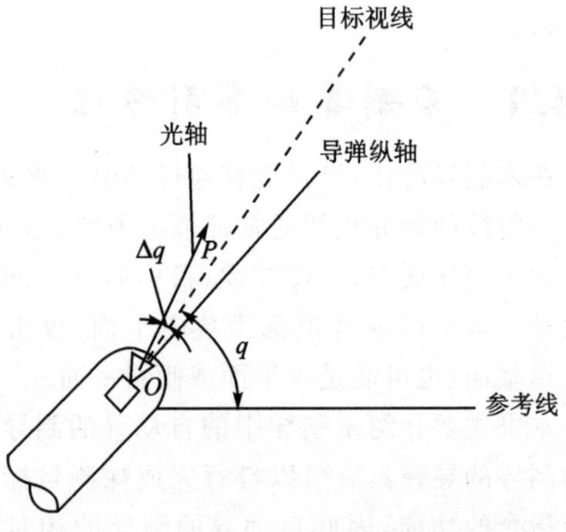

图 5-20　红外点源导引头测量关系

由于弹目距离较远、目标红外辐射强度较弱和背景辐射干扰等因素，红外导引头需要通过光学系统来会聚目标辐射。目标辐射的红外线经过光学系统的会聚作用后，在像平面上会聚为一个不大的像点，然后采用红外信号处理技术提取像点在像面上的精确位置，通过光学系统的参数就可以解算出目标相对飞行器的方向。

5.4.2.2　红外成像、电视成像导引头

红外成像制导系统是一种智能型的制导系统，其利用目标的红外辐射所形成的红外图像进行实时处理，从而能在复杂的背景和干扰中发现和识别目标。由于这种制导方式能够区分目标的红外辐射分布和形状，因此相比非成像红外制导系统具有更强的目标识别和抗干扰能力，已经成为现代制导武器常使用的一种制导方式。

红外成像制导系统的基本结构如图 5-21 所示，其中的图像处理单元是成像制导系统特有的处理单元，其主要功能是将原始采集的图像进行适当的处理，提高信噪比，并区分出目标与背景，从而获得目标的位置信息。在图像处理单元加入模式识别技术后，导引头可以识别和区分不同的目标，可以有选择地攻击目标，实现智能化制导。

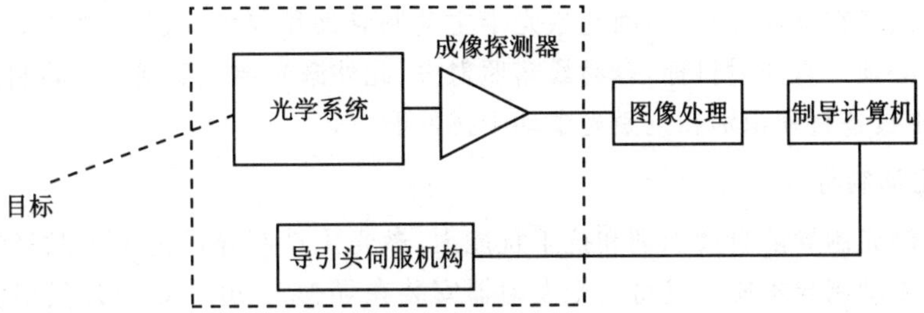

图 5-21　红外成像制导系统结构

电视成像制导的原理与红外成像相似，主要的区别是二者的成像波段不同，电视成像得到的可见光图像的边缘、色彩和纹理信息丰富、分辨率高、抗电磁干扰强且成本较低，但受到目标照明情况的影响较大。

成像导引头对目标的测量精度主要受到成像质量的影响，通常红外线和可见光的传输会受到目标辐射强度、大气、探测器感光性能和飞行器运动速度的影响。其中，大气对成像的影响称为大气光学效应，主要是由于光束在大气中长距离传输受到大气湍流扰动和大气中气溶胶影响，导致成像偏移和模糊；飞行器运动速度的影响称为气动光学效应，主要是由于导引头附近的高速流场产生了密度分布复杂的折射率场，导致入射光成像产生偏移、抖动和模糊的现象，对于高速飞行器的影响尤为明显。随着高速导弹的发展，如何克服气动光学现象对导引头性能的影响已经成为当前的技术瓶颈。

5.4.2.3　激光制导

自 20 世纪 60 年代初世界上第一台激光器问世后，激光以亮度高，具有良好的单色性、方向性和相干性等特点很快被应用于军事领域。1965 年美国空军将普通炸弹改为“宝石路”系列激光制导炸弹，取得了满意的效果。激光制导的特点与激光本身的优异特性是分不开的，主要体现在以下几个方面：

① 制导精度高。激光制导武器可用于攻击固定或活动目标，寻的制导精度一般在 1 m 以内，是目前其他制导方法难以达到的。

② 抗干扰能力强。激光必须由专门设计的激光器产生，因而不存在自然界的激光干扰；由于激光的单色性好、光束的发散角小，敌方很难对制导系统实施有效干扰。

③ 可用于复合制导。制导武器系统用于远程精确打击，单靠某一种制导方式其能力是有

限的。激光制导与红外、雷达等制导方式复合制导，有利于提高制导精度和应付各种复杂的战场环境。激光有方向性强、单色性好、强度高的特点，所以激光器发射的激光束发散角小，几乎是单频率的光波，而且在发射的光束截面上集中了大量的能量，因而激光寻的制导系统具有制导精度高、目标分辨率高、抗干扰能力强、可以与其他系统兼容、成本较低的特点。

激光制导目前主要有三大类：激光半主动制导、激光主动制导和激光驾束制导。目前应用最多的是激光半主动制导和激光驾束制导，而激光主动制导由于激光图像构建的困难还处于研制阶段，仅有个别样机进入实验阶段。

1. 激光半主动制导

激光半主动制导是利用制导站的激光照射器照射目标，导弹导引头接收目标反射的激光回波信号，获取目标方位信息，从而实现控制导弹飞向目标。由于制导站的激光照射器可能安装在发射平台或者在其他友军处，因此激光半主动制导使用灵活。但是激光半主动制导在导弹飞行过程中必须一直照射目标，容易暴露照射方；此外激光半主动制导是将目标作为点目标处理，因而也不具备自动识别和抗激光主动干扰的能力。

2. 激光主动制导

为了实现激光制导的自动识别和抗干扰能力，激光主动制导成为未来激光制导的主要发展方向。激光主动制导本质上是将激光发射器安装在导弹上，并主动向外发射激光以实现对目标的探测、识别和跟踪，利用的是激光成像技术，即激光雷达。但是激光主动制导系统的激光发射与接收装置位于相同的位置，而大气中的微粒会对激光产生强烈的后向散射，从而使得探测器无法分辨由目标反射的回波信号。正是这些原因使得激光主动制导特别是激光主动成像技术遭遇了严重的技术困难，目前只有美国 LOCAAS 空地导弹使用了激光主动成像技术。

3. 激光驾束制导

激光驾束制导是一种波束制导方法，其利用的是激光波束。这种制导系统的基本原理是让激光波束中心对准目标，导弹在激光波束中飞行；理论上只要激光波束对准目标，导弹沿着激光波束中心线飞行就一定能击中目标。

如图 5－22 所示，激光驾束制导系统需要一个跟踪瞄准装置和激光照射器。前者保持对目标的跟踪和瞄准，后者则不断向目标发射经过调制编码的激光束。导弹沿瞄准线发射并被笼罩于编码激光束中，导弹尾部的激光接收机从编码光束中感知自己相对于光束中心线的方位。经过弹上计算机解算和电信号处理，形成修正飞行方向的控制信号，使导弹沿着瞄准线飞行。因为瞄准线一直指向目标，故导弹总是沿瞄准线前进。只要瞄准并保持对目标的精确跟踪，则激光束中心线就可以始终对准目标，从而使得导弹击中目标。

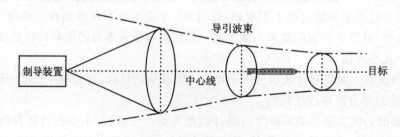

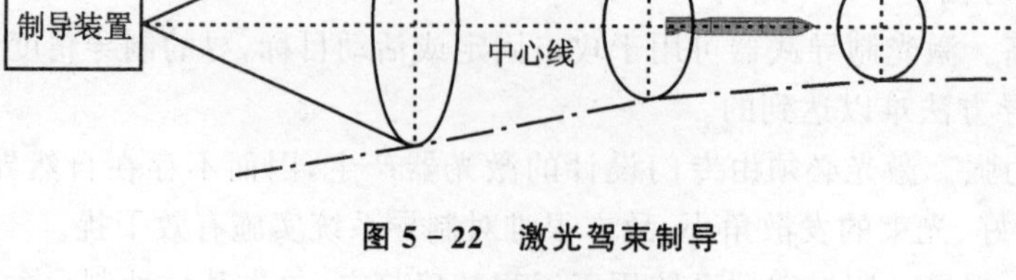

图 5－22　激光驾束制导

激光驾束制导的优点是：导弹前部没有导引头，只在尾部安装激光接收器，因此结构简单、成本低廉；导弹直接接收己方照射的激光，因此对激光照射功率要求比激光半主动制导要低，且抗干扰能力更强。其缺点是需要制导站一直照射，不适合攻击高速活动目标。

5.4.3　雷达导引头

雷达导引头是指采用雷达进行目标探测的导引头。雷达导引头的基本功能是对目标位置及运动信息进行测量，如测角、测距和测速等。由于受到导弹尺寸、质量和功耗的限制，雷达导引头的结构与普通雷达略有不同。雷达制导中由于发射电磁波的装置可能在导引头上，也可能在其他载体上，或者利用目标自身发射的电磁波，因此其测量原理也各不相同。例如，对于雷达照射源在导弹上的主动雷达导引头，它可以获得雷达发射信号的所有信息，因此可以利用电磁波的方向图分布、往返时间、多普勒效应及其他相干特性等进行角度、距离和速度等参数测量；对于被动雷达导引头来说，它接收敌方的雷达辐射信号，因此只能获得敌方目标发射源的角度信息，而难以获得距离和速度信息。

1. 雷达导引头测角

雷达测角有多种实现方法，其中最简单和最直接的是利用其辐射（和接收）带有方向性的天线波束实现，即最大强度法。这种方法是利用天线指向中心与波束最大功率方向重合的特点，当天线接收到的信号最大时，天线所指的方向就是目标的方向。天线孔径越大（相对于工作波长的比值）时，天线波束的方向性越强、波束宽度越窄，则测角精度越高。此外雷达测角的方法还有相位干涉法、波束转换法、圆锥扫描法和单脉冲方法，这里不再详述。

2. 雷达导引头测距

雷达测距是雷达的最基本功能之一，最简单的雷达测距方法就是通过发射一个脉冲信号，测量雷达信号往返目标的时间，从而算出雷达与目标的距离。其具体工作流程是：发射机经天线向空间发射一串重复周期脉冲信号，雷达记录信号发送时刻到接收到目标回波信号时刻的时间延迟 t_R，则雷达与目标的距离 R 的表达式为

$$R=\frac{1}{2}ct_R$$

式中，c 为无线电波在均匀介质中的直线传播速度（真空中等于光速）。

直接对往返时间 t_R 测量容易受到定时器精度和器件响应时间的限制，误差较大。因此实际应用中根据雷达发射信号的不同，延迟时间 t_R 通常采用脉冲法、频率法和相位法三种方法进行测量。脉冲法利用目标回波脉冲与发射脉冲包络的相对延迟来测量目标的距离，其常用于脉冲雷达测距；频率法利用频率调制信号，比较回波信号频率与发射信号频率的相对变化量来测量目标距离，其常用于调频连续波雷达测距；相位法通过比较接收回波与发射信号的相对相位差来测量目标距离，其一般用于连续波雷达。

3. 雷达导引头测速

雷达测速的原理是多普勒效应，当目标相对于雷达在径向上运动时，接收回波的频率 f_r 与发射波频率 f_0 相比会有变化，这种变化就是多普勒频率，以 f_d 表示，可以表示为

$$f_d=f_r-f_0=\frac{2Vf_0}{c+V}\approx\frac{2V}{c}f_0=\frac{2V}{\lambda_0}$$

式中，V 为目标相对雷达的径向速度，径向速度是指发射源与接收机相对速度矢量在两者连线上的投影分量；c 为光速；λ_0 为发射波的波长。上式中的近似相等是假定目标速度远小于光速。此外，如果目标远离发射源方向时，多普勒频率为负，反之为正。那么由上式容易获得目标相对雷达的径向速度 V 为

$$V=\frac{\lambda_0}{2}f_d$$

4. 雷达成像

早期制导雷达由于波束分辨率很低，只能将观测对象（如飞机、车辆等）视为点目标。随着雷达技术的发展，人们通过提高雷达分辨率的方法试图从回波信号中提取更多目标的形状特性，即雷达成像技术。当分辨单元远小于目标的尺寸时，就有可能对目标成像，从而获取目标的形状、大小及其他属性。

合成孔径雷达（SAR）就是一种能够成像的雷达，具有很高的方位分辨能力，它要求按严格的规律积累回波，通常要求载体做直线飞行，且天线指向不变，一般应与航路垂直，否则需要做运动补偿。目前，弹载合成孔径雷达主要用作景象制导系统的探测设备，它并不直接探测目标，制导系统只是按照景象匹配原理，间接地获取目标的位置信息，并形成制导指令。合成孔径雷达是末制导雷达技术的发展趋势，目前它在理论层面已趋于成熟。但在应用层面，导引头使用合成孔径技术获得图像还是比较困难，其主要原因是数据运算量太大，所以合成孔径成像导引头的研究工作还在继续发展。

5.4.4 多模导引头

随着现代战争中双方攻防技术的不断升级，传统的单一模式的导引头已无法适应当今复杂和恶劣的战场对抗环境。因此将多种探测模式结合起来的多模导引头已经成为当今导弹武器的主要发展方向。

多模复合导引头利用同一目标的两种以上的目标特性进行探测和制导，这样获得的目标多种特征信息可充分发挥各自优势，从而解决单模导引头在复杂环境下的目标探测和抗干扰难题。

5.4.4.1 多模导引头的复合原则

多模复合不是简单意义上单模的任意相加，多模复合的前提要考虑攻击目标的辐射特性和作战环境的各种干扰，然后根据可实现性选择出较优化的复合方案。从技术角度出发，多模复合方案优化应遵循如下的复合原则：

① 参与复合的多种模式之间的工作频率应错开较大范围。多模复合所使用的频率和频谱宽度主要依据探测目标的特征信息和抗干扰的性能确定。参与复合模式的工作频率在频谱上相差越大，敌方的干扰手段就越难以电磁压制。

② 参与复合的模式之间的制导方式应尽量不同，特别是工作波段相近或一致时，应采用不同体制进行复合，如主动/被动复合、主动/半主动复合、被动/半主动复合等。

③ 参与复合的各模式在探测功能和抗干扰功能上应互补，这样能提高导弹在恶劣作战环境中的目标识别和适应能力。

④ 参与复合的各模式的器件、组件、电路要实现固态化、小型化和集成化，以满足复合后

导弹空间、体积和重量的要求。

目前在导弹中常用的几种多模复合导引头形式主要有以下几种：

① 双模（双色）光学复合制导。双模（双色）复合制导主要是利用两个不同光谱段的目标辐射或反射信息进行复合制导，从而提高制导系统的目标识别和抗干扰能力。常见的具体复合形式有：红外双色、红外/紫外和激光/红外等方式。这些方式都是利用目标在不同的波段的辐射特性来区分目标和干扰。

② （微波）雷达/红外复合制导。（微波）雷达/红外复合制导主要利用（微波）雷达作用距离远和全天候作战能力，以及红外成像的分辨率好、制导精度高等特点，相互弥补弱点、相互发挥优势，是一种比较好的复合制导方式。这类导弹目前多用于反舰、反辐射和防空导弹中。作战过程中在远距离时使用（微波）雷达制导，在较近距离时采用红外成像制导以提高末制导精度。

③ 红外/毫米波复合制导。红外与毫米波复合制导由于其优势明显、复合结构简单，已经成为当今较为主流和成熟的复合制导方式。这种复合制导方式主要优势为：抗恶劣环境能力强、提高了目标探测与识别能力、提高了作用距离和制导精度、抗干扰和反隐身能力增强。

5.4.4.2　多模导引头的信息融合

多模导引头采用不同频段或者不同体制的传感器对目标进行探测，通常这些传感器所获取的目标信息在形式和属性上不完全相同。因此如何将多模传感器所获取的异类信息有效利用，即所谓的信息融合，就成为多模导引头在形成制导指令前必须进行的工作。

信息融合的主要目的是改善复杂背景下目标的检测性能、提高系统的容错性和对目标的跟踪精度。多传感器信息融合系统与单传感器系统相比最大的优点是：增加了对目标的测量维数，提高了置信度；扩展了空间和时间的覆盖；提高了系统的容错性和稳定性；降低了对单个传感器的性能要求；提高了系统对环境的适应能力。

信息融合可以分为集中式和分布式两类：

① 集中式融合是指所有传感器量测信息都送到一个中心节点进行融合处理，其最常用的融合算法是集中式的卡尔曼滤波，结构如图 5－23 所示，该方法可以利用所有传感器的原始量测信息，因而没有任何数据损失，得到的融合效果也是最优的。然而这种结构的数据处理均在

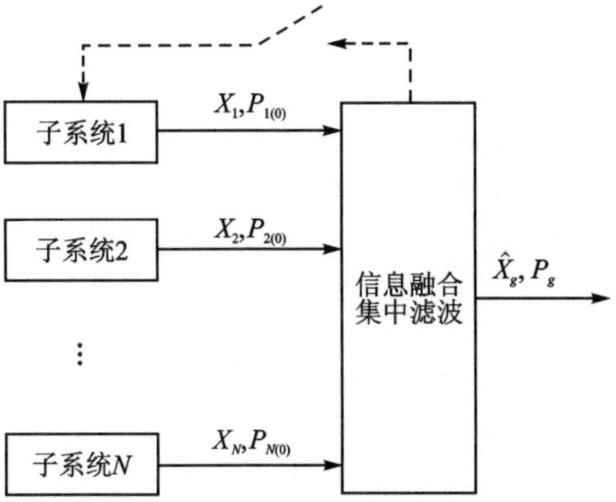

图 5－23　集中式卡尔曼滤波的信息融合结构

融合中心，当探测子系统较多时，对计算能力要求很高，假想所有传感器测量数据总数为 n、状态变量为 m，则滤波器一个周期的运算量与 $n^3+m\times n^2$ 成正比，故使计算量大大增大，单台弹载计算机的速度和存储很难满足要求，而且系统容错能力较差。

② 分布式融合中，各传感器先对自己的量测数据进行预处理得到局部估计，然后把估计结果送入融合中心形成全局估计，这样可以得到比单个传感器更好的精度，其最常用的融合算法是联邦卡尔曼滤波，结构如图 5-24 所示。这种结构容错性与可靠性强于集中式融合，并且其设计灵活，便于工程实现，因而成为信息融合领域的研究热点。

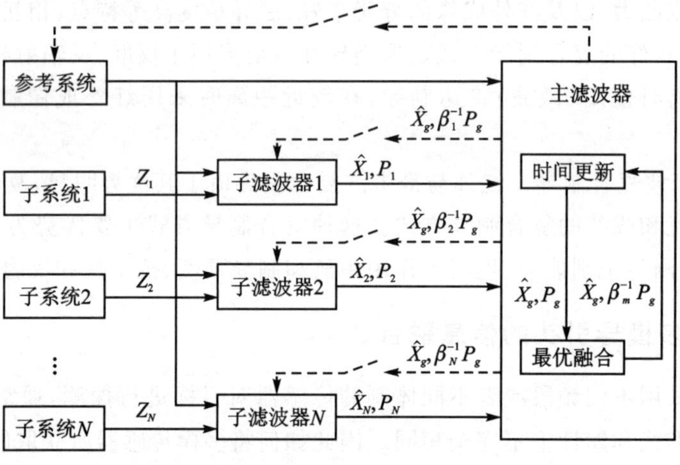

图 5-24　联邦卡尔曼滤波的信息融合结构

思考题

1. 阐述摄动制导的控制过程，并用框图表示。
2. 摄动制导的优缺点包括哪些？
3. 横向控制的作用是什么？试说明摄动制导中的横向导引控制律设计方法。
4. 基于模型的传统制导方法和基于数据的新型智能制导方法各自的特点是什么？

第6章　姿态控制系统

6.1　姿态控制系统的结构和功能

弹(箭)姿态控制系统的作用是控制姿态、保证飞行稳定性。姿态控制系统接受两个方面的控制信息：

① 一是来自姿态敏感器的信息,这个信息是由于弹(箭)受干扰作用使姿态偏离原来状态而产生的。姿态敏感器信息经过自动稳定装置(控制器)生成控制信号,再通过伺服机构产生控制力,控制力作用于弹(箭)体,使弹(箭)体回到原来姿态位置,这样形成一个负反馈的自动稳定闭环控制,保证弹(箭)姿态稳定。

② 另一控制信息来自制导系统,它们是弹道程序转弯的程序角指令和导引指令,这些指令要求姿态调整到期望的值,通过姿态控制达到调整质心运动轨迹的作用。

典型的弹(箭)姿态控制系统结构如图6-1所示。这是以弹(箭)载计算机为基础建立的控制回路图。其工作过程为:姿态敏感器测量姿态状态,测量的信息经变换或直接输入弹(箭)载计算机;在计算机里根据姿态控制律,将信息计算加工生成控制信号,信号经数/模变换或直接送往伺服机构;伺服机构驱动力作动器以产生控制力,从而使弹(箭)作姿态运动。所以,姿态控制系统是一个“飞行器＋自动稳定装置”的闭环控制系统,在系统中弹(箭)是被控制对象,自动稳定装置是控制器。姿态控制系统应保证弹(箭)运动的稳定性,确保姿态角偏差和质心坐标偏差满足预定的控制精度。

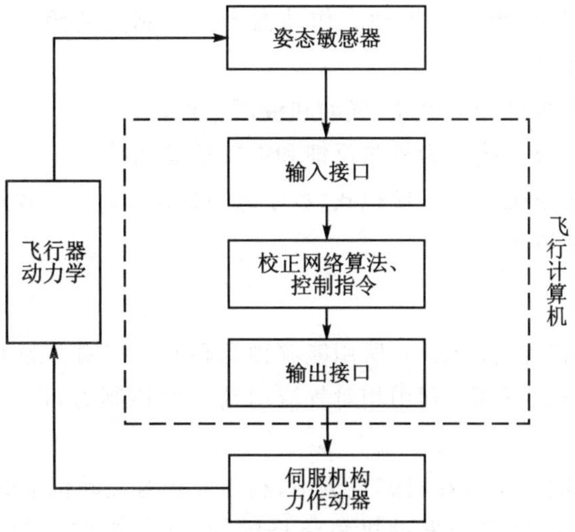

图6-1　姿态控制系统结构图

弹(箭)绕质心运动可以分解为绕三个惯性主轴的角运动。在角运动范围较小的条件下,按照线性化方法认为三个轴的角运动是相互独立的,这样的姿态控制是三维控制系统,与之对应的是三个独立的控制通道,分别对应俯仰轴、偏航轴、滚动轴进行姿态控制和稳定。各控制通道的组成基本相同,每个通道都有敏感姿态运动的姿态敏感器、形成控制信号的中间装置和产生操纵动作的执行机构。

从控制回路的组成及实现原理来划分,有连续式控制和数字式控制两种基本方式。前者的特点是控制信号的拾取、变换、综合和传输、操纵完全是模拟量,后者主要是采样脉冲或数字量。

弹(箭)是被控制对象,它的结构、布局、力作动器(控制机构)的形式决定了动力学特点,当然也就决定了自动稳定装置的基本要求和控制回路特性。

1. 姿态敏感器

角度敏感器和角速度敏感器可作为姿态控制的敏感器件。角度敏感器一般有二自由度陀螺仪,采用水平陀螺仪和垂直陀螺仪可以共同提供俯仰、偏航和滚动角信息;三轴陀螺稳定平台同样能测量弹(箭)运动的姿动角。角速度敏感器一般采用速率陀螺仪,通常捷联安装在弹(箭)上。

2. 自动稳定装置

根据连续式控制和数字式控制方式的不同,采用变换放大器或数字计算机作为自动稳定中间装置(控制装置)。变换放大器的功能是对输入信号进行检波、综合,经过校正网络产生符合控制律的信号,再将控制信号功率放大、分配形成对应伺服机构的控制指令,其特点是这些信号和指令均为模拟量。作为姿态控制中间装置的弹(箭)计算机,其作用与变换放大器相似,主要完成输入、输出信息变换、校正算法计算,它的输入、输出信息变换主要采用硬件接口来实现,而校正网络特性的计算则完全依靠软件程序编排来完成。

执行机构由伺服系统和力作动器构成。

3. 伺服系统

它是接受控制指令经功率放大推动力作动器产生控制力的闭环系统。伺服系统包括放大、反馈和能源三个主要部分。

按能源分类,伺服系统可分为电动、气动和液压三种。

按反馈类型,可将伺服系统分为机械反馈和电气反馈两种。

根据控制类型,伺服系统可分为模拟式、数字式、脉宽控制式。控制类型的选择决定于飞行器的类型、自动稳定装置的结构。

4. 力作动器

力作动器的类型根据弹(箭)结构、所用能源种类和产生控制力的大小不同而有多种多样。

空气舵——它是活动的翼面,利用相对气流运动产生控制力,控制能力较小,主要用于大气层内飞行段。

燃气舵——它是将舵置于发动机燃气流中,利用舵相对发动机喷管射流偏转角,改变射流反射方向产生控制力。燃气舵受发动机喷流烧蚀,在飞行中舵烧损不均匀,使控制力偏差较大。

姿控发动机——又称游动发动机,通过伺服机构驱动其摆动而改变发动机推力方向,从而产生控制力,进行姿态控制。姿控发动机为小推力发动机(与主发动机相比而言),一般用四台游动发动机完成三个通道的姿态控制。

姿控喷管——有游动式和固定式。前者通过转动喷嘴改变射流方向从而改变控制力的方向，后者是喷嘴（管）不动，通过调节燃气流的开断时间改变冲量以产生不同大小控制力。燃气工质（工作气体）可采用专门贮备的气体或固体和液体燃料产生的气体或者由主发动机分流的燃气。

摆动式主发动机——又称推力矢量控制。主发动机推力矢量的改变可利用伺服机构驱动发动机燃烧室或尾喷管（柔性喷管）来实现。推力矢量的侧向分量就是控制力，一般需要大控制力的时候，多采用这种方式。

此外，还可采取二次喷射即在喷管或燃烧室中喷射某种气体和液体，使燃气流偏斜来产生控制力。在多台发动机共用情况下，改变发动机组中不同位置单台发动机的推力，也能产生控制力矩，进行姿态控制。

6.2　姿态控制系统运动模型和频域设计方法

6.2.1　姿态运动的状态方程和传递函数

2.2.7 小节列写的姿态运动方程的系数都是随时间变化的，是变系数微分方程组。对于变系数微分方程组，原则上不能应用拉普拉斯变换方法使其代数化。但是，弹（箭）绕质心运动的暂态过程比起方程组系数的变化要快得多，所以可近似认为在暂态过程中方程组系数不变。这样就可以按照"冻结"系数的方法，将方程作为常系数微分方程组来对待。

一般认为弹（箭）是轴对称体，所以俯仰和偏航通道的误差方程是一样的。根据 2.2.7 小节得到的误差方程式（2-27）～式（2-61），为分析说明方便，只考虑刚性弹（箭）体，忽略燃料晃动、发动机摆动惯性力和弹性振动，下面列出俯仰、偏航和滚动通道的干扰运动方程：

$$\left.\begin{aligned}
&\Delta\dot{\theta}=C_1\Delta\alpha+C_1'\alpha_{\mathrm{w}}+C_2\Delta\theta+C_3\Delta\delta_{\varphi}+\frac{F_{\mathrm{dy}}}{mV}\\
&\Delta\ddot{\varphi}+b_1\Delta\dot{\varphi}+b_2\Delta\alpha+b_3\Delta\delta_{\varphi}=-b_2'\alpha_{\mathrm{w}}+\frac{M_{\mathrm{dz}}}{J_z}\\
&\Delta\varphi=\Delta\theta+\Delta\alpha
\end{aligned}\right\}\tag{6-1}$$

$$\left.\begin{aligned}
&\Delta\dot{\sigma}=C_1\Delta\beta+C_1'\beta_{\mathrm{w}}+C_2\Delta\sigma+C_3\Delta\delta_{\psi}+\frac{F_{\mathrm{dz}}}{mV}\\
&\Delta\ddot{\psi}+b_1\Delta\dot{\psi}+b_2\Delta\beta+b_3\Delta\delta_{\psi}=-b_2'\beta_{\mathrm{w}}+\frac{M_{\mathrm{dy}}}{J_y}\\
&\Delta\psi=\Delta\sigma+\Delta\beta
\end{aligned}\right\}\tag{6-2}$$

$$\Delta\ddot{\gamma}+d_1\Delta\dot{\gamma}+d_3\Delta\delta_{\gamma}=\frac{M_{\mathrm{dx}}}{J_x}\tag{6-3}$$

传递函数是在拉普拉斯变换基础上引入的描述线性定常系统或线性元件的输入-输出关系的函数式。它反映了线性定常系统或线性元件的内在固有特性，对于分析系统稳定性或元件特性很方便。

俯仰通道可以看作一个多入多出的线性系统，姿态增量信息 $\Delta\varphi$、$\Delta\dot{\varphi}$ 和 $\Delta\theta$ 是 3 个输出量，发动机偏转角 $\Delta\delta_{\varphi}$、附加攻角 α_{w}、干扰力 F_{dy}/mV 和干扰力矩 M_{dz}/J_{z} 为 4 个输入量。根据下式：

$$\begin{bmatrix}\Delta\dot{\theta}\\ \Delta\dot{\varphi}\\ \Delta\ddot{\varphi}\end{bmatrix}=\begin{bmatrix}C_2-C_1 & C_1 & 0\\ 0 & 0 & 1\\ b_2 & -b_2 & -b_1\end{bmatrix}\begin{bmatrix}\Delta\theta\\ \Delta\varphi\\ \Delta\dot{\varphi}\end{bmatrix}+\begin{bmatrix}C_3 & C_1' & 1 & 0\\ 0 & 0 & 0 & 0\\ -b_3 & -b_2' & 0 & 1\end{bmatrix}\begin{bmatrix}\Delta\delta_{\varphi}\\ \alpha_{w}\\ \bar{F}_{dy}\\ \bar{M}_{dz}\end{bmatrix}$$

式中，

$$\bar{F}_{dy}=F_{dy}/mV,\quad \bar{M}_{dz}=M_{dz}/J_{z}$$

则有传递函数矩阵

$$\begin{bmatrix}\Delta\theta(S)\\ \Delta\varphi(S)\\ \Delta\dot{\varphi}(S)\end{bmatrix}=\begin{bmatrix}W_{\delta_{\varphi}}^{\theta}(S) & W_{\alpha_{w}}^{\theta}(S) & W_{\bar{F}_{dy}}^{\theta}(S) & W_{\bar{M}_{dz}}^{\theta}(S)\\ W_{\delta_{\varphi}}^{\varphi}(S) & W_{\alpha_{w}}^{\varphi}(S) & W_{\bar{F}_{dy}}^{\varphi}(S) & W_{\bar{M}_{dz}}^{\varphi}(S)\\ W_{\delta_{\varphi}}^{\dot{\varphi}}(S) & W_{\alpha_{w}}^{\dot{\varphi}}(S) & W_{\bar{F}_{dy}}^{\dot{\varphi}}(S) & W_{\bar{M}_{dz}}^{\dot{\varphi}}(S)\end{bmatrix}\begin{bmatrix}\Delta\delta_{\varphi}(S)\\ \alpha_{w}(S)\\ F_{dy}(S)\\ M_{dz}(S)\end{bmatrix}$$

设式(6-1)是冻结系数后的常系数方程组，当初值为零时，其拉氏变换式是

$$\left.\begin{aligned}&-C_1\Delta\varphi(S)+(S+C_1-C_2)\Delta\theta(S)=C_3\Delta\delta_{\varphi}(S)+C_1'\alpha_{w}(S)+\bar{F}_{dy}(S)\\ &(S^2+b_1S+b_2)\Delta\varphi(S)-b_2\Delta\theta(S)=-b_3\Delta\delta_{\varphi}(S)-b_2'\alpha_{w}(S)+\bar{M}_{dz}(S)\\ &\Delta\varphi(S)-\Delta\theta(S)-\Delta\alpha(S)=0\end{aligned}\right\}\tag{6-4}$$

由式(6-4)可解出以姿态增量信息 $\Delta\varphi$、$\Delta\dot{\varphi}$ 和 $\Delta\theta$ 为输出，以发动机偏转角 $\Delta\delta_{\varphi}$ 为输入的传递函数为

$$W_{\delta_{\varphi}}^{\theta}(S)=\frac{\Delta\theta(S)}{\Delta\delta_{\varphi}(S)}=\frac{C_3S^2+b_1C_3S+b_2C_3-b_3C_1}{\Delta(S)}$$

$$W_{\delta_{\varphi}}^{\varphi}(S)=\frac{\Delta\varphi(S)}{\Delta\delta_{\varphi}(S)}=\frac{-[b_3S+b_3(C_1-C_2)-b_2C_3]}{\Delta(S)}$$

$$W_{\delta_{\varphi}}^{\dot{\varphi}}(S)=\frac{\Delta\dot{\varphi}(S)}{\Delta\delta_{\varphi}(S)}=\frac{-S[b_3S+b_3(C_1-C_2)-b_2C_3]}{\Delta(S)}$$

式中，

$$\Delta(S)=S^3+(b_1+C_1-C_2)S^2+[b_2+(C_1-C_2)b_1]S-b_2C_2\tag{6-5}$$

以姿态增量信息 $\Delta\varphi$、$\Delta\dot{\varphi}$ 和 $\Delta\theta$ 为输出，以附加攻角 α_{w} 为输入的传递函数为

$$W_{\alpha_{w}}^{\theta}(S)=\frac{\Delta\theta(S)}{\alpha_{w}(S)}=\frac{C_1'S^2+b_1C_1'S+b_2C_1'-b_2C_1}{\Delta(S)}$$

$$W_{\alpha_{w}}^{\varphi}(S)=\frac{\Delta\varphi(S)}{\alpha_{w}(S)}=\frac{-[b_2S+b_2(C_1-C_2)-b_2C_1']}{\Delta(S)}$$

$$W_{\alpha_{w}}^{\dot{\varphi}}(S)=\frac{\Delta\dot{\varphi}(S)}{\alpha_{w}(S)}=\frac{-S[b_2S+b_2(C_1-C_2)-b_2C_1']}{\Delta(S)}$$

以姿态增量信息 $\Delta\varphi$、$\Delta\dot{\varphi}$ 和 $\Delta\theta$ 为输出，以干扰力 $\bar{F}_{dy}$ 为输入的传递函数为

$$W_{\bar{F}_{dy}}^{\theta}(S)=\frac{\Delta\theta(S)}{\bar{F}_{dy}(S)}=\frac{S^2+b_1S+b_2}{\Delta(S)}$$

$$W_{\bar{F}_{dy}}^{\varphi}(S)=\frac{\Delta\varphi(S)}{\bar{F}_{dy}(S)}=\frac{b_2}{\Delta(S)}$$

$$W_{\bar{F}_{dy}}^{\dot{\varphi}}(S)=\frac{\Delta\dot{\varphi}(S)}{\bar{F}_{dy}(S)}=\frac{b_2 S}{\Delta(S)}$$

以姿态增量信息 $\Delta\varphi$、$\Delta\dot{\varphi}$ 和 $\Delta\theta$ 为输出，以干扰力矩 $\bar{M}_{dz}$ 为输入的传递函数为

$$W_{\bar{M}_{dz}}^{\theta}(S)=\frac{\Delta\theta(S)}{\bar{M}_{dz}(S)}=\frac{C_1}{\Delta(S)}$$

$$W_{\bar{M}_{dz}}^{\varphi}(S)=\frac{\Delta\varphi(S)}{\bar{M}_{dz}(S)}=\frac{S+(C_1-C_2)}{\Delta(S)}$$

$$W_{\bar{M}_{dz}}^{\dot{\varphi}}(S)=\frac{\Delta\dot{\varphi}(S)}{\bar{M}_{dz}(S)}=\frac{S^2+(C_1-C_2)S}{\Delta(S)}$$

偏航通道与俯仰通道具有完全相同的形式，其状态方程为

$$\begin{bmatrix}\Delta\dot{\sigma}\\ \Delta\dot{\psi}\\ \Delta\ddot{\psi}\end{bmatrix}=\begin{bmatrix}C_2-C_1 & C_1 & 0\\ 0 & 0 & 1\\ b_2 & -b_2 & -b_1\end{bmatrix}\begin{bmatrix}\Delta\sigma\\ \Delta\psi\\ \Delta\dot{\psi}\end{bmatrix}+\begin{bmatrix}C_3 & C_1' & 1 & 0\\ 0 & 0 & 0 & 0\\ -b_3 & -b_2' & 0 & 1\end{bmatrix}\begin{bmatrix}\Delta\delta_{\psi}\\ \beta_w\\ \bar{F}_{dz}\\ \bar{M}_{dz}\end{bmatrix}$$

传递函数推导过程从略。

滚动通道是一个双入双出的线性系统，其状态方程为

$$\begin{bmatrix}\Delta\dot{\gamma}\\ \Delta\ddot{\gamma}\end{bmatrix}=\begin{bmatrix}0 & 1\\ 0 & -d_1\end{bmatrix}\begin{bmatrix}\Delta\gamma\\ \Delta\dot{\gamma}\end{bmatrix}+\begin{bmatrix}0 & 0\\ -d_3 & 1\end{bmatrix}\begin{bmatrix}\Delta\delta_{\gamma}\\ \bar{M}_{dx}\end{bmatrix}$$

按冻结系数方法，可以得到滚动通道线性系统的拉氏变换式为

$$\begin{bmatrix}\Delta\gamma(S)\\ \Delta\dot{\gamma}(S)\end{bmatrix}=\begin{bmatrix}W_{\delta_{\gamma}}^{\gamma} & W_{\bar{M}_{dx}}^{\gamma}\\ W_{\delta_{\gamma}}^{\dot{\gamma}} & W_{\bar{M}_{dx}}^{\dot{\gamma}}\end{bmatrix}\begin{bmatrix}\Delta\delta_{\gamma}(S)\\ \bar{M}_{dx}(S)\end{bmatrix}$$

式中，$\bar{M}_{dx}=M_{dx}/J_x$，传递函数为

$$W_{\delta_{\gamma}}^{\gamma}=\frac{\Delta\gamma(S)}{\Delta\delta_{\gamma}(S)}=\frac{-d_3}{S^2+d_1 S}$$

$$W_{\delta_{\gamma}}^{\dot{\gamma}}=\frac{\Delta\dot{\gamma}(S)}{\Delta\delta_{\gamma}(S)}=\frac{-d_3 S}{S^2+d_1 S}$$

$$W_{\bar{M}_{dx}}^{\gamma}=\frac{\Delta\gamma(S)}{\bar{M}_{dx}(S)}=\frac{1}{S^2+d_1 S}$$

$$W_{\bar{M}_{dx}}^{\dot{\gamma}}=\frac{\Delta\dot{\gamma}(S)}{\bar{M}_{dx}(S)}=\frac{S}{S^2+d_1 S}$$

6.2.2 姿态运动的稳定性分析

稳定性是飞行器姿态控制系统设计中的一个主要问题，系统的参数确定和某些结构参数

选择完全服从于姿态运动稳定程度的要求。

姿态运动最简单的状态是刚体情况，假设这时只有姿态角的稳定，而无导引控制的质心运动的稳定，因而只对力矩方程进行稳定性分析，且不考虑推进剂晃动、弹(箭)壳体弹性振动和质心运动的影响。

对于俯仰通道，只考虑刚体姿态角运动时的传递函数为

$$W_{\delta_\varphi}^{\varphi}(S)=\frac{\Delta\varphi(S)}{\Delta\delta_\varphi(S)}=\frac{-[b_3S+b_3(C_1-C_2)-b_2C_3]}{S^3+(b_1+C_1-C_2)S^2+[b_2+(C_1-C_2)b_1]S-b_2C_2}$$

上式是无控制的刚体运动方程，即动力学方程中未包括姿态角偏差反馈控制项，这时姿态运动稳定与否取决于运动方程特征根的分布情况。开环系统的特征方程就是传递函数分母的多项式，即

$$D(S)=S^3+(b_1+C_1-C_2)S^2+[b_2+(C_1-C_2)b_1]S-b_2C_2 \tag{6-6}$$

分析稳定性时对连续系统采用劳斯-赫尔维茨判据比较方便。劳斯-赫尔维茨判据是由代数方程式的系数来研究根的性质，以此判别系统是否稳定。

下面研究几种特征时刻的无控弹(箭)体姿态稳定性。

1. 起飞时刻

起飞时姿态角速度较小，可认为俯仰阻尼力矩为零，即 $b_1\approx 0$。此时特征方程为

$$D(S)\approx S^3+(C_1-C_2)S^2+b_2S-b_2C_2$$

采用劳斯-赫尔维茨判据来判别稳定性，列写劳斯表如表 6-1 所列。

表 6-1　劳斯判据表

	第一列	第二列
S^3	$A_3=1$	$A_1=b_2$
S^2	$A_2=C_1-C_2$	$A_0=-b_2C_2$
S^1	$B_1=\dfrac{b_2(C_1-C_2)+b_2C_2}{C_1-C_2}$	$B_2=0$
S^0	$D_1=-b_2C_2$	$D_2=0$

稳定的充要条件是劳斯表中第一列所有元素全大于 0。由式(2-55)可知 $C_2=\dfrac{g\sin\theta_0}{V}$，起飞时刻速度方向朝上(弹倾角 $\theta_0>0$)，因此 $C_2>0$。但由于 b_2 与 $-b_2C_2$ 不能同时大于 0，因此 B_1 与 D_1 不能同时大于 0，不满足劳斯稳定条件，所以一定存在正根使系统不稳定。不稳定分量的形式有如下两种情况：

① $b_2=\dfrac{m_{zb}^{\alpha}qS_ml_k}{J_z}<0$，即纵向静稳定力矩系数 $m_z^{\alpha}<0$，其物理含义是压心在箭体质心之前，此时箭体在无控状态下处于静不稳定状态，特征方程可写为

$$D(S)\approx(S+C_1-C_2)(S^2+2\zeta\omega S+\omega^2)$$

式中，

$$\omega=\sqrt{-\frac{b_2C_2}{C_1-C_2}},\quad \zeta\omega=\frac{b_2C_1}{2(C_1-C_2)^2}<0$$

此时存在一对右半平面的复根，因此姿态是振荡发散的。

② $b_2=\dfrac{m_{zb}^{\alpha}qS_m l_k}{J_z}>0$，特征方程可写为

$$D(S)=(S+C_1-C_2)\left[S+\frac{b_2C_1}{2(C_1-C_2)^2}+\sqrt{\frac{b_2C_2}{C_1-C_2}}\right]\left[S+\frac{b_2C_1}{2(C_1-C_2)^2}-\sqrt{\frac{b_2C_2}{C_1-C_2}}\right]$$

起飞时刻推力远大于重力($C_1\gg C_2$)，则$\dfrac{b_2C_1}{2(C_1-C_2)^2}-\sqrt{\dfrac{b_2C_2}{C_1-C_2}}<0$，所以此时存在一个右半平面的实根。其物理含义是在有姿态偏差的情况下，箭体姿态在引力作用下单调发散($C_2=\dfrac{g\sin\theta_0}{V}>0$，$b_2>0$，箭体具有纵向静稳定性，虽然能保证攻角稳定，但在引力作用下速度矢量不断向下偏转，弹倾角 θ 不断减小，导致俯仰角 φ 发散)。

为了保证姿态稳定，需要引入反馈控制，设俯仰通道的反馈控制律为姿态角偏差反馈，即

$$\Delta\delta_{\varphi}=a_0^{\varphi}\Delta\varphi \tag{6-7}$$

式中，a_0^{φ} 是俯仰通道的姿态角反馈系数。

将反馈控制律方程式(6-7)代入俯仰通道的误差方程式(6-1)，得

$$\Delta\ddot{\varphi}+b_1\Delta\dot{\varphi}+b_2\Delta\alpha+b_3a_0^{\varphi}\Delta\varphi=\bar{M}_{dz} \tag{6-8}$$

此时，考虑 $\Delta\theta$ 变化很缓慢，即 $\Delta\theta\approx 0$，在 $\Delta\varphi=\Delta\alpha$ 的情况下，闭环系统式(6-8)的特征方程为

$$D(S)=S^2+b_1S+b_2+a_0^{\varphi}b_3$$

该特征方程没有正根的必要条件是

$$b_2+a_0^{\varphi}b_3>0$$

此条件表明，对应姿态角偏差 $\Delta\varphi$ 所产生的控制力矩必须大于静不稳定力矩 $b_2\Delta\alpha$。在有反馈控制的情况下，通过选择 a_0^{φ} 总能保证 $b_2+a_0^{\varphi}b_3>0$ 的条件。这样，在弹(箭)有姿态角偏差的情况下，能将它控制回来。但是，也应注意到，由于起飞时刻 b_1 很小，即使特征方程 $D(S)$的根全部在 S 平面的左半平面，这对根也是很靠近虚轴，因此角运动仍表现为衰减很慢的振荡稳定过程。

振荡衰减很慢的原因是固有阻尼太小。为了增大角运动的阻尼，须在控制方程中引进与 $\Delta\dot{\varphi}$ 成比例的超前(微分)控制项，即相当于增大 b_1 系数。这时，将控制律改为具有姿态角偏差和姿态角速度偏差的反馈控制，方程形式为

$$\Delta\delta_{\varphi}=a_0^{\varphi}\Delta\varphi+a_1^{\varphi}\Delta\dot{\varphi}$$

此时闭环系统的特征方程为

$$D(S)=S^2+(b_1+a_1^{\varphi}b_3)S+(b_2+a_0^{\varphi}b_3)$$

保证该特征方程根全部在 S 平面左半平面的条件为

$$\left.\begin{array}{l}a_0^{\varphi}b_3+b_2>0\\ a_1^{\varphi}b_3+b_1\approx a_1^{\varphi}b_3>0\end{array}\right\} \tag{6-9}$$

因为 $b_3=\dfrac{P(x_R-x_z)}{\sqrt{2}J_z}+\dfrac{m_R\dot{W}_{xb}l_R}{J_z}>0$，所以选择反馈系数 a_0^{φ}、a_1^{φ} 总是可使系统稳定。

上述的稳定性分析是略去力的平衡方程条件下得出的(限定了 $\Delta\theta\approx 0$)，如果将力的作用方程同姿态角运动方程一起考虑，利用式(6-4)和式(6-5)可得具有姿态角偏差和姿态角速

度偏差反馈的闭环系统刚体特征方程为

$$D(S)=S^3+(a_1^{\varphi}b_3+b_1+C_1-C_2)S^2+[a_0^{\varphi}b_3+b_2+(a_1^{\varphi}b_3+b_1)(C_1-C_2)-a_1^{\varphi}b_2C_3]S+a_0^{\varphi}b_3(C_1-C_2)-b_2(a_0^{\varphi}C_3+C_2) \tag{6-10}$$

由于 b_1、C_1、C_2、b_2C_3 很小，上式可近似为

$$D(S)\approx(S^2+a_1^{\varphi}b_3S+a_0^{\varphi}b_3+b_2)\left[S+\frac{a_0^{\varphi}b_3(C_1-C_2)-b_2(a_0^{\varphi}C_3+C_2)}{a_0^{\varphi}b_3+b_2}\right] \tag{6-11}$$

从上式可以看出，只要 $a_0^{\varphi}b_3+b_2>0$，则 $a_0^{\varphi}b_3(C_1-C_2)-b_2(a_0^{\varphi}C_3+C_2)>0$，因为式(6-11)的稳定条件仍是式(6-9)，即考虑力的平衡方程式之后，闭环系统的稳定条件也是选用合适的姿态角、角速度偏差反馈控制方程。

姿态角偏差和角速度偏差反馈控制的系统框图如图6-2所示(分析稳定性时视指令控制信号 $\Delta\varphi_c$ 为零)。

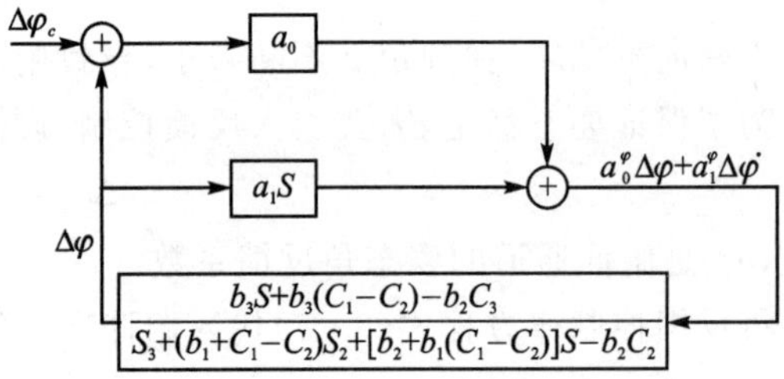

图6-2　具有反馈的俯仰通道控制系统框图

2. 气动力矩最大时刻

此时 $|b_2|$ 最大，忽略 C_1，式(6-6)简化为

$$D(S)\approx(S-C_2)(S^2+b_1S+b_2)$$

① 当 $b_2>0$ 时，有

$$S^2+b_1S+b_2=S^2+2\zeta\omega S+\omega^2$$

式中，$\omega=\sqrt{b_2}$，$\zeta\omega=\dfrac{b_1}{2}>0$，$b_1$ 是俯仰阻尼力矩系数，根据2.2.5.3小节的定义其值总是大于0。

因此特征方程只有一个右半平面的正实根 $S=C_2=\dfrac{g\sin\theta_0}{V}>0$(因为火箭上升段弹倾角 θ_0 总是大于0)，则俯仰角单调发散。

② 当 $b_2<0$ 时，有

$$S^2+b_1S+b_2=\left(S+\frac{b_1}{2}-\sqrt{|b_2|}\right)\left(S+\frac{b_1}{2}+\sqrt{|b_2|}\right)\approx(S-\sqrt{|b_2|})(S+\sqrt{|b_2|})$$

这样，特征方程有两个实根($S_1=C_2$，$S_2=\sqrt{|b_2|}$)在 S 平面的右半平面，姿态运动快速发散。其物理现象是：对于无控作用的静稳定情况，弹(箭)在引力作用下慢慢地单调发散，发散速度决定于 C_2 值的大小；对于无控作用的静不稳定情况，弹(箭)在气动力矩作用下快速单调发散。

为了使弹(箭)在 $|b_2|$ 最大情况下飞行稳定，必须加入姿态角(角速度)偏差反馈控制量，即

$$\Delta\delta_{\varphi}=a_0^{\varphi}\Delta\varphi+a_1^{\varphi}\Delta\dot{\varphi}$$

此时，保证特征方程 $D(S)$ 的根全部在 S 平面左半平面的条件仍可由式(6-10)导出。

3. 关机时刻

此时空气稀薄，气动力矩系数 b_1 和 b_2 接近为零，式(6-6)中忽略 b_1 和 b_2 后简化为

$$D(S) \approx S^3 + (C_1 - C_2) S^2$$

可以看出，特征方程有 2 个虚根和一个左半平面的实根(关机后无推力，只有引力，$C_1 < C_2$)，属于临界稳定结构，因此也必须加入姿态反馈来稳定姿态。

6.2.3　连续式姿态控制系统

连续式系统也称为模拟系统，属于古典控制理论，控制特性的设计和分析主要在频域内进行。评价系统的品质指标着重于稳定性、稳定裕度、过渡过程品质及静态误差，同时要求有一定的抗干扰能力。

连续式姿态控制系统的结构编排及采用的硬件装置与对其要求的功能和控制品质有关。单级近、中程导弹的动力学特性比较简单，保证姿态稳定的控制回路相对大型弹(箭)来说比较简单。而多级导弹或大型运载火箭的运动一般要经受导弹飞出地下井、穿过大风区和稠密大气层、火箭级间分离、无动力滑行等多种飞行姿态和状态。对于液体大型运载火箭必须将其视为有刚性、弹性振动和液体晃动的综合体，具有刚性运动、弹性、晃动的综合动力学特性。所以，根据不同被控对象的特点，组成不同结构形式的姿态控制系统。

连续式姿态控制系统功能完全依靠硬件来实现。图 6-3 所示是多回路控制框图，一条是由姿态敏感器、变换放大器、执行机构和火箭构成的绕质心运动控制闭合回路，称为内控制回路；另一条是由导引装置、变换放大器、执行机构和火箭构成的质心运动控制闭合回路，称为外控制回路。姿态敏感器采用姿态角测量装置(如惯性平台或水平陀螺仪)、速率陀螺仪、加速度计。速率陀螺仪是针对飞行器弹性振动的姿态稳定而采取的，加速度计是为减小气动载荷引起执行机构偏摆角过大而设置的。速率陀螺仪、加速度计根据敏感信号特性的需要，分别安装在选定的位置。变换放大器是中间装置，它接收姿态敏感器的信号，将多种姿态敏感信号加以调制、综合，再经校正网络产生符合控制律的校正特性，然后形成控制指令输出到伺服机构。伺服机构驱动力作动器，操纵飞行器改变姿态，从而形成闭环控制。变换放大器是连续式姿态控制系统的标志。校正网络是姿控系统的核心，校正特性可以保障飞行器的稳定性和精度。

校正网络是控制回路中的调节环节，它是由有源元件或无源元件的电路构成的，通常称前者为有源网络，后者为无源网络。虽然它是硬件，但改动校正网络中某一元件参数则能使校正网络特性改变，从而得到需要的控制律校正特性。所以，若改变控制回路特性，往往是首先调整或改变校正网络特性。这是因为控制回路中的姿态敏感器、执行机构多为机电装置，制造比较复杂，结构方案一经确定则不易改动，而被控飞行器的结构复杂，更难为改善控制特性而轻易改动。所以在控制回路总特性要求确定后，为改善姿态控制系统性能、适应某些需要而改变参数时，则往往是改变校正网络结构和元件参数，使之形成保证飞行稳定性的动、静态参数。

姿态控制系统的静、动态特性可由系统传递函数及其频率特性曲线得出。图 6-4 所示是以传递函数表示的飞行器闭环系统框图，与图 6-3 对应。其中：

$K_T W_T(S)$——姿态角测量装置传递函数，K_T 为其传递系数；

$K_{gT} W_{gT}(S)$——速率陀螺仪传递函数，K_{gT} 为其传递系数；

$K_g W_g(S)$——校正网络传递函数，K_g 为其传递系数；

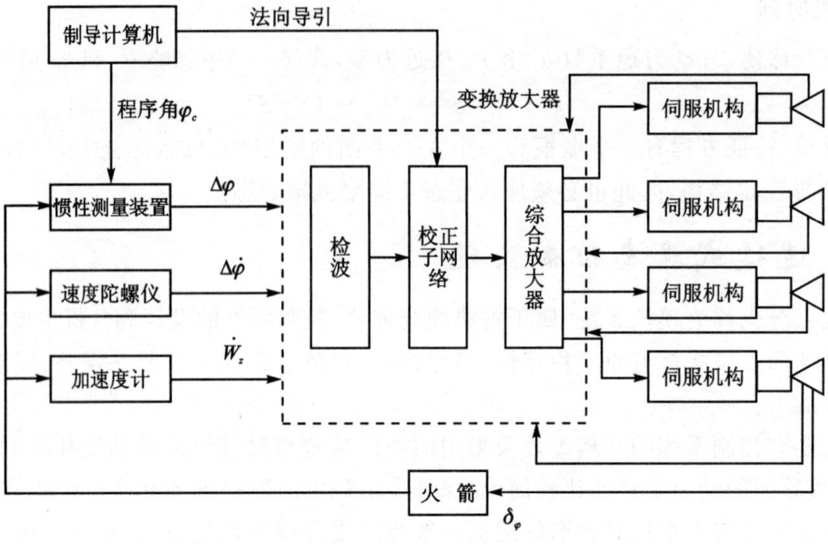

图 6-3　俯仰多回路控制框图

$K_yW_y(S)$——变换放大器综合放大部分的传递函数，K_y 为其传递系数；

$K_aW_a(S)$——加速度计传递函数，K_a 为其传递系数；

$K_{cn}W_{cn}(S)$——伺服机构传递函数，K_{cn} 为其传递系数；

$K_0^\varphi W_0^\varphi(S)$——弹(箭)运动俯仰通道传递函数，$K_0^\varphi$ 为其传递系数，表示飞行器是静稳定或静不稳定的一种系数，系数值也与执行机构产生控制力系数有关。

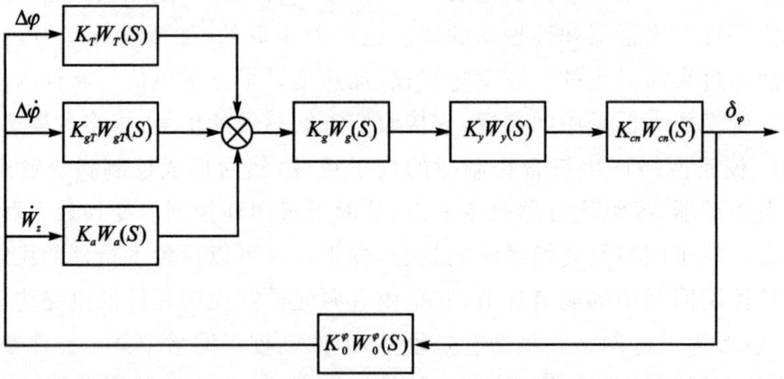

图 6-4　连续式姿态控制系统俯仰通道结构框图

为简化分析，假定加速度计不参与控制，且只考虑飞行器是刚体的情况，则飞行器闭环系统框图简化为图 6-5 所示，控制量 δ_φ 用传递函数表示为

$$\begin{aligned}\delta_\varphi &= [K_TW_T(S)\Delta\varphi(S)+K_{gT}W_{gT}(S)\Delta\dot{\varphi}(S)]K_gW_g(S)\cdot K_yW_y(S)\cdot K_{cn}W_{cn}(S)\\ &=a_0[W_T(S)\Delta\varphi(S)+T_1W_{gT}(S)\Delta\dot{\varphi}(S)]W_g(S)W_y(S)W_{cn}(S)\end{aligned}$$

式中，$a_0=K_TK_gK_yK_{cn}$——静态传递系数；

$a_1=K_{gT}K_gK_yK_{cn}$——动态传递系数；

$T_1=\dfrac{a_1}{a_0}$。

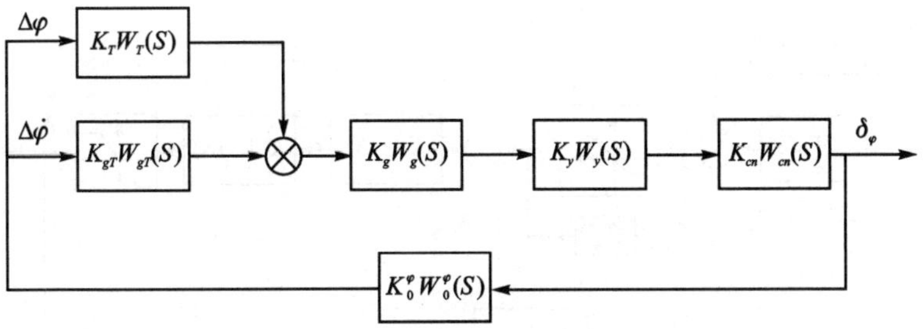

图 6-5　简化后的连续式姿态控制系统俯仰通道结构框图

图 6-5 中系统开环传递函数为

$$KW(S)=a_0[W_T(S)+T_1W_{gT}(S)S]W_g(S)W_y(S)W_{cn}(S)K_0^\varphi W_0^\varphi(S) \qquad (6-12)$$

式中，$K_0^\varphi W_0^\varphi(S)=\dfrac{\Delta\varphi(S)}{\delta_\varphi(S)}$。

令 $\delta_c(S)=W_T(S)\Delta\varphi(S)+T_1W_{gT}(S)\Delta\dot{\varphi}(S)$，并令$\dfrac{\delta_c(S)}{\delta_\varphi(S)}=K_{0^c}^\varphi W_{0^c}^\varphi(S)$，则式(6-12)的开环传递函数可写为

$$KW(S)=a_0W_g(S)W_y(S)W_{cn}(S)K_{0^c}^\varphi W_{0^c}^\varphi(S) \qquad (6-13)$$

根据奈奎斯特(Nyquist)稳定判据方法，可以利用开环传递函数的性质来研究闭环系统的稳定情况。闭环系统稳定的充要条件为：当角频率 ω 由 0 变化到 $+\infty$ 时，开环对数频率特性在 $\lg|KW(j\omega)|$ 频段内相频特性正、负穿越 $-\pi$ 线的次数差为$\dfrac{P}{2}$，P 是开环传递函数位于 S 平面右半平面的极点数目，所以在工程上多采用系统开环对数频率特性进行设计和分析。绘制式(6-13)中的开环传递函数的波特图后就可以判定闭环系统的稳定性和幅值、相角裕度。

当姿态角小角度时，控制律可采用线性形式，即校正网络环节采用线形环节，其闭环系统结构如图 6-6 所示。

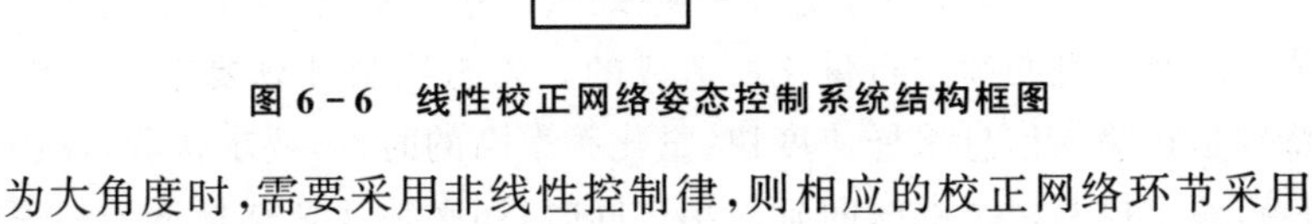

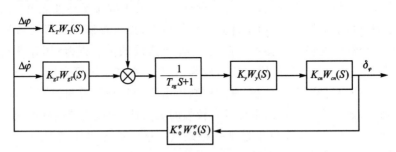

图 6-6　线性校正网络姿态控制系统结构框图

当姿态角为大角度时，需要采用非线性控制律，则相应的校正网络环节采用非线形环节，此外大角度时可能会出现执行机构饱和，因此需要加入饱和非线性环节限制控制输出，其闭环系统结构如图 6-7 所示。

6.2.4　数字式姿态控制系统

数字式姿态控制系统建立在数字计算机的基础上，把时间连续的信号加以离散化，采样后

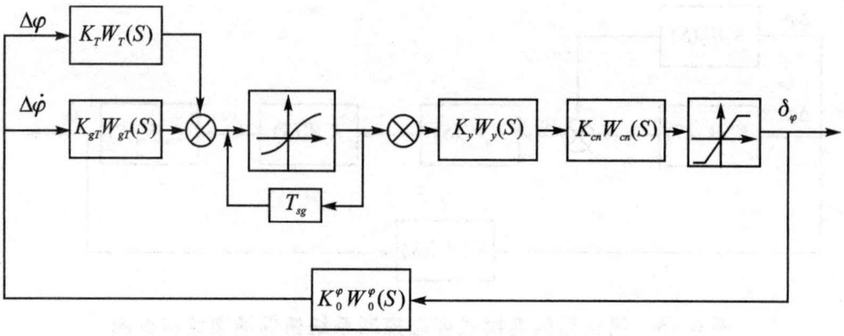

图 6-7 非线性校正网络姿态控制系统结构框图

用于控制，所以又称采样控制系统。数字式姿态控制系统的功能与连续式系统相同，主要区别是以数字计算机代替变换放大器。通常情况下，姿态敏感器、伺服机构仍为模拟（连续）式，即姿态敏感器的输出信息和控制伺服机构的信号均为模拟量。为了构成闭环控制回路，在数字计算机的输入、输出端设置模数（A/D）和数模（D/A）接口，如图 6-8 所示。

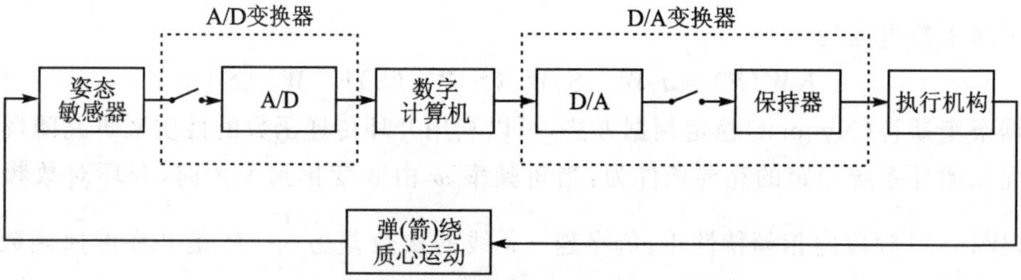

图 6-8 数字式姿态控制系统结构框图

与连续式相比，数字式姿态控制系统主要优点有：控制规律和校正网络特性由软件实现，使系统变得灵活。当被控对象参数变化和需要改变控制要求时，可通过改变弹（箭）载计算机程序编排解决，不需对硬件作大的改动或保持硬件不变；易于编排实现性能更好的复杂控制规律，如非线性控制或自适应控制等；由于计算机字长可变，加长控制字位进行解算可以提高精度，避免了连续式控制中变换放大器参数偏差、零漂等造成的控制误差；用计算机对姿态敏感器输出信息进行合理性检验或控制回路故障检测，有利于提高系统可靠性；飞行控制系统共用一台（套）计算机，导航、制导、姿态控制、时序控制等由弹（箭）载计算机综合实现，使弹（箭）控制装置减少。所以，数字式姿态控制系统具有较强的灵活性、适应系统变化的能力。

姿态控制系统回路引入计算机也带来一些缺点。这些缺点主要是对弹（箭）载计算机输入、输出的幅值和时间信息必须进行量化所造成的。姿态控制计算要求计算机有足够的精度和计算速度，特别是在输入信息采样速度快、量化频率高的时候，要求接收、输出信息的转换时间和计算时间短，输出控制指令的时间延迟小。同时，还必须注意选择适当的采样频率和采取抗干扰措施，避免高阶弹性振动和控制装置电气噪声带来的频率折叠效应，造成控制性能下降的问题。为使输入信号不失真，采样（量化）频率至少要比输入信号频谱的最高频率高一倍，但这一要求在目前的电子技术条件下已经很容易得到满足。

数字（采样）系统与连续系统的特性本质上是相同的，只是对连续系统的状态方程、控制方程采用微分方程表示，而数字系统改用差分方程表示。连续系统的特性以传递函数描述比较方便，在数字系统中则需应用脉冲传递函数来描述特性。

线性连续系统的传递函数是输出量与输入量的拉普拉斯变换的比值，即

$$\frac{Y(S)}{U(S)}=G(S)$$

式中，$Y(S)$是输出$Y(t)$的拉氏变换；$U(S)$是输入$U(t)$的拉氏变换，$S=\mathrm{j}\omega$。

数字系统也可用同样的研究方法，取输出与输入的Z变换之比为开环脉冲传递函数，其表示式为

$$\frac{Y(Z)}{U(Z)}=G(Z)$$

式中，Z变换算子$Z=\mathrm{e}^{TS}$；T为采样周期。

类似连续系统，数字系统也可以用开环脉冲传递函数分析闭环系统特性。$G(Z)$在大多数情况下是Z的有理分式，形式为

$$G(Z)=\frac{Y(Z)}{U(Z)}=\frac{a_0+a_1Z^{-1}+a_2Z^{-2}+\cdots+a_lZ^{-l}}{1+b_1Z^{-1}+b_2Z^{-2}+\cdots\cdots+b_mZ^{-m}} \tag{6-14}$$

将式(6-14)写成时域差分方程，有

$$\begin{aligned}Y(nT)=&a_0U(nT)+a_1U(n-1)T+a_2U(n-2)T+\cdots+a_lU(n-l)T-\\&b_1Y(n-1)T-b_2Y(n-2)T-\cdots-b_mY(n-m)T\end{aligned}$$

差分式可用于数字计算机。

弹(箭)载计算机是控制回路中的离散型(数字)滤波器，主要作用是建立校正算法，实现校正网络的功能。数字校正算法模型有：

① 递归校正算法，具有脉冲传递函数形式

$$W(Z)=\frac{\sum_{i=0}^{n}a_iZ^{-i}}{1+\sum_{i=0}^{m}b_iZ^{-i}}$$

② 非递归校正算法，具有脉冲传递函数形式

$$W(Z)=\sum_{i=0}^{n}a_iZ^{-i}$$

根据上述关系，脉冲传递函数表示的串联校正网络可以变换为时域差分方程，由弹(箭)载计算机程序实现。

考虑到零阶保持器的传递函数$H_0(S)=\dfrac{1-\mathrm{e}^{-TS}}{S}$和采样开关时延$\mathrm{e}^{-TS}$，绘制闭环系统结构如图 6-9 所示，其中$D(Z)=W(Z)=W(\mathrm{e}^{\mathrm{j}\omega T})$是数字校正网络算法，$T$表示采样开关。

图 6-9 中的姿态敏感器和伺服机构均为模拟式，所以，开环系统连续(模拟)量部分的传递函数为

$$K_0W_0(S)=K_0\left\{\frac{1-\mathrm{e}^{-TS}}{S}\mathrm{e}^{-TS}\left[W_T(S)+\frac{K_{gT}}{K_T}W_{gT}(S)\right]W_{cn}(S)W_\delta^\varphi(S)\right\}_{S=\mathrm{j}\omega} \tag{6-15}$$

式中，$K_0=K_TK_{cn}K_\delta^\varphi$。

式(6-15)与数字网络校正算法$D(Z)$串联后得到控制回路总的开环传递函数为

$$KW(\mathrm{j}\omega)=K_0W_0(\mathrm{j}\omega)\cdot D(Z) \tag{6-16}$$

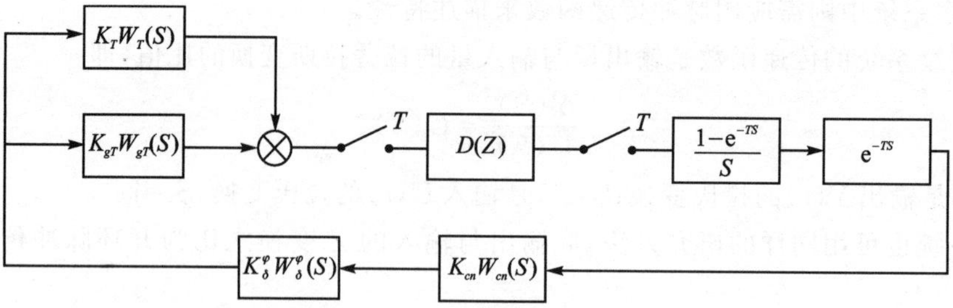

图 6-9　数字式姿态控制系统结构框图——传递函数

类似连续系统的分析方法，将式(6-16)的离散系统转换为连续系统传递函数，按照开环频率特性来分析闭环系统稳定性。保证稳定性的主要环节是按给定的离散幅相频率特性进行数字校正算法的综合，即设计合适的数字校正网络。综合数字自动稳定装置校正算法时采用频率法最简单。

任何一个离散系统，只要能给出它在 S 平面上的特性，就可以根据奈奎斯特判据来判断其稳定性。因此，校正网络可以先按照连续系统的频率法编排出传递函数，然后经 Z 变换成为脉冲传递函数，再写成时域差分方程形式在计算机上实现。这样一个差分方程表示校正算法的频率特性完全对应于频域 S 平面上校正网络频率特性。

6.3　飞行器姿态的最优控制方法

经典的自动控制理论是在复频域下分析控制系统的稳定性，已经发展得非常成熟，但对于多入多出系统和非线性系统的应对能力有限。现代控制理论将系统稳定问题的分析保留在时域内，适用于多变量时变系统的控制器设计。在时域内分析，一方面可以借助现代数学理论中关于微分方程解的存在性和稳定性的理论成果，另一方面，实际的控制问题中，时域下的微分方程都具有明确的物理含义，使得设计者对于控制稳定性问题的理解更加直观控制。现代控制理论研究内容非常广泛，主要包括三方面基本内容：多变量线性系统理论、最优控制理论以及最优估计与系统辨识理论。现代控制理论从理论上解决了系统的能控性、能观性、稳定性以及复杂系统的控制问题。

本节要介绍的最优控制要解决的是从所有可能的控制方案中寻找最优解的问题。具体地说，就是研究被控系统在给定的约束条件和性能指标下，寻求使性能指标达到最佳值的控制规律问题。这一问题包含的范围非常广，涵盖了优化理论、数值计算和人工智能等方面，本节以线性二次型最优控制问题为例，介绍最优方法在飞行器姿态控制器设计中的应用。

6.3.1　线性二次型最优控制问题的描述

对于线性系统，若取状态变量和控制变量的二次型函数的积分作为最优控制的性能指标函数，则这种最优控制问题称为线性二次型最优控制问题(Linear Quadratic Regulator, LQR)。由于线性二次型问题的最优解可以写成统一的解析表达式和实现求解过程的规范化，且可导出一个形式简洁的线性状态反馈控制律，便于工程实现，因而在实际工程问题中得到了广泛应用。

设线性时变系统的状态方程为

$$\dot{\boldsymbol{x}}(t)=\boldsymbol{A}(t)\boldsymbol{x}(t)+\boldsymbol{B}(t)\boldsymbol{u}(t)$$
$$\boldsymbol{y}(t)=\boldsymbol{C}(t)\boldsymbol{x}(t)$$

式中，$\boldsymbol{x}(t)$为 n 维状态向量；$\boldsymbol{u}(t)$为 m 维控制向量；$\boldsymbol{y}(t)$为 l 维输出向量；$\boldsymbol{A}(t)$为 $m\times n$ 阶系统矩阵；$\boldsymbol{B}(t)$为 $n\times m$ 阶控制输入矩阵；$\boldsymbol{C}(t)$为 $l\times n$ 阶输出矩阵。假设 $0<l\leqslant m\leqslant n$，且控制力 $\boldsymbol{u}(t)$不受任何约束。

在工程实践中，总希望设计一个系统，使其输出 $\boldsymbol{y}(t)$尽量接近理想输出 $\boldsymbol{y}_r(t)$，为此，定义误差向量

$$\boldsymbol{e}(t)=\boldsymbol{y}_r(t)-\boldsymbol{y}(t)$$

最优控制的目的通常是设法寻找一个控制向量 $\boldsymbol{u}(t)$使终态的误差向量 $\boldsymbol{e}(t)$最小。由于假设控制向量 $\boldsymbol{u}(t)$不受约束，$\boldsymbol{e}(t)$趋于极小有可能导致 $\boldsymbol{u}(t)$极大，这在工程上意味着控制能量过大以至无法实现，因此需要对控制能量加以约束。另外如果实际问题中对系统的终态误差 $\boldsymbol{e}(t)|_{t\to t_f}$ 严格要求，应突出此种要求。以上对控制系统的约束可用最小化下式中的二次型性能指标来描述

$$\min J=\frac{1}{2}\boldsymbol{e}^{\mathrm{T}}(t_f)\boldsymbol{F}\boldsymbol{e}(t_f)+\frac{1}{2}\int_{t_0}^{t_f}[\boldsymbol{e}^{\mathrm{T}}(t)\boldsymbol{Q}\boldsymbol{e}(t)+\boldsymbol{u}^{\mathrm{T}}(t)\boldsymbol{R}\boldsymbol{u}(t)]\,\mathrm{d}t$$

式中，$\boldsymbol{F}$ 为半正定常数矩阵；$\boldsymbol{Q}$ 为半正定对称矩阵；$\boldsymbol{R}$ 为正定对称矩阵；终端时刻 t_f 固定。通常情况下 $\boldsymbol{Q}$ 和 $\boldsymbol{R}$ 都取正定对角矩阵，即

$$\boldsymbol{Q}=\begin{bmatrix}q_1 & & \\ & \ddots & \\ & & q_m\end{bmatrix},\quad \boldsymbol{R}=\begin{bmatrix}r_1 & & \\ & \ddots & \\ & & r_r\end{bmatrix}$$

二次型指标 J 的各项都有明确的物理含义：

① 积分项 $\int_{t_0}^{t_f}\frac{1}{2}\boldsymbol{e}^{\mathrm{T}}(t)\boldsymbol{Q}\boldsymbol{e}(t)\mathrm{d}t$：该项是受控过程中误差 $\boldsymbol{e}(t)$对性能指标 J 的累计贡献。由于 $\boldsymbol{Q}$ 为半正定矩阵，总有 $\boldsymbol{e}^{\mathrm{T}}(t)\boldsymbol{Q}\boldsymbol{e}(t)\geqslant 0$，因此误差收敛得越快、收敛精度越高则该项越小。

② 积分项 $\int_{t_0}^{t_f}\frac{1}{2}\boldsymbol{u}^{\mathrm{T}}(t)\boldsymbol{R}\boldsymbol{u}(t)\mathrm{d}t$：该项是受控过程中由控制力 $\boldsymbol{u}(t)$对性能指标 J 的累计贡献。由于 $\boldsymbol{R}$ 为正定矩阵，总有 $\boldsymbol{u}^{\mathrm{T}}(t)\boldsymbol{R}\boldsymbol{u}(t)>0$，因此需求的控制越小则该项越小。

③ 终值项 $\boldsymbol{e}^{\mathrm{T}}(t_f)\boldsymbol{F}\boldsymbol{e}(t_f)$：该项为终端误差的代价函数，表示对存在终端误差 $\boldsymbol{e}(t_f)\neq 0$ 的惩罚，是为了满足最优控制的终端约束而引进的。当对终端误差要求较严时，可将这项加到性能指标中。例如，在航天器的交会对接问题中，由于对两个航天器终态的一致性要求特别严格，而对动态过程和控制能量消耗并没有过多要求，因此必须加上这一项，以保证终端状态误差最小。

综合而言，要实现性能指标 J 最小，需要用不大的控制量来保持较小的误差，以达到能量消耗、动态误差和终端误差的综合最优。

当系统状态方程和性能指标中的加权矩阵都是定常的、性能指标 J 中的积分时间上限 t_f 为无穷大且系统输出 $\boldsymbol{y}(t)=\boldsymbol{x}(t)$时，线性二次型最优控制可得到常值最优反馈增益阵，称为无限时间的状态调节器问题，即

$$\min J=\frac{1}{2}\int_{t_0}^{\infty}[\boldsymbol{e}^{\mathrm{T}}(t)\boldsymbol{Q}\boldsymbol{e}(t)+\boldsymbol{u}^{\mathrm{T}}(t)\boldsymbol{R}\boldsymbol{u}(t)]\,\mathrm{d}t$$

$$\text{s.t.}\quad \dot{\boldsymbol{x}}(t)=\boldsymbol{A}\boldsymbol{x}(t)+\boldsymbol{B}\boldsymbol{u}(t)$$
$$\boldsymbol{e}(t)=\boldsymbol{x}(t)-\boldsymbol{x}_r(t)$$

最优控制问题的求解一般运用极小值原理，这里不再详述，可以参见参考文献[7]。直接给出二次型状态调节器问题的最优控制律为

$$\boldsymbol{u}(t)=-\boldsymbol{R}^{-1}\boldsymbol{B}^{\mathrm{T}}\boldsymbol{P}\boldsymbol{x}(t)=\boldsymbol{K}\boldsymbol{x}(t) \tag{6-17}$$

式中，$\boldsymbol{K}$ 是最优控制的反馈增益矩阵，正定对称阵 $\boldsymbol{P}$ 满足下面的黎卡提代数方程

$$-\boldsymbol{P}\boldsymbol{A}-\boldsymbol{A}^{\mathrm{T}}\boldsymbol{P}+\boldsymbol{P}\boldsymbol{B}\boldsymbol{R}^{-1}\boldsymbol{B}^{\mathrm{T}}\boldsymbol{P}-\boldsymbol{Q}=\boldsymbol{0}$$

6.3.2 飞行器姿态的最优控制器设计

以刚体飞行器的 3 轴误差方程（式(6-1)～式(6-3)）作为最优控制器的设计模型，将其写为如下控制方程：

$$\begin{bmatrix}\Delta\dot{\theta}\\ \Delta\dot{\varphi}\\ \Delta\ddot{\varphi}\\ \Delta\dot{\sigma}\\ \Delta\dot{\psi}\\ \Delta\ddot{\psi}\\ \Delta\dot{\gamma}\\ \Delta\ddot{\gamma}\end{bmatrix}=\begin{bmatrix}\boldsymbol{A}_{\varphi} & \boldsymbol{0}_{3\times3} & \boldsymbol{0}_{3\times3}\\ \boldsymbol{0}_{3\times3} & \boldsymbol{A}_{\psi} & \boldsymbol{0}_{3\times3}\\ \boldsymbol{0}_{2\times3} & \boldsymbol{0}_{2\times3} & \boldsymbol{A}_{\gamma}\end{bmatrix}\begin{bmatrix}\Delta\dot{\theta}\\ \Delta\dot{\varphi}\\ \Delta\ddot{\varphi}\\ \Delta\dot{\sigma}\\ \Delta\dot{\psi}\\ \Delta\ddot{\psi}\\ \Delta\dot{\gamma}\\ \Delta\ddot{\gamma}\end{bmatrix}+\begin{bmatrix}\boldsymbol{B}_{\varphi} & \boldsymbol{0}_{3\times1} & \boldsymbol{0}_{3\times1}\\ \boldsymbol{0}_{3\times1} & \boldsymbol{B}_{\psi} & \boldsymbol{0}_{3\times1}\\ \boldsymbol{0}_{2\times1} & \boldsymbol{0}_{2\times1} & \boldsymbol{B}_{\gamma}\end{bmatrix}\begin{bmatrix}\Delta\delta_{\varphi}\\ \Delta\delta_{\psi}\\ \Delta\delta_{\gamma}\end{bmatrix}+\begin{bmatrix}\boldsymbol{d}_{\varphi}\\ \boldsymbol{d}_{\psi}\\ \boldsymbol{d}_{\gamma}\end{bmatrix} \tag{6-18}$$

式中，各通道的系统矩阵如下：

$$\boldsymbol{A}_{\varphi}=\begin{bmatrix}\dfrac{g\sin\theta_0}{V}-C_y^{\alpha}qS_{\mathrm{m}}+\dfrac{P\delta_{\varphi0}\sin\alpha_0}{\sqrt{2}}-P_0\cos\alpha_0 & C_y^{\alpha}qS_{\mathrm{m}}-\dfrac{P\delta_{\varphi0}\sin\alpha_0}{\sqrt{2}}+P_0\cos\alpha_0 & 0\\ 0 & 0 & 1\\ \dfrac{m_{z\mathrm{b}}^{\alpha}qS_{\mathrm{m}}l_{\mathrm{k}}}{J_z} & \dfrac{-m_{z\mathrm{b}}^{\alpha}qS_{\mathrm{m}}l_{\mathrm{k}}}{J_z} & \dfrac{-m_{\mathrm{dzb}}^{\omega}qS_{\mathrm{m}}l_{\mathrm{k}}^2}{(J_zV)}\end{bmatrix}$$

$$\boldsymbol{A}_{\psi}=\begin{bmatrix}\dfrac{g\sin\theta_0}{V}-C_z^{\beta}qS_{\mathrm{m}}+\dfrac{P\delta_{\varphi0}\sin\alpha_0}{\sqrt{2}}-P_0\cos\alpha_0 & C_z^{\beta}qS_{\mathrm{m}}-\dfrac{P\delta_{\varphi0}\sin\alpha_0}{\sqrt{2}}+P_0\cos\alpha_0 & 0\\ 0 & 0 & 1\\ \dfrac{m_{y\mathrm{b}}^{\beta}qS_{\mathrm{m}}l_{\mathrm{k}}}{J_y} & \dfrac{-m_{y\mathrm{b}}^{\beta}qS_{\mathrm{m}}l_{\mathrm{k}}}{J_y} & \dfrac{-m_{\mathrm{dyb}}^{\omega}gS_{\mathrm{m}}l_{\mathrm{k}}^2}{J_yV}\end{bmatrix}$$

$$\boldsymbol{A}_{\gamma}=\begin{bmatrix}0 & 1\\ 0 & -\dfrac{m_{\mathrm{dxb}}^{\omega}qS_{\mathrm{m}}l_{\mathrm{k}}^2}{J_xV}\end{bmatrix}$$

各通道的控制驱动矩阵如下：

$$\boldsymbol{B}_{\varphi}=\begin{bmatrix}-\dfrac{P\cos\alpha_0}{\sqrt{2}mV} & 0 & -\dfrac{P(x_{\mathrm{R}}-x_z)}{\sqrt{2}J_z}\end{bmatrix}^{\mathrm{T}}$$

$$\boldsymbol{B}_{\psi}=\begin{bmatrix}-\dfrac{P}{\sqrt{2}mV} & 0 & -\dfrac{P(x_{\mathrm{R}}-x_z)}{\sqrt{2}J_y}\end{bmatrix}^{\mathrm{T}}$$

$$\boldsymbol{B}_{\gamma}=\begin{bmatrix}0 & -\dfrac{Pz_{r}}{J_{x}}\end{bmatrix}^{\mathrm{T}}$$

各通道的干扰如下：

$$\boldsymbol{d}_{\varphi}=\begin{bmatrix}\dfrac{C_{y}^{\alpha}qS_{\mathrm{m}}}{mV}\alpha_{\mathrm{w}}+\dfrac{F_{\mathrm{dy}}}{mV} & 0 & -\dfrac{m_{z\mathrm{b}}^{\alpha}qS_{\mathrm{m}}l_{\mathrm{k}}}{J_{z}}\alpha_{\mathrm{w}}+\dfrac{M_{\mathrm{d}z}}{J_{z}}\end{bmatrix}^{\mathrm{T}}$$

$$\boldsymbol{d}_{\psi}=\begin{bmatrix}\dfrac{C_{z}^{\beta}qS_{\mathrm{m}}}{mV}\beta_{\mathrm{w}}+\dfrac{F_{\mathrm{d}z}}{mV} & 0 & -\dfrac{m_{y\mathrm{b}}^{\beta}qS_{\mathrm{m}}l_{\mathrm{k}}}{J_{y}}\beta_{\mathrm{w}}+\dfrac{M_{\mathrm{dy}}}{J_{y}}\end{bmatrix}^{\mathrm{T}}$$

$$\boldsymbol{d}_{\gamma}=\begin{bmatrix}0 & \dfrac{M_{\mathrm{d}x}}{J_{x}}\end{bmatrix}^{\mathrm{T}}$$

将控制模型式(6－18)代入最优控制律式(6－17)，可以得到待求的最优控制的反馈增益矩阵 $\boldsymbol{K}$，其中，性能指标矩阵 $\boldsymbol{Q}$ 和 $\boldsymbol{R}$ 的选取没有统一的规范，可以根据设计者对误差收敛速度的需求和系统能提供的控制能量大小来设定。

对于某一飞行器姿态的 LQR 姿态控制仿真结果如图 6－10 所示，其中选择 $\boldsymbol{Q}$ 和 $\boldsymbol{R}$ 为单位阵。可以看出，在 LQR 控制器作用下，系统的三通道姿态均达到了稳定。

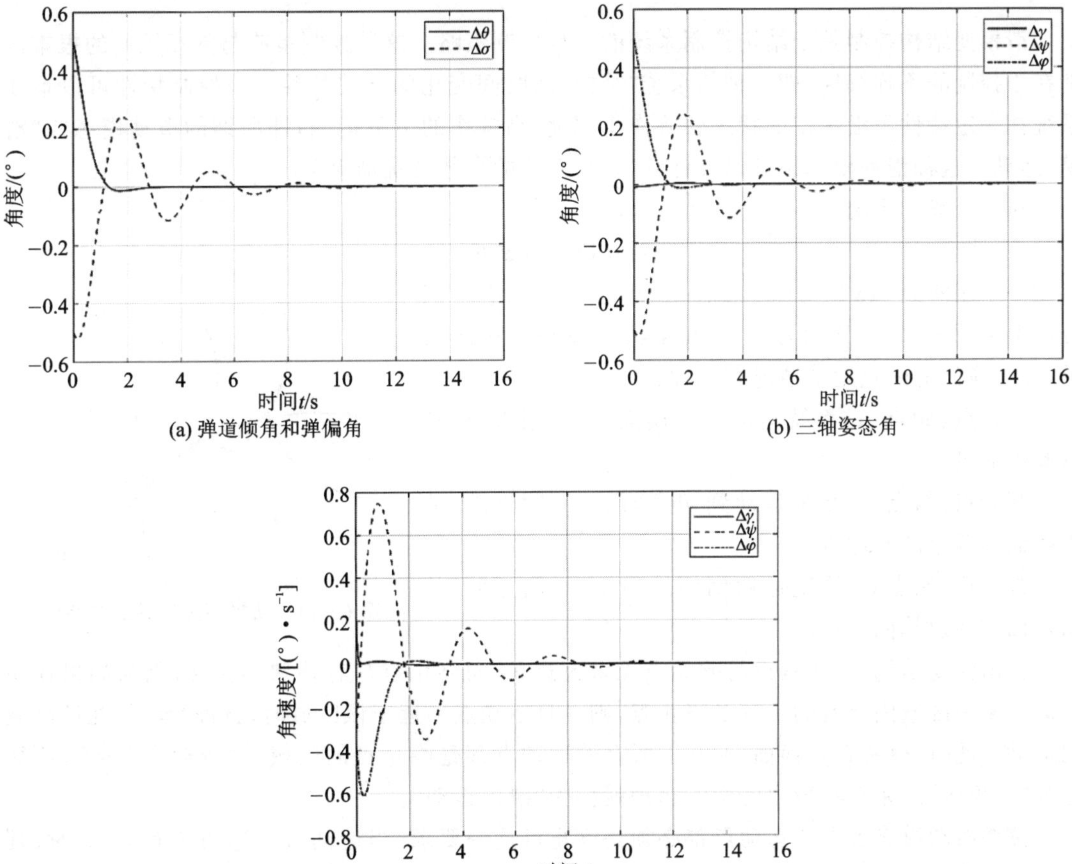

图 6－10　LQR 姿态控制的 3 通道响应曲线

6.4 飞行器姿态的滑模变结构控制方法

变结构控制本质上是一类特殊的非线性控制，其非线性表现为控制的不连续性；这种控制策略与其他控制的不同之处在于系统的“结构”并不固定，而是可以在动态过程中，根据系统当前的状态（如偏差及其各阶导数等），有目的地不断变化，迫使系统按照预定“滑动模态”的状态轨迹运动，所以又常称变结构控制为滑动模态控制（Sliding Mode Control，SMC），即滑模变结构控制。由于滑动模态可以进行设计且与被控对象参数及扰动无关，这就使得变结构控制具有快速响应、对参数变化及扰动不灵敏、无须系统在线辨识及物理实现简单等优点。

变结构控制由前苏联学者于 20 世纪 50 年代提出，已形成了一个相对独立的研究分支，成为自动控制系统的一种通用型的设计方法，适用于线性与非线性系统、连续与离散系统、确定性与不确定性系统，在机器人控制、飞机控制和航天器姿态控制的实际工程中逐渐得到推广应用。

6.4.1 滑模变结构控制基本原理

滑模变结构控制是变结构控制系统的一种控制策略。这种控制策略与常规控制的根本区别在于控制的不连续性，即一种使系统“结构”随时间变化的开关特性。该控制特性可以迫使系统在一定特性下沿规定的状态轨迹作小幅度、高频率的上下运动，即所谓的滑动模态或“滑模”运动。这种滑动模态是可以设计的，且与系统的参数及扰动无关。

对于一般的系统

$$\dot{\boldsymbol{x}} = f(\boldsymbol{x}), \quad \boldsymbol{x} \in R^n$$

存在一个超曲面 $s(\boldsymbol{x})=s(x_1,x_2,\cdots,x_n)=0$ 将状态空间分成上下两个部分，分别为 $s>0$ 和 $s<0$。如图 6-11 所示，在切换面上的点运动情况有三种：

通常点：如点 A，系统运动到切换面 $s=0$ 附近时，穿越此点而过。

起始点：如点 B，系统运动到切换面 $s=0$ 附近时，从切换面向两边离开此点。

终止点：如点 C，系统运动到切换面 $s=0$ 附近时，从切换面的两边趋向此点。

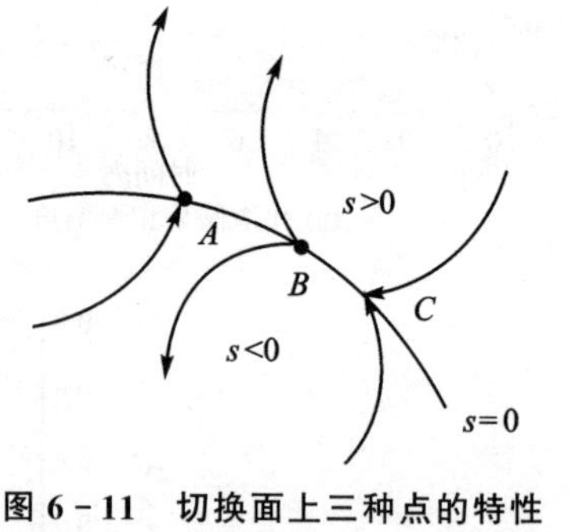

图 6-11 切换面上三种点的特性

在滑模变结构中，通常点与起始点无多大意义，而终止点却有特殊的含义，因为如果在切换面上某一区域内所有的点都是终止点，则一旦运动点趋近于该区域时，就被“吸引”在该区域内运动。此时，就称在切换面 $s=0$ 上所有的运动点都是终止点的区域为“滑动模态区”，或简称为“滑模区”。系统在滑模区中的运动就称为“滑模运动”。

按照滑动模态区上的运动点都必须是终止点这一要求，当运动点到达切换面 $s=0$ 时，其被吸引的条件为

$$\lim_{s\to 0^+} \dot{s} \leqslant 0$$

$$\lim_{s\to 0^-} \dot{s} \geqslant 0$$

或写成

$$\lim_{s \to 0} s\dot{s} \leqslant 0 \tag{6-19}$$

才能保证运动不离开切换面 $s=0$。

不等式(6-19)对系统提出了一个形如

$$\bar{V}=\frac{1}{2}[s(x_1,x_2,\cdots,x_n)]^2$$

的李雅普诺夫函数的稳定性必要条件，其中 $\bar{V}$ 是二次型李雅普诺夫函数，满足 $\bar{V}\geqslant 0$。由于 $\mathrm{d}\bar{V}/\mathrm{d}t=s\dot{s}$，若式(6-19)成立，则系统各状态会收敛于 $V=0$，若原点为唯一平衡点，$V=0$ 等价于 $\boldsymbol{x}=0$。

滑模变结构控制的基本问题描述：设有一多输入多输出控制系统 $\boldsymbol{x}=f(x,u)\quad \boldsymbol{x}\in R^n$，$u\in R^m$，首先确定切换向量函数(即滑模面向量函数，每个输入对应一个滑模面)$\boldsymbol{s}(\boldsymbol{x})$，$\boldsymbol{s}\in R^m$，然后求解系统在滑模面两侧运动时的控制函数，即

$$\boldsymbol{u}=\begin{cases}\boldsymbol{u}^+(x) & \boldsymbol{s}(\boldsymbol{x})>0\\ \boldsymbol{u}^-(x) & \boldsymbol{s}(\boldsymbol{x})<0\end{cases}$$

式中，$\boldsymbol{u}^+(x)\neq\boldsymbol{u}^-(x)$。这一过程即为滑模变结构控制的基本过程。

滑模变结构控制的三个基本条件：

① 滑动模态存在，即控制函数 $\boldsymbol{u}$ 存在；

② 满足可达性条件，在切换面 $\boldsymbol{s}(\boldsymbol{x})=0$ 以外的运动点都将于有限的时间内到达切换面；

③ 保证滑模运动的稳定性。

只有满足了这三个条件的控制才叫滑模变结构控制。

6.4.2　滑模变结构控制的抖振问题

理论上滑模面能够根据期望的动态特性设计，采用滑模变结构控制的系统动态性能好、鲁棒性高，但是其不连续开关特性以及实际应用中存在的控制量的限制、状态量的误差等会引起系统的抖振。抖振会对控制精度产生影响，从而破坏系统性能、增加能耗、损坏控制器部件，因此抖振问题是变结构实际应用的主要问题。针对抗抖振问题的研究很多，典型的方法有如下几种：

1. 准滑动模态法

将“准滑动模态”(或称“边界层”)引入到滑动模态设计过程，用饱和函数代替切换函数来有效地避免或者削弱了抖振。饱和函数可设计如下

$$\mathrm{sat}(s)=\begin{cases}+1, & s>\Delta\\ \dfrac{1}{\Delta}, & |s|\leqslant\Delta\\ -1, & s<-\Delta\end{cases}$$

式中，Δ 是“边界层”厚度，其大小与控制收敛精度成反比，并决定抖振的抑制效果。Δ 越大，则控制收敛精度越低，但对抖振的抑制效果越好，所以需要选择合适的边界层厚度来在两者之间达到一种平衡。

2. 趋近律法

趋近律法是高为炳院士提出的一类抖振抑制方法。典型的趋近律有等速趋近律、指数趋近律、幂次趋近律、一般趋近律等。

（1）等速趋近律

$$\dot{s}=-\varepsilon \operatorname{sgn}(s),\quad 0<\varepsilon$$

式中，常数 ε 表示系统的运动点趋近切换面 $s=0$ 的速率。ε 小，趋近速度慢；ε 大，则运动点到达切换面时将具有较大的速度，引起的抖动也较大。

（2）指数趋近律

$$\dot{s}=-\varepsilon \operatorname{sgn}(s)-ks,\quad 0<\varepsilon, 0<k$$

在等速趋近率的基础上增加了指数趋近项 $-ks$，能够保证在系统运动远离滑模面（$\| s \|$ 较大）时有较快的趋近速度，而当系统运动靠近滑模面时（$\| s \| \to 0$），指数趋近项 $-ks \to 0$。

（3）幂次趋近律

$$\dot{s}=-k|s|^{\alpha} \operatorname{sgn}(s),\quad 0<k,\quad 0<\alpha<1$$

通过调整 a 值，可保证当系统状态远离滑动模态（$\| s \|$ 较大）时，能以较大的速度趋近于滑动模态；当系统状态趋近滑动模态（s 较小）时，保证较小的控制增益，以降低抖振。

（4）一般趋近律

$$\dot{s}=-\varepsilon \operatorname{sgn}(s)-f(s),\quad 0<\varepsilon$$

式中 $f(0)=0$，当 $s \neq 0$ 时，$sf(s)>0$。

显然，上述四种趋近律都满足滑模到达条件 $s\dot{s} \leqslant 0$。

3. 滤波法

通过采用滤波器，对控制信号进行平滑滤波，是消除抖振的有效方法。这种方法的难度在于加入滤波器之后的稳定性方法。

另外，有代表性的抗抖振方法还有干扰观测方法、动态滑模方法、模糊方法、神经网络方法、遗传算法优化方法、降低切换增益方法、扇形区域法等，均在不同情况下取得了良好的效果，但也各有优劣。具体内容见参考文献[8]，本书不再详细介绍。

6.4.3 线性滑模控制器设计方法

对于任意线性定常系统

$$\dot{\boldsymbol{x}}(t)=\boldsymbol{A}\boldsymbol{x}(t)+\boldsymbol{B}\boldsymbol{u}(t) \tag{6-20}$$

假设系统可控，且 $\boldsymbol{A}$ 稳定，即 $\boldsymbol{A}$ 全部特征值具有负实部。若 $\boldsymbol{A}$ 不稳定，则可引入状态反馈 $\boldsymbol{K}_A\boldsymbol{x}$ 将 $(\boldsymbol{A}+\boldsymbol{B}\boldsymbol{K}_A)$ 配置为稳定，这样，系统(6-20)可等效地写为

$$\dot{\boldsymbol{x}}(t)=\tilde{\boldsymbol{A}}x(t)+\boldsymbol{B}\tilde{\boldsymbol{u}}(t) \tag{6-21}$$

式中，

$$\tilde{\boldsymbol{A}}=\boldsymbol{A}+\boldsymbol{B}\boldsymbol{K}_A,\quad \tilde{\boldsymbol{u}}(t)=\boldsymbol{u}(t)-\boldsymbol{K}_A\boldsymbol{x},\quad \boldsymbol{K}_A\begin{cases}=\boldsymbol{0}, & \boldsymbol{A}\text{ 稳定}\\ \neq \boldsymbol{0}, & \boldsymbol{A}\text{ 不稳定}\end{cases}$$

取系统(6-21)的李雅普诺夫函数为 $\bar{V}\ \frac{1}{2}\boldsymbol{x}^{\mathrm{T}}\boldsymbol{x}$，求导得

$$\begin{aligned}\dot{\bar{V}}&=\boldsymbol{x}^{\mathrm{T}}\dot{\boldsymbol{x}}+\dot{\boldsymbol{x}}^{\mathrm{T}}\boldsymbol{x}\\&=\boldsymbol{x}^{\mathrm{T}}(\tilde{\boldsymbol{A}}+\tilde{\boldsymbol{A}}^{\mathrm{T}})\boldsymbol{x}+2\boldsymbol{x}^{\mathrm{T}}\boldsymbol{B}\tilde{\boldsymbol{u}}\end{aligned}\tag{6-22}$$

采用基于趋近律的滑模控制器设计方法，这里以指数趋近律为例，构造控制律为

$$\tilde{\boldsymbol{u}}=-\varepsilon\,\mathrm{sgn}(\boldsymbol{B}^{\mathrm{T}}\boldsymbol{x})-\boldsymbol{k}(\boldsymbol{B}^{\mathrm{T}}\boldsymbol{x})\tag{6-23}$$

代入式(6-22)，得

$$\dot{\bar{V}}=\boldsymbol{x}^{\mathrm{T}}(\tilde{\boldsymbol{A}}+\tilde{\boldsymbol{A}}^{\mathrm{T}})x-2(\boldsymbol{B}^{\mathrm{T}}\boldsymbol{x})^{\mathrm{T}}\varepsilon\,\mathrm{sgn}(\boldsymbol{B}^{\mathrm{T}}\boldsymbol{x})-2(\boldsymbol{B}^{\mathrm{T}}\boldsymbol{x})^{\mathrm{T}}\boldsymbol{k}(\boldsymbol{B}^{\mathrm{T}}\boldsymbol{x})\tag{6-24}$$

式中，指数趋近律的参数阵均取为正定对角阵，即

$$\boldsymbol{\varepsilon}=\mathrm{diag}(\varepsilon_1,\varepsilon_1,\cdots,\varepsilon_h),\quad \varepsilon_1>0$$

$$\boldsymbol{k}=\mathrm{diag}(k_1,k_1,\cdots,k_h),\quad k_i>0$$

令滑模向量函数 $\boldsymbol{s}=\boldsymbol{B}^{\mathrm{T}}\boldsymbol{x}$，则式(6-24)可写为

$$\dot{\bar{V}}=\boldsymbol{x}^{\mathrm{T}}(\tilde{\boldsymbol{A}}+\tilde{\boldsymbol{A}}^{\mathrm{T}})\boldsymbol{x}-2\boldsymbol{s}^{\mathrm{T}}\varepsilon\,\mathrm{sgn}(\boldsymbol{s})-2\boldsymbol{s}^{\mathrm{T}}\boldsymbol{ks}$$

由于 $\tilde{\boldsymbol{A}}<0,\boldsymbol{\varepsilon}>0,\boldsymbol{k}>0$，则 $\boldsymbol{x}^{\mathrm{T}}(\tilde{\boldsymbol{A}}+\tilde{\boldsymbol{A}}^{\mathrm{T}})\boldsymbol{x}<0,-2\boldsymbol{s}^{\mathrm{T}}\boldsymbol{\varepsilon}\,\mathrm{sgn}(\boldsymbol{s})-2\boldsymbol{s}^{\mathrm{T}}\boldsymbol{ks}<0$，所以有 $\dot{\bar{V}}<0$。因此滑模控制器式(6-23)可使系统(6-21)稳定，且收敛速度可通过滑模参数 $\boldsymbol{\varepsilon}$ 和 $\boldsymbol{k}$ 调整。

由于系统(6-21)与系统(6-20)完全等价，则系统(6-20)的滑模控制器可写为

$$\boldsymbol{u}=\tilde{\boldsymbol{u}}+\boldsymbol{K}_A\boldsymbol{x}=\boldsymbol{K}_A\boldsymbol{x}-\boldsymbol{\varepsilon}\,\mathrm{sgn}(\boldsymbol{B}^{\mathrm{T}}\boldsymbol{x})-\boldsymbol{k}(\boldsymbol{B}^{\mathrm{T}}\boldsymbol{x})\tag{6-25}$$

式中，$\boldsymbol{K}_A$ 为满足 $\boldsymbol{A}+\boldsymbol{BK}_A<0$ 的任意矩阵。

6.4.4 飞行器姿态的滑模控制器设计

以式(6-18)作为姿态控制器的设计模型。由于飞行器为了提高机动性能，3 通道不一定均具有静稳定性，所以式(6-18)的系统矩阵

$$\boldsymbol{A}=\begin{bmatrix}\boldsymbol{A}_{\varphi}&\boldsymbol{0}_{3\times3}&\boldsymbol{0}_{3\times3}\\\boldsymbol{0}_{3\times3}&\boldsymbol{A}_{\psi}&\boldsymbol{0}_{3\times3}\\\boldsymbol{0}_{2\times3}&\boldsymbol{0}_{2\times3}&\boldsymbol{A}_{\gamma}\end{bmatrix}$$

不一定稳定，因此首先需要引入状态反馈 $\boldsymbol{K}_A\boldsymbol{x}$ 使被控的飞行器姿态具有开环稳定性，即 $(\boldsymbol{A}+\boldsymbol{BK}_A)<\boldsymbol{0}$，$\boldsymbol{K}_A$ 可以通过极点配置或试凑法来选取，然后代入式(6-25)即可求得姿态的滑模控制率。

对于某一飞行器姿态的滑模控制仿真结果如图 6-12 所示，其中选择 $\boldsymbol{\varepsilon}$ 和 $\boldsymbol{k}$ 取为单位阵。可以看出，在滑模控制器作用下，系统的三通道姿态误差均实现了快速收敛。

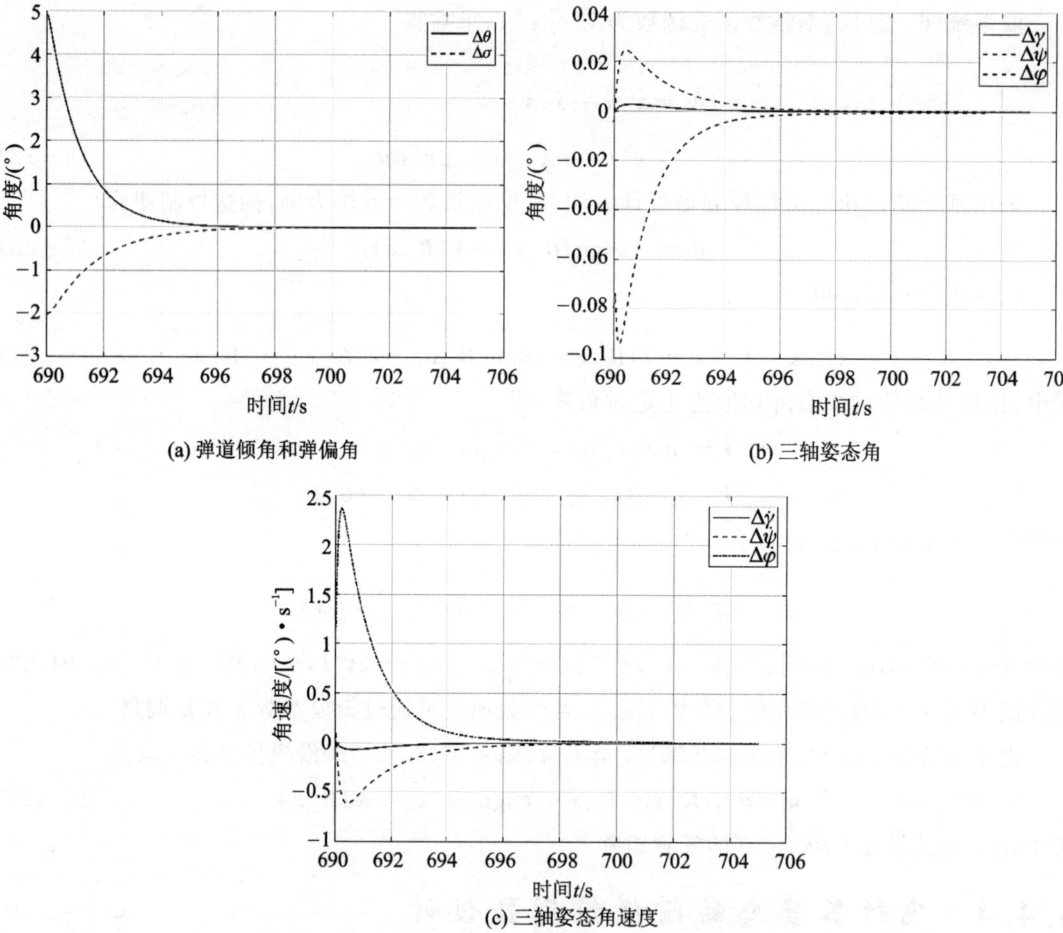

(a) 弹道倾角和弹偏角

(b) 三轴姿态角

(c) 三轴姿态角速度

图 6-12 滑模控制器姿态控制响应曲线

思考题

1. 姿态控制系统的功能及其作用是什么？它接受哪些控制信息？为什么？
2. 利用最优控制方法设计一个弹(箭)姿态稳定控制律。
3. 建立无控弹(箭)的开环传递函数,并分析系统稳定性。

第 7 章　飞行控制电子综合系统及硬件组成

飞行控制电子综合系统是实现导航、制导、姿态控制功能和飞行程序动作的电子系统。控制系统硬件是弹(箭)控制装置和测试发射控制设备的总称,前者包括敏感测量装置、中间装置和执行机构,利用它们构成飞行控制系统,实现制导、姿态控制、时序、电源配电及信号传输、控制等功能;后者包括检测设备、发射控制设备和监视控制设备,利用它们构成测试发射控制系统,完成飞行控制系统的测试、发射控制和监视控制的功能。

这些硬件的基本类型是电子线路、机电部件、机械结构、电缆网等。本章主要介绍飞行控制电子综合系统结构和控制装置。

7.1　飞行控制电子综合系统

飞行控制电子综合系统的功能主要包括控制信息传输、变换、综合、控制信号(指令)生成等,涉及系统功能的综合实现,作动指令分配,电源配电,发射前飞行控制系统对准等方面。本节只介绍时序、电源配电系统及飞行控制系统初始对准的功能与原理。

7.1.1　时序系统

时序控制是指弹(箭)在飞行过程中按预先或实时确定的时间和顺序实施动作程序的过程。控制这些动作的时间顺序指令是由硬件或软件与硬件结合来实现的。时序指令按作用类型划分,包括:

① 弹道飞行程序动作的时序,如弹道程序角生成的时序,弹(箭)级间分离、分离后的火箭下面级安全自毁的程序等。

② 动力装置的接通和断开的时序,如液体发动机的涡轮泵起动、推进剂箱增压、推进剂导管活门开通、断流活门动作等。

③ 控制系统的程序动作的时序,如发射操作程序、姿态控制系统变更静态传递系数、校正网络参数,制导系统导引作用的起始和结束时间、各飞行级信号的转换等。

飞行程序时间指令是较多的。根据弹(箭)级数和飞行时间长短,程序时间指令一般为几十个,而复杂的液体三级火箭的程序时间指令数多达 80 余个。图 7－1 所示是程序时间指令排列。

程序动作、控制信号顺序和控制时间点的精度必须满足时序要求。时序的特点和要求主要是:严格的时间顺序、固定的和浮动的时间点、精确的时间间隔和时间指令精度(特性)。这些时间指令是有序的时间指令串,所以通常称作时序指令或时间串。

时序系统由时间基准和输出装置两部分组成。时序指令产生器是生成时间基准的部件(装置),常用的有:

① 恒速转动装置,如恒速电机、步进电机或其他步进装置。这些装置以恒速转动一组凸

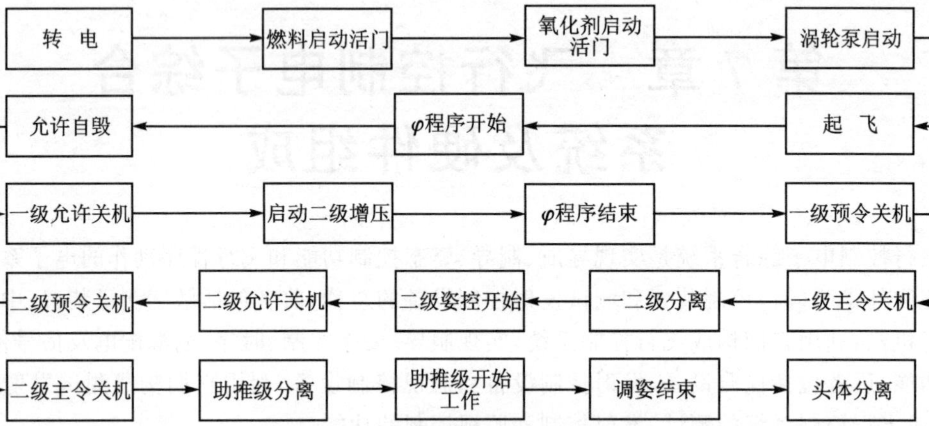

图 7-1　发射、动力段飞行时序排列图

轮，各个凸轮上的电路接点对应不同的转角位置，该转角则对应于某一设定时间点，即以转角作为时间基准。

② 电子计数电路，以恒频脉冲为输入并计数，计数值可作为时间基准。

③ 弹（箭）载计算机，将时序点存储于弹（箭）载计算机存储器中，在飞行中按时间再顺序输出时序指令。

时序指令产生器是生成固定时间点和间隔时间指令的装置，而浮动时间指令主要由制导和姿态控制系统的运行状态在弹（箭）载计算机产生。

输出装置，通常由时序信号分配器和功率放大电路组成（有的分配器包括功放电路），其主要功能是将串行时间指令分路，扩展成多路时序指令并送往受控部件。常用的时序输出装置有：

① 凸轮——触点机构，用不同形状的凸轮组成凸轮串，各凸轮的形状变化控制一组簧片触点的接通或断开，实现多路时间指令序列。

② 继电器组，用多个继电器组成阵列完成时序信号分配和输出。

③ 电子部件，利用光电耦合器、三极管或可控硅等功放元件，将弹（箭）载计算机存储的时序量按编程分配的顺序和通路送出时序指令。

实现时序系统功能可有多种形式，选用何种形式取决于时序信号数量、计时基准、时序时间长短及时间点精度要求。为减少弹（箭）载控制装置品种及数量，时序指令多由程序配电器或综合控制器实现。前者是将时序与配电功能组合在一起，很适合于火工品的起爆控制，后者是将弹（箭）载计算机的时序码与综合分配电路组合起来，适于时序指令多的场合。

7.1.2　电源配电系统

电源配电系统由一次电源、二次电源、配电器和电缆网组成，主要功能是：为飞行控制系统提供能源，进行供电控制及将各控制装置连接成一个系统以实现控制系统运行。

一次电源是化学能源（电池）。弹（箭）的电池有可储存一次性使用的电池（如激活式锌银电池）和可重复充电式锌银电池。电池输出通过配电器馈电至各用电装置。根据用电负载类型，有的系统只用一个电池，而有的则由多个电池分别供电。火工品用电为脉冲式波动大的负载，若与控制装置共用一个电池，则与控制装置要求稳定电压供电是相矛盾的，所以，通常独立设置火工品电池。图 7-2 所示是一种弹上电源配电系统框图。

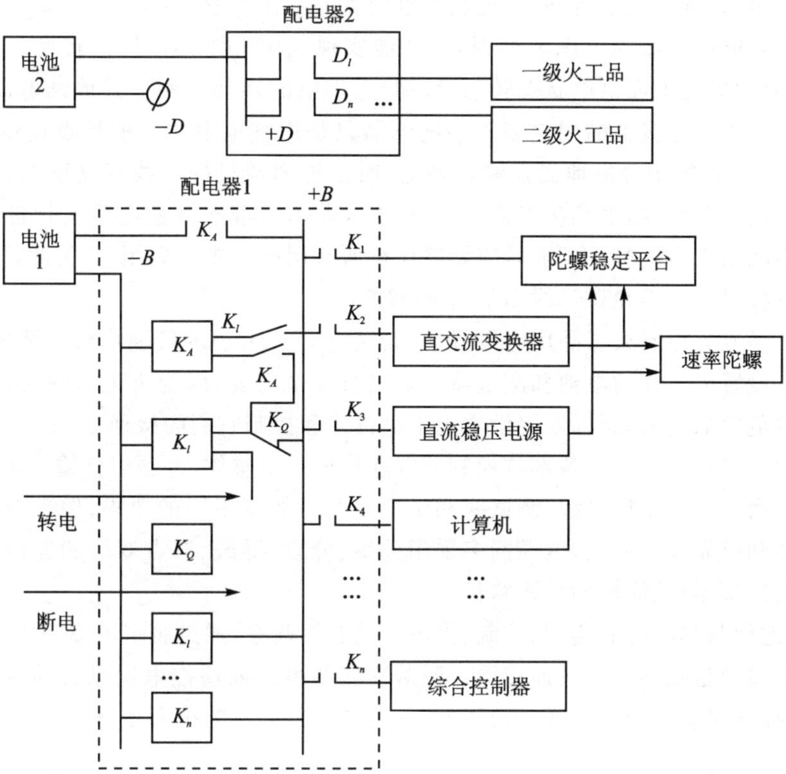

图 7-2　电源配电系统框图

二次电源是电源变换器，其作用是将电池输出的电压变换为控制装置能够使用的交流和直流类型电源。因为控制装置有的需要多种电压、高稳压精度、交流馈电，所以设置二次电源。二次电源可以做成模块型式安装在用电装置内部，也可做成集中供电的装置。通常多用户共用的二次电源有：直流稳压电源；直流-交流变换器，通常称逆变器；脉冲电源。

弹（箭）选用的电池额定电压为 28.5 V。直流稳压电源是将电池直流电变换成高稳定度、彼此隔离的多路相同电压或不同电压和功率不等的直流电。变换后的电源通常具有电压稳定、纹波与噪声电平低、在接通与断开负载时无脉冲电压、电磁干扰小等特性。逆变器电源是将电池直流电变换成需要的交流电，一般有单相、二相、三相，不同电压和频率，主要为惯性器件供电。逆变器电源均采用固态型，具有效率高、体积小、重量轻、工作可靠等特点。脉冲电源是将直流电变换为有较大功率、适当电压的脉冲，多用于时序系统，以它输出的等时脉冲来推动程序凸轮组。

系统中需要相同电源类型的多个用电装置采取集中供电还是分散供电，在电子综合系统设计时应考虑下列因素来确定：

① 配电的方便性，若两个用电装置相近，由一个电源集中供电；若两个用电装置位于弹（箭）不同子级，则分别各由一个电源供电为宜。

② 会否通过电源对两个或几个用电装置产生相互影响，例如大功率用电装置状态变化往往影响小功率用电装置。

③ 地面测试检查时各控制装置是否需同时通电工作，根据系统需要来确定。如不需同时对用电装置供电，则分散供电有利，可延长用电装置的工作寿命。

配电器的功能设置需要考虑上列因素，并能实现地面—弹（箭）供电转换。图 7－2 中的 K_l 继电器就是用以将地面供电状态转为弹（箭）上供电的转换控制。其他继电器则是用以接通或断开连接于供电母线上的用电装置。配电器只是用继电器 K_A 的接点使供电母线 B 与电池连接。K_A 接点的闭合由地面控制，“转电”时由地面通过控制线启动继电器 K_l，其接点闭合使 K_A 继电器动作，随之其接点使 $+B$ 连于电池，K_A 继电器通电后实行自保持，因而保证了电池的不间断供电。“转电”前后应始终保持所有用电装置可靠用电，为此，转电过程中地面、弹（箭）应同时供电，不允许母线 B 产生瞬时断电。

配电器 2 是专为控制火工品用电设置的，其接点 D_1、D_2…的接通由时序装置按规定的时序进行。独立设置火工品的电池和配电器主要出自安全需要，因为火工品的误通电将会引起全弹（箭）非常危险的后果，所以专门设立火工品母线和控制它们的接通。

电缆网用以将弹（箭）上的各部位控制装置连接成一个整体，并藉以传输测量信号、控制指令和提供供电通路。对于信号线、测试线和供电线路一般有不同的要求，但也有共同性，主要是电磁兼容性和可靠性。所以，电缆网多采用分束、分段、屏蔽、双点双线的连接方式（含与电缆网连接的电连接器）及简短的导线路径。

发射前，地面与弹（箭）的测试、控制、供电等的有线联系，通过脐带电缆完成。脐带电缆与弹（箭）的连接界面是脱落或脱拔连接器。脱落连接器由地面遥控电操纵自动脱落，也可机械牵引脱落，脱拔连接器多安装在弹（箭）尾部，藉助弹（箭）起飞的拉力予以脱开。

7.2 敏感测量装置

7.2.1 陀螺仪

7.2.1.1 双框架陀螺仪

双框架陀螺仪又称两自由度陀螺仪或位置陀螺仪，其具有三个正交的转动自由度，除自转轴外，有两个可以敏感载体相对基准轴（自转轴）的姿态角输出轴。这三个互相垂直的轴通常称为转子轴、内框轴和外框轴。其典型结构的主要组件有：内框架组件、外框架组件、底座及安装在内、外框架轴上的传感器、力矩器、输出装置等，图 7－3 所示是双框架陀螺仪构造示意图。

陀螺转子用陀螺马达驱动作高速旋转，因而具有定轴特性，内、外框架构成万向支架以支持转子，使转子能与载体运动隔离开，构成三个正交的转动自由度。双框架陀螺仪除自转轴外，有两个轴能敏感载体相对基准轴的姿态角。该姿态角由传感器测得并以电信号输出，且输出信号正比于转角。力矩器（是将输入电量转变成机械力矩的机电转换元件，主要用于陀螺仪的调平、对准和归零）用于陀螺开始工作时，使内框轴、外框轴能从任意姿态回归到零位工作姿态。内框架轴上装的内框轴传感器可测量外框架相对内框架转动的角位移。外框架组件连同内框架组件并与内框架组件一起可以绕外框架轴相对底座转动，转角由外框轴传感器测得并以电信号输出。力矩器绕内框架轴对陀螺施加力矩，使陀螺绕外轴进动；绕外框架轴对陀螺施加力矩，可使其绕内轴进动。

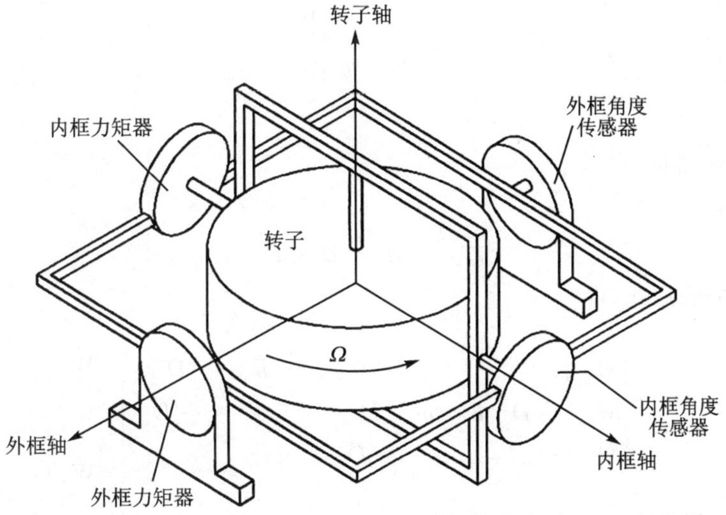

图 7-3　双框架陀螺仪基本构造

下面介绍双框架陀螺仪误差模型。

为了分析陀螺仪的误差和对误差进行修正、补偿，常将典型误差量以误差模型表示。一般按作用于陀螺仪的加速度(或比力)物理量、按运动参量和温度等物理量来构成误差模型。误差模型可以表示成力矩形式或漂移量形式。制导精度分析和制导工具误差补偿主要涉及陀螺仪漂移量，因此，只介绍以漂移角速度表示的陀螺仪误差模型。

根据陀螺理论，陀螺仪漂移角速度满足

$$\dot{\alpha} = \frac{M}{H} \tag{7-1}$$

式中，$H = J\Omega$ 是陀螺的角动量(J 是陀螺转子的转动惯量，Ω 是转子旋转角速度)；M 是陀螺绕输出轴的干扰力矩。

对于双框架陀螺仪，内框轴上的力矩引起外框轴漂移，外框轴上力矩引起内框轴漂移。各轴的干扰力矩包括：

1. 与加速度无关的常值力矩 $\boldsymbol{M}_0$

产生 $\boldsymbol{M}_0$ 的误差源有：输电装置(如软导线)的扭力矩，电磁元件(如传感器和力矩器)的电磁干扰力矩，空气轴承的常值涡流力矩等。这些力矩一般与陀螺仪所受加速度的大小无关，故称为与加速度无关项，或称常值力矩项。

2. 与加速度一次方成比例的力矩 $\boldsymbol{M}_1$

设陀螺仪质心静不平衡位移矢量

$$\boldsymbol{D} = \begin{bmatrix} D_{0x} \\ D_{0y} \\ D_{0z} \end{bmatrix}$$

陀螺仪受外界加速度作用产生的惯性力

$$\boldsymbol{F}=m\begin{bmatrix}\dot{W}_x\\ \dot{W}_y\\ \dot{W}_z\end{bmatrix}$$

式中，m 是陀螺质量。

干扰力矩

$$\boldsymbol{M}_1=\boldsymbol{D}\times\boldsymbol{F}$$

代入 $\boldsymbol{D}$ 和 $\boldsymbol{F}$ 的表达式，得

$$\begin{bmatrix}M_{x1}\\ M_{y1}\\ M_{z1}\end{bmatrix}=\boldsymbol{D}^{\times}\boldsymbol{F}=m\begin{bmatrix}0 & -D_{0z} & D_{0y}\\ D_{0z} & 0 & -D_{0x}\\ -D_{0y} & D_{0x} & 0\end{bmatrix}\begin{bmatrix}\dot{W}_x\\ \dot{W}_y\\ \dot{W}_z\end{bmatrix}$$

3. 与加速度平方成比例的力矩 $\boldsymbol{M}_2$

这是陀螺仪非等刚度在两个正交加速度作用下产生的。设陀螺弹性变形位移矢量

$$\boldsymbol{L}_s=\boldsymbol{C}\cdot\boldsymbol{F}$$

柔性系数张量的矩阵形式

$$\boldsymbol{C}=\begin{bmatrix}C_{xx} & C_{yx} & C_{zx}\\ C_{xy} & C_{yy} & C_{zy}\\ C_{xz} & C_{yz} & C_{zz}\end{bmatrix}$$

式中，$C_{ij}(i,j=x,y,z)$ 是由沿 i 轴向的惯性力所引起的 i、j 轴方向质心位移的柔性系数。矩阵 $\boldsymbol{C}$ 的元素代表陀螺转子、内框架组件、外框架组件以及各支承元件在受到沿三个坐标轴任一轴向惯性力作用时，沿此轴方向的弹性变形位移量（如 C_{xx}，C_{yy}，C_{zz}）或与此轴正交的两个轴向的弹性变形位移量（如 C_{xy}，C_{xz}，C_{yx}，C_{yz}，C_{zx}，C_{zy}）。

干扰力矩

$$\boldsymbol{M}_2=\boldsymbol{L}_s\times\boldsymbol{F}=(\boldsymbol{C}\cdot\boldsymbol{F})\times\boldsymbol{F}$$

设绕陀螺仪两输出轴为 X 和 Y 轴，将上式 $\boldsymbol{M}_2$ 表达式的前两维展开得

$$\begin{bmatrix}M_{x2}\\ M_{y2}\end{bmatrix}=m^2\begin{bmatrix}0 & C_{yz} & -C_{zy}\\ -C_{xz} & 0 & C_{zx}\end{bmatrix}\begin{bmatrix}\dot{W}_x^2\\ \dot{W}_y^2\\ \dot{W}_z^2\end{bmatrix}+$$

$$m^2\begin{bmatrix}C_{xz} & -(C_{yy}-C_{zz}) & -C_{xy}\\ -C_{yz} & C_{yx} & C_{xx}-C_{zz}\end{bmatrix}\begin{bmatrix}\dot{W}_x\dot{W}_y\\ \dot{W}_y\dot{W}_z\\ \dot{W}_z\dot{W}_x\end{bmatrix}$$

将以上列出的 $\boldsymbol{M}_0$、$\boldsymbol{M}_1$、$\boldsymbol{M}_2$ 代入式(7-1)，得到只考虑稳态进动运动的漂移角速度（内框轴上的力矩引起外框轴漂移，外框轴上的力矩引起内框轴漂移）为

$$\begin{bmatrix}\dot{\alpha}_x\\ \dot{\alpha}_y\end{bmatrix}=\frac{1}{H}\begin{bmatrix}M_{y0}\\ M_{x0}\end{bmatrix}+\frac{m}{H}\begin{bmatrix}D_{0z} & 0 & -D_{0x}\\ 0 & -D_{0z} & D_{0y}\end{bmatrix}\begin{bmatrix}\dot{W}_x\\ \dot{W}_y\\ \dot{W}_z\end{bmatrix}+$$

$$\frac{m^2}{H}\begin{bmatrix}-C_{xz} & 0 & C_{zx}\\ 0 & C_{yz} & -C_{zy}\end{bmatrix}\begin{bmatrix}\dot{W}_x^2\\ \dot{W}_y^2\\ \dot{W}_z^2\end{bmatrix}+$$

$$\frac{m^2}{H}\begin{bmatrix}-C_{yz} & C_{yx} & C_{xx}-C_{zz}\\ C_{xz} & -(C_{yy}-C_{zz}) & -C_{xy}\end{bmatrix}\begin{bmatrix}\dot{W}_x\dot{W}_y\\ \dot{W}_y\dot{W}_z\\ \dot{W}_z\dot{W}_x\end{bmatrix}$$

上式可写为

$$\begin{bmatrix}\dot{\alpha}_x\\ \dot{\alpha}_y\end{bmatrix}=\begin{bmatrix}D(X)_F\\ D(Y)_F\end{bmatrix}+\begin{bmatrix}D(X)_X & 0 & D(X)_Z\\ 0 & D(Y)_Y & D(Y)_Z\end{bmatrix}\begin{bmatrix}\dot{W}_x\\ \dot{W}_y\\ \dot{W}_z\end{bmatrix}+$$

$$\begin{bmatrix}D(X)_{XX} & 0 & D(X)_{ZZ}\\ 0 & D(Y)_{YY} & D(Y)_{ZZ}\end{bmatrix}\begin{bmatrix}\dot{W}_x^2\\ \dot{W}_y^2\\ \dot{W}_z^2\end{bmatrix}+$$

$$\begin{bmatrix}D(X)_{XY} & D(X)_{YZ} & D(X)_{XZ}\\ D(Y)_{XY} & D(Y)_{YZ} & D(Y)_{XZ}\end{bmatrix}\begin{bmatrix}\dot{W}_x\dot{W}_y\\ \dot{W}_y\dot{W}_z\\ \dot{W}_z\dot{W}_x\end{bmatrix}$$

式中，$\dot{\alpha}_x$——陀螺仪 OX 轴（外轴）的总漂移角速度；

$\dot{\alpha}_y$——陀螺仪 OY 轴（内轴）的总漂移角速度；

$D(X)_F$——OX 轴向的常值漂移角速度，$D(X)_F=\dfrac{M_{y0}}{H}$；

$D(Y)_F$——OY 轴向的常值漂移角速度，$D(Y)_F=\dfrac{M_{x0}}{H}$；

$D(X)_X$、$D(X)_Z$——OX 轴向的一次项漂移系数，$D(X)_X=\dfrac{mD_{0z}}{H}$，$D(X)_Z=-\dfrac{mD_{0x}}{H}$；

$D(Y)_Y$、$D(Y)_Z$——OY 轴向的一次项漂移系数，$D(Y)_Y=-\dfrac{mD_{0z}}{H}$，$D(Y)_Z=\dfrac{mD_{0y}}{H}$；

$D(X)_{XX}$、$D(X)_{ZZ}$——与加速度平方成比例的沿 OX 轴向的二次项漂移系数，$D(X)_{XX}=-\dfrac{m^2C_{xz}}{H}$，$D(X)_{ZZ}=\dfrac{m^2C_{zx}}{H}$；

$D(Y)_{YY}$、$D(Y)_{ZZ}$——与加速度平方成比例的沿 OY 轴向的二次项漂移系数，$D(Y)_{YY}=\dfrac{m^2C_{yz}}{H}$，$D(Y)_{ZZ}=-\dfrac{m^2C_{zy}}{H}$；

$D(X)_{XY}$、$D(X)_{YZ}$、$D(X)_{XZ}$——与加速度乘积成比例的沿 OX 轴向的二次项漂移系数，$D(X)_{XY}=-\dfrac{m^2C_{yz}}{H}$，$D(X)_{YZ}=\dfrac{m^2C_{yx}}{H}$，$D(X)_{XZ}=\dfrac{m^2(C_{xx}-C_{zz})}{H}$；

$D(Y)_{XY}$、$D(Y)_{YZ}$、$D(Y)_{XZ}$——与加速度乘积成比例的沿 OY 轴向的二次项漂移系数，$D(Y)_{XY}=\dfrac{m^2C_{xz}}{H}$，$D(Y)_{YZ}=-\dfrac{m^2(C_{yy}-C_{zz})}{H}$，$D(Y)_{XZ}=-\dfrac{m^2C_{xy}}{H}$。

将上式改写成一般形式的双框架陀螺仪静态误差模型，有

$$\begin{bmatrix}\dot{\alpha}_x\\ \dot{\alpha}_y\end{bmatrix}=\begin{bmatrix}D(X)_F\\ D(Y)_F\end{bmatrix}+\begin{bmatrix}D(X)_X & 0 & D(X)_Z\\ 0 & D(Y)_Y & D(Y)_Z\end{bmatrix}\begin{bmatrix}\dot{W}_x\\ \dot{W}_y\\ \dot{W}_z\end{bmatrix}+$$

$$\begin{bmatrix}D(X)_{XX} & 0 & D(X)_{ZZ}\\ 0 & D(Y)_{YY} & D(Y)_{ZZ}\end{bmatrix}\begin{bmatrix}\dot{W}_x^2\\ \dot{W}_y^2\\ \dot{W}_z^2\end{bmatrix}+$$

$$\begin{bmatrix}D(X)_{XY} & D(X)_{YZ} & D(X)_{XZ}\\ D(Y)_{XY} & D(Y)_{YZ} & D(Y)_{XZ}\end{bmatrix}\begin{bmatrix}\dot{W}_x\dot{W}_y\\ \dot{W}_y\dot{W}_z\\ \dot{W}_z\dot{W}_x\end{bmatrix}+\begin{bmatrix}\varepsilon_x\\ \varepsilon_y\end{bmatrix}$$

式中，最后一项 ε_x、ε_y 称为随机漂移误差，主要代表误差模型中还有一些尚未考虑到的不确定因素和在误差模型标定测试过程中引入一些干扰因素对陀螺漂移的影响。

7.2.1.2 单框架陀螺仪

当双框架陀螺仪的外框架与壳体固连时，就失去一个自由度，这样的陀螺仪称为单框架陀螺仪，也称单自由度陀螺仪。

对于单框架陀螺仪，当壳体绕失去自由度的轴转动时(图 7-4 中的 Y 轴)，会通过内框架对转子施加外力矩，使转子绕内框架轴进动(漂移)。因此，实际应用中的单框架陀螺仪要辅以其他条件，例如将单自由度陀螺仪安装在陀螺稳定平台上，借用平台的框架轴来弥补失去的自由度，或者在内框架轴上增加控制力矩，驱使转子绕失去的自由度的轴跟踪壳体的转动，成为捷联工作状态。

图 7-4 所示是单框架陀螺仪的结构示意图。图中 Y 轴即为失去自由度的轴，称为输入轴，X 轴即保留自由度的轴，称为输出轴，Z 轴为转子轴。

单框架陀螺仪的简化运动方程为

$$J\ddot{\beta}+C\dot{\beta}+K\beta=H\omega_y$$

式中，β、$\dot{\beta}$、$\ddot{\beta}$——输出轴相对于壳体的转角、角速度、角加速度；

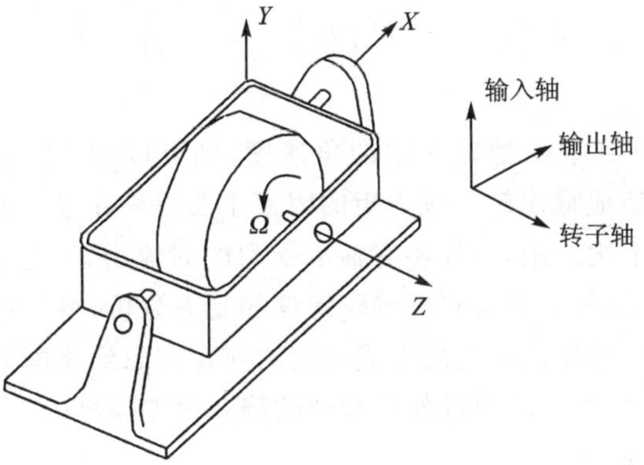

图 7-4　单框架陀螺仪结构

J——转子(包括浮子)相对于输出轴的转动惯量,$J\ddot{\beta}$ 为惯性力矩;

C——转子相对于壳体的阻尼系数,$C\dot{\beta}$ 为阻尼力矩;

K——转子相对于壳体的弹性系数,$K\beta$ 为弹簧力矩;

H——陀螺角动量;

ω_y——壳体绕输入轴的角速度。

一般单框架陀螺仪无扭转弹簧($K\beta=0$),输出轴有阻尼($C\dot{\beta}\neq 0$)。当稳态时($\ddot{\beta}=0$),陀螺仪运动方程进一步简化为

$$\dot{\beta}=\frac{H}{C}\omega_y$$

其传递函数为

$$\beta(S)=\frac{H}{CS}\omega_y$$

上式中 β 角即为单框架陀螺仪绕其输出轴的进动角。稳态的输出角 β 正比于输入角速度 ω_y 的积分 $\frac{1}{S}\omega_y$,因此,称这种陀螺为积分陀螺仪。

如果陀螺仪输出轴上有扭转弹簧,输出轴力矩以弹性约束为主,弹簧系数 K 较大($K\beta\neq 0$,$C\dot{\beta}\approx 0$),稳态时($\ddot{\beta}=0$)的运动方程为 $K\beta=H\omega_y$,β 正比于 ω_y,称为速率陀螺仪。

对于静压流体(静压气浮或静压液浮)陀螺仪,输出轴上没有扭转弹簧的弹性约束,其工作介质(气体、稀浮液)黏度极小,可以认为 $K\approx 0$,$C\approx 0$,陀螺仪传递函数可写成

$$\beta(S)=\frac{H}{JS^2}\omega_y(S) \tag{7-2}$$

此时,由输入角速度引起的陀螺进动力矩完全依靠陀螺组合件绕其输出轴转动的角加速度所形成的惯性力矩来平衡。输出角 β 正比于输入角速度 ω_y 的两次积分,故称两次积分陀螺仪。

单自由度陀螺仪结构、特性不同,与之对应的误差模型也不同。这里介绍两次积分陀螺仪(常用的类型包括静压气浮陀螺仪和静压液浮陀螺仪)的误差模型。

式(7-2)是两次积分陀螺的理想运动方程,实际上输出轴总是存在干扰力矩,因此式(7-2)可改写为

$$JS^2\beta(S)=H\left(\omega_y(S)+\frac{M_i(S)}{H}\right)$$

式中，M_i 是干扰力矩。

将干扰力矩 M_i 折算到绕陀螺输入轴的角速度，则可以用 M_i 表述漂移率，即相当于有 M_i/H 的角速度误差。造成输出轴干扰力矩的因素主要是转子质心偏离输出轴支承轴线，从而在加速度作用下形成干扰力矩，另外还有轴承受到的涡流力矩、浮子组件非等弹性、电磁干扰力矩、输电导线扭转力矩等。类似双框架陀螺仪的受力分析，将干扰力矩分解为与加速度无关项、与加速度成正比项、与加速度二次方成比例的项。考虑到单框架陀螺仪定义 M/H 为其漂移角速度，则以漂移形式表示的单框架陀螺仪的静态误差模型为

$$\begin{aligned}\dot{\alpha}_x=&D_F+\\&D_x\dot{W}_x+D_y\dot{W}_y+D_z\dot{W}_z+\\&D_{xy}\dot{W}_x\dot{W}_y+D_{yz}\dot{W}_y\dot{W}_z+D_{xz}\dot{W}_x\dot{W}_z+\\&D_{xx}\dot{W}_x^2+D_{yy}\dot{W}_y^2+D_{zz}\dot{W}_z^2+\varepsilon_x\end{aligned}$$

式中，$\dot{\alpha}_x$ ——陀螺仪综合漂移角速度；

D_F——常值漂移；

D_x、D_y、D_z——沿陀螺输入轴、输出轴、自转轴的一次项漂移系数；

$D_{ij}(i,j=x,y,z)$——与沿 i 轴、j 轴加速度乘积成正比的二次项漂移系数；

$D_{ii}(i=x,y,z)$——与沿 i 轴加速度平方成正比的二次项漂移系数；

ε_x——随机漂移。

陀螺仪设计的中心问题是解决漂移误差系数的稳定性和随机漂移精度指标。

7.2.1.3 光学陀螺仪

前面介绍的双框架和单框架的机械式转子陀螺的工作原理是建立在牛顿力学基础上的，具有角动量是陀螺与一般刚体的根本区别。而角动量由机械旋转产生，机械旋转必须依靠支承，所以支承技术是机械式转子陀螺的关键技术，陀螺的性能指标越高，支承技术就越复杂，成本也就越高，这就是机械式转子陀螺的局限性。

本小节要介绍的光学陀螺是基于塞格纳克(Sagnac)效应而发展起来的一种光电式惯性敏感仪器，它无需机电陀螺所必需的高速转子，性价优势相当明显，是新一代高灵敏度、高精度、高可靠性、大动态范围的惯性测量器件。光学陀螺分为激光陀螺仪和光纤陀螺仪两大类。

1960 年激光器问世之后，美国和欧洲各国竞相开展激光陀螺仪研制工作。1963 年，美国斯佩里公司首先做出了激光陀螺仪(Ring Laser Gyro，RLG)的实验装置。1966 年，美国霍尼韦尔公司开始使用石英作腔体，并研究出交变机械抖动偏频法，使这项技术有了实用的可能。自从 1975 年激光陀螺在战术飞机上试飞成功后，各国都开始竞相发展激光陀螺，从而使激光陀螺迅速进入实用阶段。经过几十年的发展和完善，激光陀螺捷联惯导系统已在军用、民用方面得到了广泛应用。

与机电陀螺相比，激光陀螺具有如下显著特点：

① 性能稳定，抗干扰能力强，环境适应性好。

② 具有高稳定度的标度因数。

③ 动态范围宽。

④ 可靠性高，寿命长。

⑤ 对加速度和振动不敏感，抗冲击过载能力强。

⑥ 无须预热启动，准备时间短，启动速度快。

⑦ 动态误差小，数字化输出，便于与计算机连接。

⑧ 对于同样的精度和性能要求，激光陀螺的成本比机电陀螺低。

激光陀螺是第一代光学陀螺，由于采用短波长的激光，对反射镜等器件的工艺要求较高，因而成本较高。另外，激光陀螺的不足之处是在低速时存在着闭锁现象。为了克服上述问题，1976 年，美国犹他大学提出了光纤陀螺(Fiber Optic Gyro，FOG)的概念。它标志着第二代光学陀螺的诞生。光纤陀螺的角速度测量精度目前已优于 0.001(°)/h 的量级，并在航空航天领域获得广泛应用。

光纤陀螺的工作原理与激光陀螺相同，检测角速度的传感器和检测光源都是激光源。采用塞格纳克(Sagnac)干涉原理，利用同一波长的光束在闭合路径中沿顺时针、逆时针两个方向行进的光程差，测出相对于惯性空间的旋转角速率。不同点是，光纤陀螺是将 200～2 000 m 的光纤绕制成直径为 10～60 cm 的圆形光纤环，加长了激光束的检测光路，使检测灵敏度和分辨率比激光陀螺提高了几个数量级，有效地克服了激光陀螺的闭锁现象。另外，与激光陀螺相比，光纤陀螺不需要光学镜的高精度加工、光腔的严格密封和机械偏频技术，易于制造，成本低。

1. Sagnac 效应

1913 年，法国物理学家 M. Sagnac 提出了采用光学方法测量角速度的原理，称为 Sagnac 效应，这一现象可由如图 7-5 所示的环形干涉仪来解释。

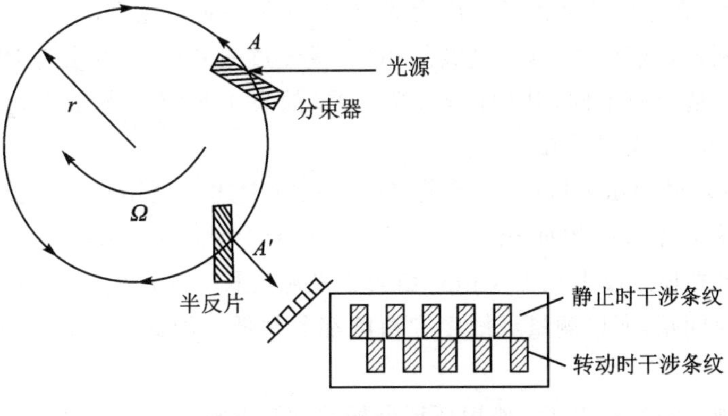

图 7-5　Sagnac 环形干涉仪

由光源发出的光经过分束器在 A 点被分解为沿顺、逆时针方向传播的两束光进入环形腔体。如果腔体相对惯性空间没有转动，则两束光在环路内绕一圈的光程是相等的，所需的时间为

$$t = 2\pi r/c$$

式中，r 为环路的半径；c 为光速。

当腔体以角速度 Ω 绕垂直于光路平面的中心轴线旋转时，从 A 点出发的两束反向传播光束在环路内绕一圈的光程不再相同，因为光束出发的原始位置 A 点已沿顺时针方向移动到

A'点了。

因此，沿顺时针方向传播的光束绕行一圈回到环路坐标系原处所需时间为

$$t^+=\frac{2\pi r+r\Omega t^+}{c}$$

而沿逆时针方向传播的光束再次回到原处所需时间为

$$t^-=\frac{2\pi r-r\Omega t^-}{c}$$

则两路光线回到原处的时间差为

$$\Delta t=t^+-t^-=\frac{4\pi r^2\Omega}{c^2-r^2\Omega^2}$$

由于$(r\Omega)^2\ll c^2$，则有

$$\Delta t\approx\frac{4\pi r^2\Omega}{c^2}$$

则顺时针、逆时针传播光束在环路内绕行一圈的光程差为

$$\Delta L=c\Delta t=\frac{4\pi r^2\Omega}{c}=\frac{4S\Omega}{c} \tag{7-3}$$

式中，$S=\pi r^2$ 为环形光路所围面积。

图 7-5 中，顺、逆光束在环路内传播一周后通过半反片发生干涉，形成干涉条纹。光程差改变一个波长时，干涉条纹就移动一个条纹间距。由式(7-3)可知，光程差与腔体转动角速度成正比，因此干涉条纹的移动速度也与腔体转动角速度成正比，这一现象被称为 Sagnac 效应。式(7-3)是从圆形环路推导得出的，但可证明对任意形状的环路(如矩形、三角形等)都是正确的。

因此得出结论：在任意几何形状的闭合光路中，从某一观察点发出的一对光波沿相反方向运行一周后又回到该观察点时，这对光波的相位(或经过的光程)将根据该闭合环形光路相对于惯性空间的旋转情况而不同，其相位差(光程差)的大小与闭合光路的旋转角速率 Ω 成正比，只要测出光程差，就能测得 Ω。

1925 年，麦克尔逊(Michelson)与盖勒(Gale)根据上述原理用矩形环路干涉仪测定了地球转动角速度。这个环形腔的面积为 $600\times300\ \mathrm{m}^2=1.8\times10^9\ \mathrm{cm}^2$，地球自转角速度约为 15(°)/h，可计算得光程差仅为 0.174 μm，相当于光源波长 λ=0.7 μm 的 1/4，即干涉条纹仅移动了 1/4 的条纹间距，所以测量灵敏度和精度都非常低。因此，当时的 Sagnac 干涉仪无法得到实用。

直到激光出现(1960 年)以后，使用环形谐振腔和频差技术或使用光导纤维和相敏技术大大提高了灵敏度，才使 Sagnac 效应从原理进入实用，前一途径用于激光陀螺，后一途径用于光纤陀螺。

2. 光纤陀螺

由于目前光纤陀螺相比激光陀螺具有体积和成本的优势，二者的基础原理相似，本小节仅对光线陀螺进行简要介绍，更多的细节可以参见参考文献[10-11]。

20 世纪 70 年代，在电信应用的推动下，低损耗光纤、固态半导体光源和探测器的研发取得了巨大成就，用多匝光纤线圈代替环形激光器，通过多次循环来增强萨格奈克效应已有物质

基础，1967 年光纤陀螺技术出现，立即受到惯性技术界的高度重视。经过 50 多年的努力，光纤陀螺已形成了从 10～0.01(°)/h 精度覆盖面较宽的系列产品，特别是中低精度 10～0.1(°)/h 的产品，以其成本低、体积重量小、功耗低等独特的优势，在战术武器制导和民航飞机导航系统备份应用中具有重要地位。

光纤陀螺就其工作原理实质上是单模光纤环构成的 Sagnac 干涉仪，其光学原理如图 7-6 所示。激光器发出的光束经半透半反分光镜进入多匝光纤线圈的两端，两束光在光纤内的传播方向相反。若光纤环相对惯性空间静止，则两束反向传播的光束到达接收器时具有相同的相位。但若光纤环相对惯性空间有垂直于光纤环平面的角速度 Ω 时，两束光的传播光程将发生变化，根据 Sagnac 干涉仪原理式(7-3)，可写出光纤陀螺的光程差关系

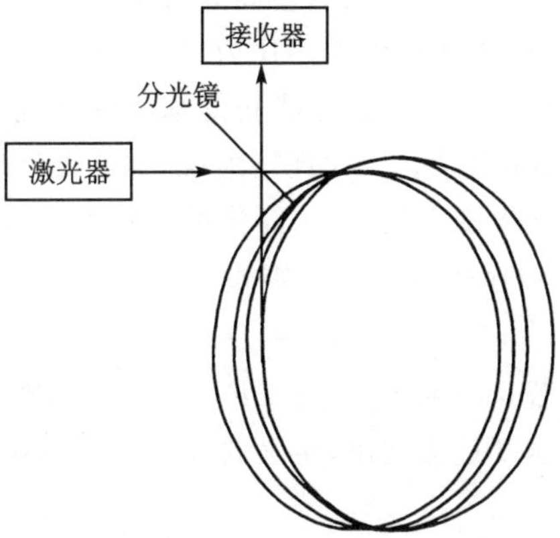

图 7-6　光纤陀螺光学原理图

$$\Delta L=\frac{4N\pi r^2\Omega}{c}=\frac{4NS\Omega}{c} \tag{7-4}$$

式中，N 为光纤环的绕制圈数；S 为一圈光纤所包围的面积。

将式(7-4)中的光程差写成相位差形式

$$\Delta\phi=2\pi\frac{\Delta L}{\lambda}=\frac{4\pi lr}{c\lambda}\Omega$$

式中，$l=2\pi Nr$ 为光纤总长度；λ 为光源波长。由于光纤长度非常长，可达 100～1 000 m，所以用相位差测量角速度仍具有很高的灵敏度，与此不同的是激光陀螺根据拍频测量角速度。显然光纤陀螺是通过增加光纤匝数以增大光路所围的面积，提高陀螺的灵敏度，使 Sagnac 干涉仪可用于工程实际。此外，与谐振腔激光陀螺相比，光纤陀螺不存在低角速度输入时的闭锁效应问题。

随着光学技术的发展，光纤陀螺也由分立光学元件逐渐向集成光学元件结构发展，国际上已出现了低漂移光纤陀螺、零相位光纤陀螺、全集成光纤陀螺与数字式数据处理光纤陀螺等。

7.2.2　加速度计

陀螺用来感测运载体的角运动信息，而加速度计用来感测运载体的线运动信息，两者都是构造惯导系统的核心器件，其精度高低和性能优劣基本上决定了惯导系统的精度和性能。

7.2.2.1　加速度计测量原理

图 7-7 所示是一种加速度计的简化模型，由质量块 m、弹簧 c 和阻尼器 D 组成，敏感轴 x 沿铅垂向上，虚线表示基座无加速度时质量块处于自由状态时的位置，此时质量块的质心定义为原点。设基座具有沿 x 方向的加速度 a，则在惯性力作用下，弹簧发生变形，产生的弹性力与变形方向相反，阻尼力与变形速率方向相反，所以根据牛顿第二定律，有

$$m(\ddot{x}+a)=-D\dot{x}-cx-mg \tag{7-5}$$

对常值加速度 a，质量块 m 运动达到稳态时，$\ddot{x}=0$，$\dot{x}=0$，所以有

$$a+g=-\frac{cx}{m}=\frac{F_{弹}}{m}$$

由于比力 f 定义为作用在单位质量上的非引力外力，所以 $\frac{F_{弹}}{m}=f$ 即为比力。在该简单特例中，$F_{弹}$ 是可通过弹簧的变形来测量的，即加速度计可测得比力 f，而 $f=a+g$，所以要对加速度计的输出作适当处理后才能获得基座的运动加速度，即应从 f 中扣除 g 才能获得 a。因此严格地说，加速度计应该称为比力计。

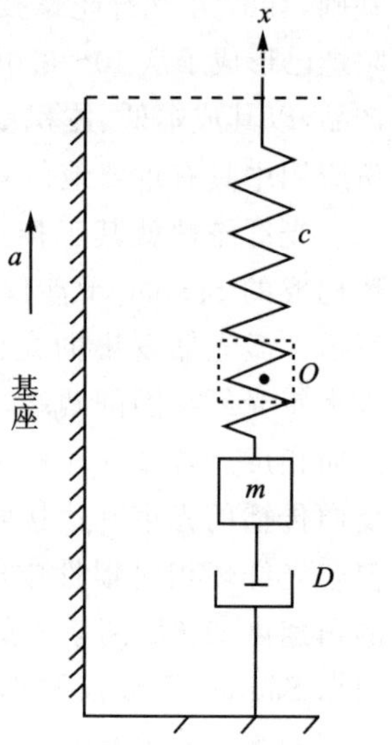

图 7－7　加速度计简化模型

如果图 7－7 所示简化模型的敏感轴 x 处于水平位置，并假设沿 x 轴存在阻力 $F_{阻}$，则式(7－5)应改写成

$$m\ddot{x}+D\dot{x}+cx=-ma+F_{阻}$$

若 a 小到使 $-ma+F_{阻}=0$ 成立，则 $x=0$，此时加速度 $a\neq 0$，但加速度计无输出，定义此加速度为加速度计的灵敏阈，即

$$a_{灵敏阈}=\frac{F_{阻}}{m}$$

该指标反映了加速度计能测出的最小加速度。此外，位移信号检测器的灵敏度也影响灵敏阈。惯性级加速度计的灵敏阈应优于 $10^{-4}g$。

反映加速度计性能的另一个指标是自然频率，它表征了加速度计的动态特性：

$$\omega_n=\sqrt{\frac{c}{m}}$$

该指标是根据使用要求来确定的，一般为数十赫兹至数百赫兹。自然频率一旦确定，仪表的测量频带范围也就确定了。

按图 7－7 中简化模型设计加速度计存在诸多问题，如质量块与基座支承面间存在摩擦力，该摩擦力将严重影响加速度计的灵敏阈；对质量块的运动难以实现精确约束；输出信号检测和对质量块的力反馈控制困难。因此，工程上实际采用的设计方案均要尽量抑制这些问题带来的干扰，常用的加速度计设计方案主要有液浮摆式加速度计和挠性加速度计，本节不再对其详细介绍，可参见参考文献[10-11]。

7.2.2.2　加速度计误差方程

加速度计根据其设计方案不同，误差方程也有差异，本书以常用的单轴干式挠性加速度计为例介绍其误差方程。

单轴干式挠性加速度主要由质量摆(质量块)、信号传感器、力矩器和伺服放大器等组成，质量摆由具有细颈的挠性杆来支承。这种加速度计的结构简单、成本低，且具有高精度，用途较广泛。它的测量误差用误差模型表示，静态模型方程可写为

$$A_{ind}=\frac{E}{K_1}=K_0+\dot{W}_i+K_2\dot{W}_i^2+\delta_0\dot{W}_p-\delta_p\dot{W}_0$$

式中，A_{ind}——加速度计输出的视加速度，通常用重力加速度 g_0 为单位表示；

E——加速度计输出量，采用 V、mA、脉冲数/s 等电信号来表示；

K_1——标度因数，单位为 V/g_0、mA/g_0、脉冲数/$(s\cdot g_0)$；

K_0——加速度计偏值；

K_2——二阶非线性系数；

$\dot{W}_i$、$\dot{W}_p$、$\dot{W}_0$——沿输入轴、质量摆轴和输出轴方向的视加速度分量；

δ_p、δ_0——输入轴沿摆轴和输出轴方向偏斜而造成的失准角，单位为 rad。

上式中各项系数 K_0、K_2、δ_0、δ_p 即为相对 K_1 的误差系数，实际值为 K_0/K_1、K_2/K_1、δ_0/K_1、δ_p/K_1。加速度计的测量误差为输出值和输入加速度的差值 $A_{ind}-\dot{W}_i$。

7.2.3 陀螺稳定平台

7.2.3.1 平台组成及工作过程

陀螺稳定平台是由陀螺仪和伺服系统以及加速度计和电子设备组成的能修正干扰力矩引起的角偏差并保持平台台体相对惯性空间具有恒定不变指向或者按照平台指令信号跟踪某一参考坐标轴的装置，通常也称做惯性平台。

如图 4-2 所示，平台台体上装有三个测量轴相互垂直的陀螺仪，作为平台三个框架轴的敏感元件，用以控制平台使其具有三个稳定轴，以隔离飞行器的转动和振动。台体上还装有三个加速度计，用来测量飞行器沿惯性基准的加速度或相对于所选参考坐标系的加速度。此外，平台上还装有台体调平的敏感元件和方位瞄准元件。

按平衡框架的多少，陀螺稳定平台可以分为单轴、双轴、三轴和四轴。弹（箭）上常用的为三轴或四轴的陀螺稳定平台。根据平台采用的陀螺仪类型不同，又可分为液浮平台、气浮平台和挠性平台。

当平台受到扰动时，陀螺仪敏感到的角偏差，经陀螺输出轴传感器变成电信号，再经过放大电路变成控制信号，加到平台某一轴力矩电机，产生相应的力矩，修正由干扰力矩引起的角偏差，保持平台三个轴的稳定，如图 7-8 所示。

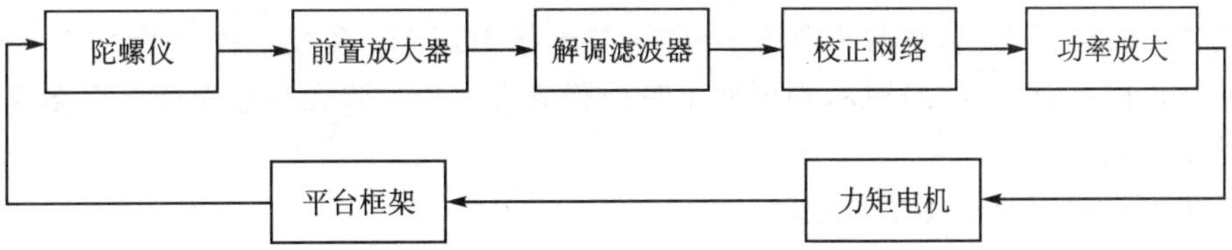

图 7-8　陀螺稳定平台工作过程框图

7.2.3.2 平台误差源

平台误差主要由陀螺仪的漂移特性所决定，误差源可以分为 5 类。

1. 与过载无关的误差源

这类误差是平台静态误差的来源，主要包括：台体加工误差，陀螺及加速度计的安装误差，调平与方位锁定误差，瞄准棱镜安装误差等。

2. 与过载有关的误差源

这类误差包括：平台台体组件、内框组件与外框组件的静不平衡引起质心偏移，在加速度作用下，产生绕平台轴的干扰力矩；由于台体、内框架、外框架的弹性变形引起质心偏移，在加速度作用下，产生绕平台轴的干扰力矩、平台轴上摩擦力矩等。

3. 与过载变化率有关的误差源

它是由于平台稳定回路失调而引起的角偏差，与稳定回路特性有关。稳定回路的框图如图 7-9 所示，它的误差传递函数式为

$$\varphi(S)=\frac{1}{\dfrac{KF_1(S)H+H^2S}{S(IS+D)}+JS^2}M_d(S) \tag{7-6}$$

式中，$F_1(S)=\dfrac{F(S)}{T_mS+1}$。

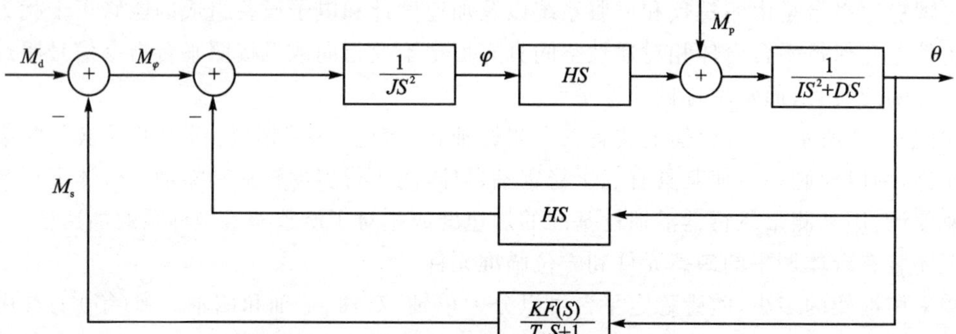

J—平台轴转动惯量；I—陀螺输出轴转动惯量；H—陀螺角动量；D—陀螺仪阻尼系数；θ—陀螺传感器输出角；φ—平台框架轴转角；M_φ—力矩偏差；M_d—作用在平台框架轴上的总干扰力矩；M_p—作用于陀螺输出轴上的干扰力矩；M_s—作用在平台框架轴上的卸荷力矩（控制力矩）；T_m—平台力矩电机的时间常数；$F(S)$—平台稳定回路校正网络传递函数；K—平台稳定回路传递系数

图 7-9　平台稳定回路框图

由式(7-6)可以看出，平台框架角误差 φ 与干扰力矩 M_d 和校正网络特性 $F_1(S)$有关。如设计的校正网络具有积分特性，则可使平台回路成为力矩一阶无静差系统。根据终值定理，稳态误差表达式为：

当干扰力矩恒定或变化率恒定时

$$\varphi(\infty)=\lim_{s\to 0}S\frac{1}{\dfrac{KF_1(S)H+H^2S}{S(IS+D)}+JS^2}M_d=0$$

$$\varphi(\infty)=\lim_{s\to 0}S\frac{1}{\dfrac{KF_1(S)H+H^2S}{S(IS+D)}+JS^2}\frac{\dot{M}_d}{S}=0$$

当干扰力矩的二阶变化率不为零时

$$\varphi(\infty)=\lim_{s\to 0}S\frac{1}{\dfrac{KF_1(S)H+H^2S}{S(IS+D)}+JS^2}\frac{\ddot{M}_d}{S^2}=\frac{D}{KF_1(S)H}\ddot{M}_d \tag{7-7}$$

可以看出，平台受变化力矩作用($\ddot{M}_d\neq 0$)时则产生误差，误差的大小取决于回路的静态

力矩刚度(外力矩与误差角的比值),刚度越大,误差越小。

4. 与过载平方变化率有关的误差源

这类干扰源与过载平方的变化有关,其影响除引起结构件的质心偏移产生干扰力矩外,由于结构刚度原因还会引起定位的微小变化。

与过载平方变化率有关的干扰引起的误差大小也可以用式(7-7)来估计。

5. 动态误差源

动态误差源主要是摇摆与角振动所引起的,也包括线振动引起的振摆误差。由于平台安装减振器,因而可以减小或消除线振动和角振动的影响,使动态误差作用减小。

7.2.3.3　平台误差模型

利用陀螺仪误差模型和本节分析的平台误差源,可以列写出平台系统角位置和角速度的误差模型。

1. 平台静态误差模型

静态误差表达式为

$$\varphi_x = \alpha_{x0} + \int \dot{\alpha}_x \mathrm{d}t + k'_{1x}\dot{W}_y + k''_{1x}\dot{W}_z + k_{xy}\ddot{W}_y + k_{xz}\ddot{W}_z + k'_{2x}\dot{W}_y\dot{W}_z + k_{2x}\frac{\mathrm{d}(\dot{W}_y\dot{W}_z)}{\mathrm{d}t}$$

$$\varphi_y = \alpha_{y0} + \int \dot{\alpha}_y \mathrm{d}t + k'_{1y}\dot{W}_x + k''_{1y}\dot{W}_z + k_{yx}\ddot{W}_x + k_{yz}\ddot{W}_z + k'_{2y}\dot{W}_x\dot{W}_z + k_{2y}\frac{\mathrm{d}(\dot{W}_x\dot{W}_z)}{\mathrm{d}t}$$

$$\varphi_z = \alpha_{z0} + \int \dot{\alpha}_z \mathrm{d}t + k'_{1z}\dot{W}_x + k''_{1z}\dot{W}_y + k_{zx}\ddot{W}_x + k_{zy}\ddot{W}_y + k'_{2z}\dot{W}_x\dot{W}_y + k_{2z}\frac{\mathrm{d}(\dot{W}_x\dot{W}_z)}{\mathrm{d}t}$$

式中,φ_x、φ_y、φ_z——平台各轴的角偏差;

α_{x0}、α_{y0}、α_{z0}——与过载无关的平台角偏差;

$\int \dot{\alpha}_x \mathrm{d}t$、$\int \dot{\alpha}_y \mathrm{d}t$、$\int \dot{\alpha}_z \mathrm{d}t$——平台上的陀螺仪的漂移角;

k'_{1j}、$k''_{1j}(j=x,y,z)$——与过载有关的误差系数;

k_{xy}、k_{xz}、k_{yx}、k_{yx}、k_{zx}、k_{zy}——与过载变化率有关的误差系数;

k'_{2x}、k'_{2y}、k'_{2z}——与过载平方有关的误差系数;

k_{2x}、k_{2y}、k_{2z}——与过载平方变化率有关的误差系数。

2. 平台动态误差模型

平台在摇摆或受振动情况下将要产生动态漂移。当平台各轴上有正弦形的角振动(摇摆)时,平台将产生整流效应和圆锥效应的误差,这两项误差与角振动的幅值、各轴受振的相位差有关。略去公式推导,直接给出动态误差表示式如下

$$\dot{\sigma}_x = \frac{H}{2\sqrt{I^2\omega^2 + D^2}}\varphi_{xm}\varphi_{xm}\omega\sin(\beta - \varphi) - \frac{1}{2}\varphi_{ym}\varphi_{xm}\omega\sin(\alpha - \beta)$$

$$\dot{\sigma}_y = \frac{H}{2\sqrt{I^2\omega^2 + D^2}}\varphi_{ym}\varphi_{zm}\omega\sin(\beta - \alpha - \varphi) - \frac{1}{2}\varphi_{xm}\varphi_{zm}\omega\sin\beta$$

$$\dot{\sigma}_z = \frac{H}{2\sqrt{I^2\omega^2 + D^2}}\varphi_{zm}\varphi_{ym}\omega\sin(\alpha - \beta - \varphi) + \frac{1}{2}\varphi_{xm}\varphi_{ym}\omega\sin\alpha$$

式中，$\dot{\sigma}_x$、$\dot{\sigma}_y$、$\dot{\sigma}_z$ ——平台轴动态漂移角速度；

ω——角振动圆频率；

α——Y 轴角振动滞后 X 轴角振动的相位角；

β——Z 轴角振动滞后 X 轴角振动的相位角；

φ——陀螺仪输出的相位滞后角；

D——陀螺仪阻尼系数；

I——陀螺输出轴转动惯量。

上式的动态误差模型中，等号右边的第一项是整流效应的误差，第二项是圆锥效应的误差。它们引起的 $\dot{\sigma}_x$、$\dot{\sigma}_y$、$\dot{\sigma}_z$ 的大小与平台上陀螺仪安装取向有关。

7.3 弹(箭)载控制计算机

弹(箭)载控制计算机是飞行控制系统的核心装置，用以完成制导、姿态控制和时序的实时控制计算。同时，还可以用于弹(箭)起飞行前的辅助测试、计算。

由于计算机在弹(箭)上处于控制中枢的有利条件，与弹(箭)上被测装置之间存在着电气和信息联系，因而利用它在弹(箭)上完成测试，不仅测试精度高，而且实现灵活，与地面测试发控计算机共同进行测试能够缩短测试时间，提高弹(箭)发射反应速度。

弹(箭)载控制计算机是专用数字计算机，其主要特点是实时性和嵌入式。实时性的要求主要表现为实时输入、输出接口，数据采样时间间隔和计算周期短，从采样到信息输出之间的时延小。嵌入式的特点是被嵌入飞行控制系统中运行，一般不单独地工作。

弹(箭)载控制计算机的专用特点决定了计算机的体系结构。根据计算机实现功能的算法分类，包括数字积分机、增量计算机和微型控制机；按照实现功能方式，可以是单计算机系统、协处理器系统和多处理机系统。

大规模集成电路的应用，为发展微型控制机提供了方便条件。所以，弹(箭)载控制计算机多采用位并行字串行的微型控制机和单片化的单片微型控制机。

1. 计算机体系结构

微型控制机是模块化的总线结构。组成计算机的中央处理器(CPU)、存储器和输入/输出接口(I/O 接口)均连接于一组总线上。CPU、存储器、I/O 接口电路是弹(箭)载计算机的本体，另外还有支持计算机操作的外部设备。外部设备随着计算机系统的不同而有差别，在微型控制机系统中就是扩展部分和输入输出外部设备。

微型控制机按照功能模块划分为中央处理器(或微处理器)模块、读写存储器模块、只读存储器模块和 I/O 接口模块，其结构如图 7-10 所示。

2. 中央处理器

它是计算机的核心，由运算器和控制器组成。运算器大致上包含寄存器组及地址逻辑、算术及逻辑运算单元、控制译码电路及多路选择器，它在控制器的控制下完成各种算术逻辑运算、左右移位和其他操作。运算器中的寄存器，一般采用多个累加寄存器结构，用于程序计数、算术运算、微程序控制和存放指令地址场的内容等。

控制器产生控制信号，用以协调各个部件的工作。控制器的控制功能的生成一般有两种

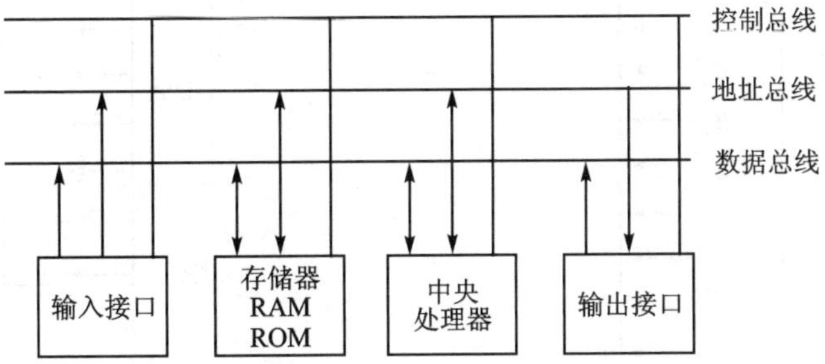

图 7-10　弹(箭)载控制计算机系统框图

方法，一种是组合逻辑的方法，另一种是用控制存储器的方法使控制器存储器化。前者包括指令寄存器、各种控制条件或状态寄存器、控制顺序执行各种操作的节拍脉冲和节拍电位发生器。各种控制信号是按事先排好的指令操作动作发出，自动连续地协调控制各部分工作。后者是将控制指令功能细化为更小的操作即微程序存入存储器中，如运算控制、转移控制、访问控制等。

3. 存储器

存储器是存储程序、数据等信息的部件。存储器的容量、存取速度和可靠性对计算机的处理能力起着重要的作用。

随着大规模集成电路的发展，现在多采用半导体存储器。利用半导体存储器构成存储阵列，使用简便。存储器阵列可分为固定存储器和随机存储器两类。固定存储器（ROM、PROM、EPROM）一般存储固定程序和数据。随机存储器（RAM）有静态和动态两种，静态存储器是靠栓锁方式记忆信息，动态存储器是靠电容充放电原理记忆信息，所以静态存储器的可靠性高，因而弹（箭）载计算机一般不采用动态随机存储器。

4. 输入/输出接口电路

计算机接口是联接弹（箭）载计算机和飞行控制系统其他装置之间的信息通道和控制电路。接口的作用是将传送输入计算机的信息转换为与计算机相容的格式，或将计算机输出的信息转换为与系统其他装置相容的格式，同时还解决信息传送的缓冲、同步及电平变换和电路隔离的作用。

弹（箭）载计算机所处的作用地位决定了接口的多样性和复杂性。根据传输信息特征的需要，有模拟接口和数字接口两类。图 7-11 所示是弹（箭）载计算机一种输入、输出信息通道示意图。

从图 7-11 中看到，输入信息有来自陀螺稳定平台及速率陀螺仪的敏感测量和时间信号。其中，f 为时标信号；$\dot{W}_x$、$\dot{W}_y$、$\dot{W}_z$ 为三路加速度信号；φ、ψ、γ 为三路姿态角粗测信号；φ'、ψ'、γ' 为三路姿态角精测信号；$\dot{W}'_x$、$\dot{W}'_z$ 为平台调平信号；$\dot{\varphi}$、$\dot{\psi}$ 为两路速率陀螺仪的信号。

还有来自弹（箭）和地面的中断和复位信号：点火中断、起飞中断、瞄准中断、遥测中断、弹（箭）地通信接收中断及地面复位信号等。

输出信息有：四路数/模（D/A）信号，一般为电流型模拟信号和开关量信号；时间序列信号，如以串行移位方式输出脉冲串，送给遥测系统等。

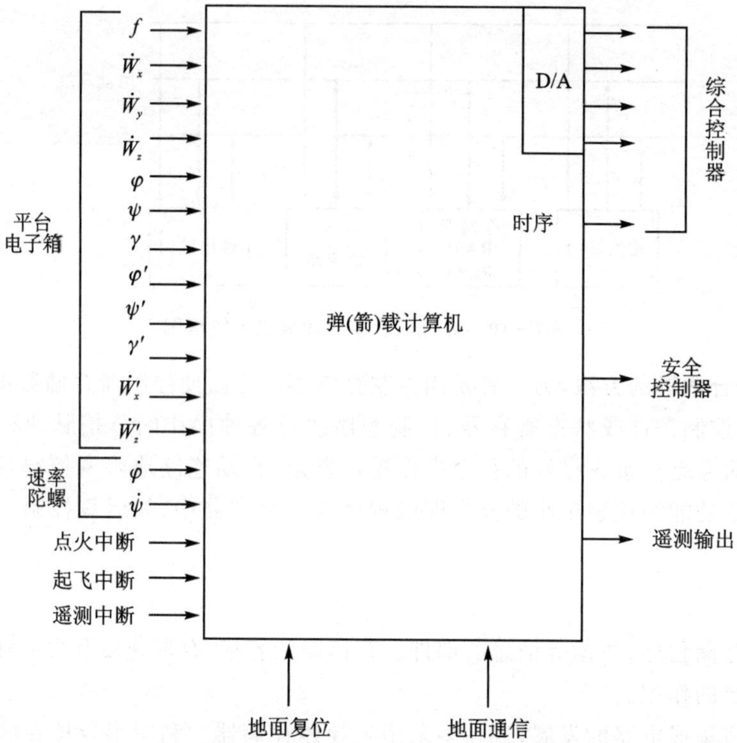

图 7-11　弹(箭)计算机输入、输出信息通道示意图

输入/输出接口在弹(箭)载计算机硬件中占有很大比例，一般除主机板和电源板之外，有$\frac{2}{3}$～$\frac{3}{4}$的比例为输入/输出接口板，弹(箭)载计算机列为专用计算机，其依据也在于此。图 7-12 所示是弹(箭)载计算机功能板连接框图。

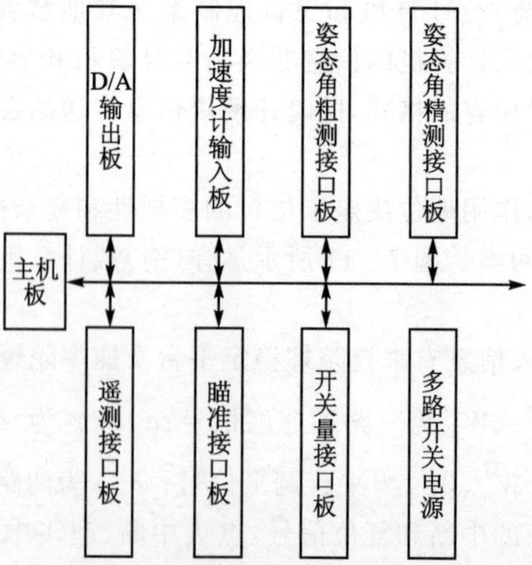

图 7-12　弹(箭)载计算机功能板连接框图

5. 地面支撑设备

地面支撑设备主要用于弹(箭)载计算机的维护性检测和装弹前的检测，也称为单元检测设备。检测设备不仅在实验室、工厂为检查弹(箭)载计算机运行性能提供服务，而且在阵地也

提供支持用于单元测试。

地面支撑设备的配置根据计算机应完成的任务而定，一般包括计算机、测试专用接口、信号源及相应的检测软件，可完成弹（箭）载计算机性能参数测试、研制调试和验收飞行程序、仿真某些飞行程序过程等，即完成硬件测试和软件测试。测试结果可自动显示监视、打印输出。

6. 冗余设计

为了保证系统可靠性，弹（箭）载计算机采用冗余设计。在早期计算机的冗余设计中，一般采用多台计算机的冗余方案，例如美国的航天飞机采用5台飞行控制计算机。随着对飞行可靠性要求的提高，容错或冗余设计的应用愈发普遍，关于容错计算的研究也取得了众多成果。同时，随着电子技术的发展，设备逐渐小型化，多台计算机的设计在体积、重量、功耗方面已不满足要求，为此逐步形成了将多台冗余计算机功能集成在一个机箱内的方案。

在我国载人航天发展的初期，箭载计算机采用双冗余＋三冗余的设计方案，其中核心计算部件采用双冗余，以主从模式工作；输入/输出接口采用三冗余设计。主机通过三冗余的输入/输出接口采样信号并表决，完成周期性的控制运算；从机处于热备份状态，它采用主机采样的信号，跟随主机的时钟中断进行周期性运算。主从计算机周期性地进行自检与互检，在主机正常情况下，其占有总线控制权；当判断出主机异常而从机正常时，从机接管总线控制权，并从跟随运行状态转入自主实时工作状态。考虑一度故障和简化冗余管理，这种切换是单向不可逆的。双冗余设计虽然节省硬件，但冗余管理的难度增大，冗余管理软件复杂，自检与互检的功能很难做到对各种故障模式的全面覆盖，因此双冗余设计逐步转为了三冗余设计或多余度设计。

针对不同的需求和设计准则，计算机的冗余设计方案也各不相同。以多余度的冗余架构为例，提出了集中式、联邦式、分布式三种方案，其将每一个计算机单元处理的工作简单分为导航与控制、推力（矢量）控制以及遥测三类。对集中式而言，每一个计算机单元都顺序完成上述所有工作；对联邦式而言，每一个计算机单元中的三个功能集之间可以处于一种并行的工作状态；对分布式而言，每一个计算机单元具体承担哪一项工作，还是这三项工作的组合，将按冗余管理的需求实时调整，这增加了冗余管理的复杂度，但能提高故障容限度。实际使用中可能是上述各种方式的组合。

7.4 执行机构

姿控系统的执行机构由伺服系统和力作动器组成。弹（箭）的力作动器包括空气舵、燃气舵、姿控发动机、姿控喷管和摆动发动机等，伺服系统由伺服机构和信号放大器、反馈元件构成闭环系统，其中伺服机构是将力作动器推到指定位置的设备，弹（箭）上一般采用液压伺服机构，它与电动和气动伺服机构相比具有以下几个优点：

① 功率-质量比和扭矩-惯量比大，适用于控制大功率、大惯量负载的场合。

② 响应速度快，系统频带宽。

③ 液压系统刚度大、抗干扰能力强、误差小、精度高。

本节主要介绍几种常用的伺服机构，而力作动器属于火箭发动机领域，本书不再对其进行详细介绍，可参见参考文献[12-14]。

7.4.1 伺服机构组成

伺服机构主要由油源组件和伺服作动器两大部分组成。

油源组件主要是为伺服作动器提供动力源，一般由电动机、液压泵、油箱、蓄压器、各种阀门(用于控制伺服机构能源部分提供给伺服作动器的工作介质的流量和压力范围)和其他液压附件组成。

伺服作动器是将油源组件的液压能根据电信号转换成推动发动机的机械能，它由伺服阀和作动器、反馈电位器、旁通阀等部件组成。

除此之外，每台伺服机构均装有控制、遥测、电机等插座，用以传输电信号。根据遥测和地面检测的需要还装有蓄压器充气压力传感器、油箱油面电位器和温度传感器。所有这些都有机地连接在一起，在充油充气后自成一个封闭系统。

7.4.2 伺服机构工作原理

本节介绍驱动燃气舵和变动发动机的伺服机构。

1. 舵机伺服

舵机的结构如图 7-13 所示，工作原理如图 7-14 所示。

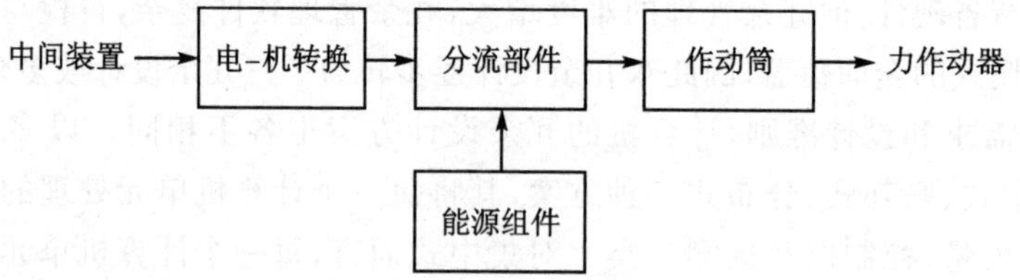

图 7-13　舵机结构框图

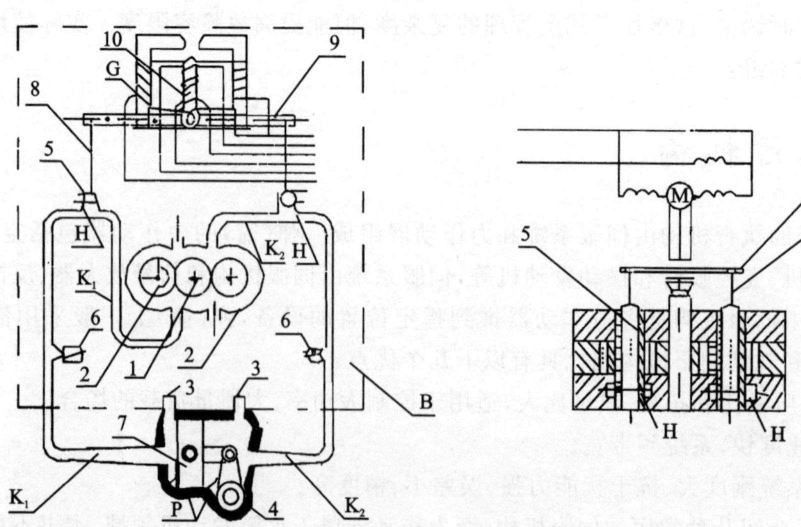

1—主动齿轮；2—从动齿轮；3—空气活门；4—传动轴；5—分油活塞；6—安全活门；7—活塞；8—拉杆；9—摇臂；10—衔铁；M—电动机；B—油箱；P—作动筒；K_1、K_2—油路；H—回油孔；G—力矩马达衔铁轴

图 7-14　舵机工作原理图

电-机转换部件可将输入的电信号转换为分流部件阀的机械位移。分流部件控制工质进入作动筒使作动杆移动，从而推动力作动器动作。能源组件可保证流出、流回工质有一定压力差并使工质流动。

当电动机启动后，电动机转动主动齿轮 1 并带动从动齿轮 2 转动，从油源组件 B 吸入工质，向油路 K_1、K_2 输送高压工质，一部分工质进入作动筒 P，另一部分经回油孔 H 流回油源组件。回油口的开启大小由分油活塞 5 控制，分油活塞依靠弹性拉杆 8 悬挂在摇臂 9 上，摇臂固连于力矩马达衔铁轴 G 上。

有控制电流时，力矩马达衔铁和摇臂偏离中间位置，两回油孔面积有差异，引起作动筒两腔压力差动变化，从而推动活塞向压力小的一侧移动，使传动轴 4 按要求方向转动。当无控制电流时，衔铁和摇臂处于中间位置，分油活塞 5 使两边回油孔 H 开口面积相等，作动筒两腔压力也相等，因而活塞不动。这时工质经回油孔流回油源组件。

图 7-15 是舵机的简化数学模型。图中 i 是控制指令电流；$f(i)$是描述电-机转换部件工作特性的“磁滞回线”的非线性环节，磁滞回线是由于力矩马达控制绕组中建立磁通的时间滞后及感生电势磁滞影响，其传递系数和时间常数分别以 K_y、T_y 表示；$f(x_2)$表示伺服阀（滑动阀门）移动摩擦、限制所构成的“非灵敏区”带饱和非线性环节；p_i 是工质的进入压力；p_N 是负载对作动筒活塞的压力；$f(\Delta p)$表示作动器活塞位移、结构刚度等的非线性环节；$\dot{x}_3$、x_3 分别表示作动筒活塞的移动速度、位移量；K_ω 表示舵机速度曲线的斜率。

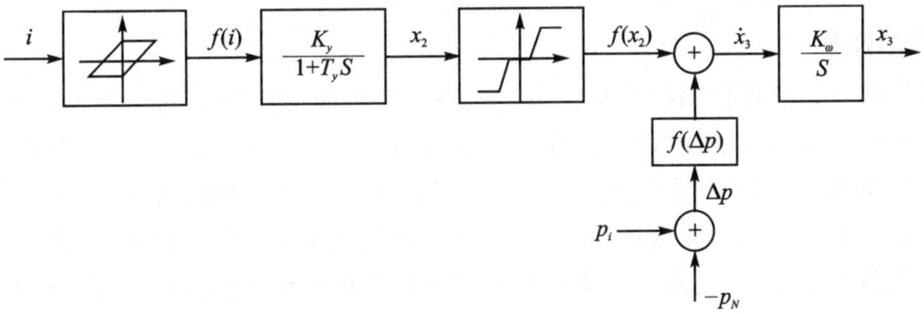

图 7-15　舵机数学模型结构

2. 摆动发动机伺服

火箭摆动发动机的工作原理如图 7-16 所示，当伺服机构有指令信号输入时，伺服阀打开，高压油进入作动器推动活塞杆移动，从而推动发动机摆动。

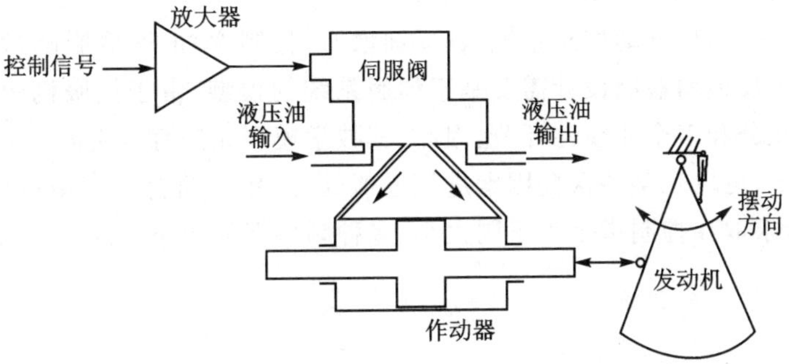

图 7-16　液压伺服摆动发动机原理图

7.4.3 伺服机构设计的关键问题

伺服机构设计的关键技术主要有以下几个方面。

1. 方案的选取

包括液压能源形式和伺服作动器形式的选取。能源形式的选取应该根据伺服机构工作负载情况(输出功率的大小)来确定。如果伺服机构所控制的对象为小功率情况,它们的液压能源系统形式就可以选择直流电动泵式,该方案测试、使用和维护都很方便;如果伺服机构的控制对象为大功率情况,因为箭上电源供电的问题就不能采用直流电动泵方案,它的液压能源宜选用发动机涡轮——液压泵式,装箭后的测试则靠辅助能源(中频电机+液压泵)。对于伺服作动器形式的选择,应该根据被控发动机摇摆情况(摆角和安装空间)和所采用的动力装置形式(采用几个发动机)来确定。例如,用两台摇摆发动机就可以采用双摆伺服机构形式。

2. 关键元器件的选取

伺服作动器上的伺服阀、反馈电位器属关键元器件。反馈电位器的质量和性能直接影响到伺服机构的控制精度和可靠性。伺服阀一旦被堵塞,轻则造成伺服机构性能超差,重则导致飞行失败。伺服阀的故障原因一方面是伺服机构油液清洁度问题,另一方面是伺服阀本身机械加工、装配调试所造成的。因此,严格控制所选用元器件的质量和工作介质的清洁度是保证伺服机构高可靠、高质量的关键。

3. 泄漏的控制

漏油漏气问题是液压伺服机构常见病、多发病,严重泄漏将使系统不能正常工作,甚至导致飞行任务失败。针对漏油漏气问题,在设计阶段应该选择合理的密封件,如油箱和蓄压器活塞处用 X 形密封圈;设计合理的密封结构,并且考虑到密封圈浸油后收缩,在重要的密封部位通过设计和试验来确定密封圈合适的压缩率;制造阶段保证加工零件精度;装调阶段加强重要密封部位密封件的筛选;使用阶段严格控制加注进伺服机构的工作液清洁度(减小密封件和其他零部件的磨损)。

7.4.4 伺服系统

伺服机构本身只能开环工作,即给伺服机构输入电流信号时,则输出一定的速度。当连上伺服放大器,并将反馈电位器的输出信号反馈给伺服放大器时,伺服机构即可处于闭环工作状态,由此就组成了伺服系统,如图 7-17 所示。

伺服系统是一个闭环自动控制系统,其反馈增益(控制率)的选取影响对指令信号的跟踪精度和响应速度。反馈增益的设计需要基于伺服系统的模型,由于伺服机构动作特性具有继电器特性、微分、积分和多个非线性环节,因此,其数学模型无法直接用简单的传递函数形式描述。在工程应用中,可以对某些次要因素进行近似处理,建立简化的伺服机构传递函数,也可以采用数学仿真,求取在控制指令为不同大小、多种频率下的频率特性。

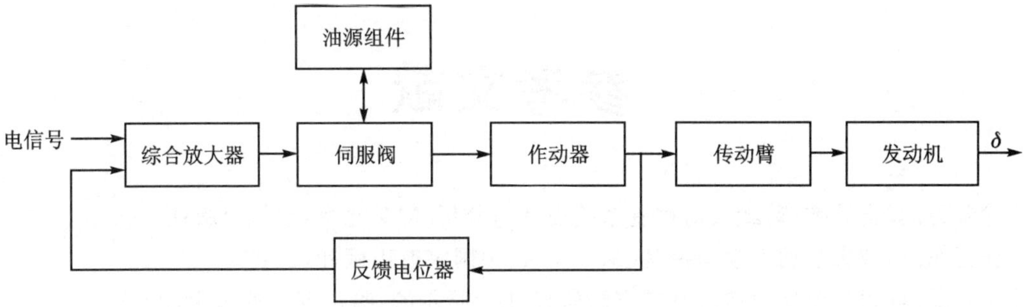

图 7－17　伺服系统框图

7.4.5　伺服机构的发展方向

运载火箭伺服机构主要有以下几个方面的发展方向。

1. 冗余伺服机构

冗余技术在伺服机构上的应用主要针对伺服作动器部分，通过对伺服阀冗余、反馈电位器冗余达到提高整个伺服机构工作可靠性的目的。

目前国内对伺服阀的冗余有两种方法：一种是对伺服阀前置级冗余（一个喷嘴被堵塞，另外几个照常工作），有三余度和四余度伺服阀，三余度已用于运载火箭上；另外一种是对伺服阀冷备份（一个伺服阀出现故障，经切换后，用备份阀工作），现已用于航空方面。

反馈电位器的冗余技术是采用反馈电位器的并联方法。

另外冗余伺服机构还可采用两伺服作动器来实现以往用单个伺服作动器完成的控制功能的方法。

2. 数字伺服机构

用开关阀来代替以往所用的伺服阀实现对伺服机构的流量控制，目前在汽车上已有应用。

3. 直接利用发动机燃料的煤油伺服机构

新一代运载火箭的推进剂改为液氧/煤油，为之配套的伺服机构直接引流高压煤油作为伺服机构的工作介质，这样可以简化伺服机构能源系统，提高伺服机构的可靠性。

思考题

1. 什么叫时序？飞行时序系统的特点和要求有哪些？时序系统的组成是什么？如何实现？

2. 飞行控制系统的硬件主要有哪些？试分析各硬件的误差模型。执行机构中的关键部分是什么？画出执行机构的伺服回路。

参考文献

[1] 徐延万. 弹道导弹、运载火箭控制系统设计与分析[M]. 北京：宇航出版社，1999.
[2] 张卫东. 运载火箭动力学与控制[M]. 北京：中国宇航出版社，2015.
[3] 王东丽. 远程弹道导弹迭代制导方法研究[D]. 哈尔滨：哈尔滨工业大学，2007.
[4] 鲜勇，李刚，苏娟，等. 导弹制导理论与技术[M]. 北京：国防工业出版社，2015.
[5] 秦永元，张洪钺，汪叔华. 卡尔曼滤波与组合导航原理[M]. 西安：西北工业大学出版社，2015.
[6] 丁涛，赵忠. 捷联惯导系统的误差角关系与推导[J]. 兵工自动化，2007(12)：66-67.
[7] 吴受章. 最优控制理论与应用[M]. 北京：机械工业出版社，2008.
[8] 刘金琨. 滑模变结构控制 MATLAB 仿真：基本理论与设计方法[M]. 3 版. 北京：清华大学出版社，2015.
[9] 高为炳. 变结构控制的理论及设计方法[M]. 北京：科学出版社，1996.
[10] 秦永元. 惯性导航[M]. 北京：科学出版社，2014.
[11] 王新龙. 惯性导航基础[M]. 西安：西北工业大学出版社，2013.
[12] 关英姿. 弹用发动机原理及新进展[M]. 哈尔滨：哈尔滨工业大学出版社，2019.
[13] 蔡国飙，李家文，田爱梅. 液体火箭发动机设计[M]. 北京：北京航空航天大学出版社，2011.
[14] 朱忠惠，陈孟莘. 推力矢量控制伺服系统[M]. 北京：宇航出版社，1995.
[15] 陈克俊，刘鲁华，孟云鹤. 远程火箭飞行动力学与制导[M]. 北京：国防工业出版社，2014.
[16] 李学锋，王青. 运载火箭飞行控制系统设计与验证[M]. 北京：国防工业出版社，2014.
[17] 李福昌. 运载火箭工程[M]. 北京：中国宇航出版社，2002.
[18] 卢晓东，周军，刘光辉，等. 导弹制导系统原理[M]. 北京：国防工业出版社，2015.